一本书讲透
HTML、CSS和布局

U0219515

［美］ 李·多纳霍（Lee Donahoe　
迈克尔·哈特尔（Michael Hartl） 者

张露 狄焕旭 译

Learn Enough HTML, CSS and
Layout to be Dangerous

An Introduction to Modern Website Creation and
Templating Systems

机械工业出版社
CHINA MACHINE PRESS

图书在版编目（CIP）数据

一本书讲透 HTML、CSS 和布局 /（美）李·多纳霍 (Lee Donahoe),（美）迈克尔·哈特尔 (Michael Hartl) 著；张露，狄焕旭译 . -- 北京：机械工业出版社，2024. 10. --（程序员书库）. -- ISBN 978-7-111-76249-2

Ⅰ. TP312.8；TP393.092.2

中国国家版本馆 CIP 数据核字第 2024JB5354 号

机械工业出版社（北京市百万庄大街 22 号　邮政编码 100037）
策划编辑：王　颖　　　　　责任编辑：王　颖　董一波
责任校对：郑　婕　张　薇　责任印制：常天培
北京机工印刷厂有限公司印刷
2024 年 10 月第 1 版第 1 次印刷
186mm × 240mm · 25 印张 · 619 千字
标准书号：ISBN 978-7-111-76249-2
定价：129.00 元

电话服务　　　　　　　　网络服务
客服电话：010-88361066　机　工　官　网：www.cmpbook.com
　　　　　010-88379833　机　工　官　博：weibo.com/cmp1952
　　　　　010-68326294　金　书　网：www.golden-book.com
封底无防伪标均为盗版　机工教育服务网：www.cmpedu.com

　　本书旨在指导读者运用超文本标记语言（HTML）和串联样式表（CSS）来创建现代化的网站。本书不仅涵盖了基础的网页布局技术，还深入探讨了经常被忽视但至关重要的高级 Web 布局技术，如 flexbox 和 grid 等。此外，本书还介绍了如何使用静态网站生成器来创建易于维护和更新的网站，以及如何注册和配置自定义域名，包括自定义 URL 和电子邮件地址。本书可以视为一个包含设计、构建和现代化部署网站所需的所有知识和技能的一站式的网站指南。

　　如果读者对 UNIX 命令行、文本编辑器和 Git 版本控制已经有了一定的了解，这将是极好的。这些基础知识有助于读者进行软件开发，包括使用文本编辑器确保代码的可读性，以及使用版本控制跟踪项目的修改。此外，我们还介绍了如何使用 GitHub Pages 进行频繁的生产部署。

　　无论你是希望与开发人员合作还是成为开发人员，本书涵盖的技能都极具价值。无论你的目标是提升现有工作水平、开启新的职业生涯，还是创办自己的公司，本书都将为你提供帮助。为了让你尽快实现目标，我们将专注于书中最关键的方面，并强调一个理念：在开始之前，你无须学习其他任何内容，只需专注于软件开发的学习。

　　通过阅读本书，除了学习具体技能外，你还将提升技术熟练度，一种解决各种技术问题的能力。这不仅包括具体技能如版本控制和 HTML，还包括高阶技能，如如何搜索错误消息以及应该何时重启设备。

　　虽然本书的各个部分尽量保持独立，但它们之间存在大量的交叉引用，以展示各部分之间的联系。你将学习如何使用 CSS 将 HTML 元素样式化为灵活的多列布局，如何使用静态网站生成器在各个页面上放置相同的元素而不重复任何代码，然后使用你选定的自定义域名将网站部署到实时 Web。本书是对前端 Web 开发基础的综合介绍，是独一无二的。

超文本标记语言

　　本书的第一部分是对万维网的语言——超文本标记语言的介绍。第 1 章从一个"Hello, world！"页面开始，然后将其部署到生产环境中；第 2 章中用格式化的文本、链接和图片填充首页；在第 3 章中将其扩展为具有更多高级功能（如表格和列表）的多页面网站；在第 4 章介绍了一些内联样式，以及简单的样式规则对普通 HTML 元素的影响。

CSS 和 Web 布局

　　在第一部分第 4 章中介绍的简单样式技术的基础上，第二部分介绍了如何使用串联样式表（Cascading Style Sheets，CSS）进行 Web 设计和使用静态网站生成器进行前端 Web 开发。

第 5 章从示例页面上几个超级简单的元素开始，介绍 CSS 声明、CSS 值和 CSS 选择器的基础知识，以对页面的特定元素进行样式设计。第 6 章讨论选择器比较的重要方面，这些方面在项目开始时就正确掌握很重要，重点是通过正确的命名来管理其复杂性和保持其灵活性（还包括 CSS 颜色规则的介绍）。第 7 章介绍了颜色和尺寸这两种最重要的 CSS 值。这为第 8 章的盒子模型奠定了重要基础，盒子模型决定了不同元素在页面上的组合方式。第 9 章和第 10 章介绍如何使用名为 Jekyll 的静态网站生成器，以将一直在处理的页面转化为布局，从而构建易于维护和更新的专业级网站。第 11 章介绍如何使用 flexbox 制作灵活的页面布局，并为图库页面和带有帖子的博客添加布局。第 12 章介绍如何使用 Jekyll 制作专业级博客，而无须使用 WordPress 或 Tumblr 这样的黑箱方案。由于越来越多的网络流量来自移动设备，所以第 13 章将介绍使用 CSS 和媒体查询的基础知识，以在不违反 DRY 原则的基础上制作适用于移动设备的网站。

第 14 章介绍如何添加能够使网站更完整的各种小细节，从而得到一个部署在网络上的理想网站。

第 15 章介绍一种更为先进的布局技术（CSS 网格布局），以使用网格来实现前几章提到的一些效果，以及一些只有使用网格才能轻松实现的效果。

自定义域

第三部分介绍网站与自定义域名。第 16 章介绍如何注册自定义域名，包括选择一个好的域名和讨论各种顶级域名（top-level domain，TLD）的优缺点，还介绍如何使用 Cloudflare 配置自定义域名的 DNS 设置、如何使用安全套接字层 / 传输层安全协议（SSL/ TLS）来确保网站安全，以及如何重定向 URL 以获得更好的用户体验。第 17 章介绍如何使用 Google Workspace 将自定义电子邮件地址与域名相关联，以及如何使用另一项 Google 服务——Google Analytics 来监控网站流量，并深入了解访问者的使用情况。

附加功能

除了主要的内容之外，本书还包括大量的练习，以帮助你测试自己的理解情况并扩展正文中的材料。

建议

本书涵盖了为个人主页、业余爱好或企业制作网站所需的所有核心内容，可视为"网站"事务的全方位指南。在深入学习本书所涵盖的技术后，特别是技术熟练度得到提升后，你将掌握专业级网站设计和部署所需的核心知识。此外，你还将具备利用各种丰富资源的能力，包括书籍、博客文章和在线文档等。

Contents 目 录

第一部分　*Part 1*

超文本标记语言

Chapter 1 第 1 章

HTML 基础

网络上有诸多的 HTML 教程，但大多数教程都使用了虚构的示例，仅仅单纯地关注 HTML 语法，而没有展示 HTML 在现实中是如何编写和部署的。而本书将展示如何制作真实的 HTML 页面，并展示如何将真正的网站部署到网络上。如果你以前学习过 HTML 教程，那么本书会帮助你以一种新的方式将这些知识融会贯通，并且提高你的**技术熟练度**（方框 1-1）。

方框 1-1：技术熟练度

技术熟练度要求既能独立理解透彻（比如在阅读时理解每个单词），又能在必要时查阅资料（比如书写时查阅字典）。

在本书中，我们将网站直接部署到真实场景中（1.3 节），将不断探索如何提高技术熟练度。我们在学习 HTML 时，先了解主旨，然后再进一步加深理解。学习制作 HTML 的正确方式是"始于专业"，因此要组合使用所有工具，例如命令行、文本编辑器和版本控制。

出于实事求是的态度，我们使用的都是专业工具（见图 1-1[⊖]）。

本书关注 HTML 核心内容。我们在运行原始 HTML 期间可能会遇到一些局限性，但是最终的网站是可以正常运行的。这将为第二部分奠定基础，第二部分会使用串联样式表（CSS）创建一个完全现代化的网站，以将网站设计与 HTML 结构分离开，同时涵盖网站布局和高级样式。

为了获得最佳的学习体验，通常建议你手动键入项目代码。

⊖ 图中小猫由 halfmax.ru/Shutterstock 提供。

图 1-1　专业工具（不包括小猫）

1.1　HTML 介绍

无论网站简单还是复杂，HTML 都是必不可少的。在第一部分，我们将通过创建和部署一个简单且真实的网站，来了解网站设计和布局的底层结构。

自 1993 年首位"Web 开发人员"——蒂姆·伯纳斯·李引入 HTML 以来，HTML 作为一种技术标准，一直在不断发展。

如今，HTML 规范由万维网联盟（W3C）管理。本书使用的是最新版本——HTML5（即 HTML 的第 5 版）。浏览器制作公司需要根据 W3C 的规范，实现浏览器对规定格式的预设操作，例如字体加粗或更改颜色（甚至是同时进行这两种操作）。

庆幸的是，我们不需要关注过多细节，也不必关注各个版本之间的变化。我们只需要定期了解添加的新功能，以扩展浏览器功能并跟进最新技术。这些常见元素，包括我们在本书中介绍的元素，自始变化不大，但这并不意味着它们是一成不变的，因为 HTML 标准是一个由标准化委员会设计的、不断进化的准则。我们将在 1.2 节讨论它在实践中的变化。

1.2　HTML 标签

HTML 的全称为超文本标记语言（HyperText Markup Language），它是一种标记语言，可以让网页设计师定义内容的显示方式。这意味着 HTML 可以做很多事情，比如添加文本格式，制作标题、列表、表格，添加图片和链接等。你可以把 HTML 文件看做一个普通文件，只不过作者仔细标注了如何排列这些内容，这些标注可能是给某些文本添加高亮，可能是添加图片，也可能是附加信息的地址。

HTML 全称中的"超文本（HyperText）"指的是 Web 上的链接可以让你以非线性的方式从

一个文档跳转到另一个文档。比如：如果你在阅读关于 HTML 的 Wikipedia 文章时，看到了一个关于 CSS 主题的高亮链接，你单击这个链接，就会立刻跳转到其他文章。它还允许类似的文档链接到维基百科（你可能会注意到，文档里的外部链接在一个新的标签页中打开，我们将在 3.3 节中学习如何做到这一点）。

从技术上讲，超文本是对无链接文档的巨大改进，因为它让你查找所需内容时不必翻阅页面。如今，我们习以为常地认为文档之间的链接能力是理所当然的，但 HTML 规范被创造时，作为一项重要的创新之举，它足以被称为科学创举。

HTML 源是纯文本，这使得它非常适合用在文本编辑器中进行编辑中所讨论的。所见即所得（WYSIWYG）的方法使用方便，但不灵活，取而代之的是使用 HTML 特殊标签来表示格式化文本，正如上文提到的文本标注。

正如我们所知，HTML 不止支持一种标签，最常见的种类是由字符串（字符序列）组成的，包含开始符和结束符的标签。如下所示：

```
<strong>make them strong</strong>
```

典型的标签详细结构包括标签的名称（strong）、尖括号和一个正斜杠（/），如图 1-2 所示。

尽管 HTML 标签对最终用户（即查看你的网站的人）不可见，但它们确实可以告诉 Web 浏览器如何格式化内容以及如何进行 Web 布局。使用 strong 标签的简单示例如代码清单 1-1 所示。

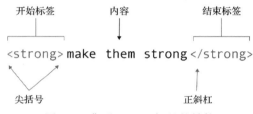

图 1-2 典型 HTML 标签的结构

代码清单 1-1　文本中包含 HTML 标签的字符串

```
I am a string about things. Some of those things are more important than others, so I
will <strong>make them strong</strong> to stand out among less spectacular neighbors.
```

大多数浏览器都将 strong 标签渲染为粗体文本，因此在多数浏览器中，代码清单 1-1 展示结果如下：

I am a string about things. Some of those things are more important than others, so I will **make them strong** to stand out among less spectacular neighbors.

如果在 them 后面键入回车键，把代码清单 1-1 中 strong 标签中的内容分成两行，浏览器会忽略多余的空间，并将字符串格式化为单行文本。

另外，HTML 除了支持 strong 标签外，还支持 b（bold）标签，但多年来，HTML 已经不再使用明确格式的标签名（如"使文本加粗"），而是转而使用注重含义，或者说语义的标签名，这也引起了对语义标签的重视。

例如，语义标记 strong 表示应该使内含文本看起来被"加强"了，然后让浏览器自己决定具体该如何加强。

方框 1-2：<b> 和 <i> 的语义故事

　　HTML 发展初期，连接到 HTML 时会发出奇怪的声音，并且需要按时间或按发送的数据量为标准进行付费。这些限制意味着，在设计标签时要着重考虑简洁性，所有尝试都是开

> 天辟地的，以至于没有太多考虑标签的语义。因此短标签逐渐成为主流，它的最终目的是让全部内容正确显示。
>
> 由于对简洁性的重视，最初，使文本加粗用 b 标签（…），使文本斜体化用 i 标签（<i>…</i>）。这种方式运行得很好（实际上至今仍行之有效），没有人为此感到困惑。
>
> 后来，一些开发人员逐渐注意到，HTML 标签只定义了它包裹的内容在浏览器中的显示方式，并没有表达内容的含义。这对于浏览内容的人来说十分友好，但对于自动化系统来说就不那么美好了，因为这需要系统快速扫描页面，并推断出那些被不同 HTML 标签包裹的内容的实际含义。
>
> 为了解决这个问题，一场用语义标签代替外观标签的运动开始了。由此产生了当前的首选方式——分别用 strong（…）和 em（…，表示"强调"）表示粗体文本和斜体文本。这里考虑的是，将文本加粗的目的是使其从其他内容中脱颖而出，而将文本斜体化的目的是显示重点。
>
> 这也许看来并没什么区别，但语义标签的用途远不止于定义加强文本或强调文本。我们将在第二部分进一步讨论 HTML 语义标签，来深入讨论标签规定和 Web 布局。

至此，我们已经介绍了 HTML 的核心概念：HTML 由一些被标签包裹的文本组成，而标签用来标识内容的显示方式。

但是细节决定成败，而 HTML 有很多细节。

练习

注意：不同于其他多数教程的是，此教程中一些习题的作用可能在将来才能显示出来。

1. 识别代码清单 1-2 中的所有标签。请注意，为了能够正确识别这些标签，你不必知道标签的作用。

2. 有些 HTML 标签没有内容，被称为空元素，或者自闭合标签。代码清单 1-2 中的哪个标签是空元素？

3. HTML 标签可以嵌套，这意味着一个标签可以放在另一个标签中。代码清单 1-2 中的哪些标签是嵌套的（不包括自闭合标签）？

代码清单 1-2 我可以把你比作夏日吗

```
<p>
  William Shakespeare's <em>Sonnets</em> consists of 154 poems, each fourteen
  lines long (three
  <a href="https://en.wikipedia.org/wiki/Quatrain">quatrains</a>
  followed by a rhyming
  <a href="https://en.wikipedia.org/wiki/Couplet">couplet</a>).
  <strong>Sonnet 18</strong> is perhaps the most famous, and begins like this:
</p>
<blockquote>
  <p>
    Shall I compare thee to a summer's day?<br>
    Thou art more lovely and more temperate.
  </p>
</blockquote>
```

1.3 启动项目

经过上文学习，我们已经了解了标签以及标签的基本结构，接下来就可以启动项目了，这个项目将作为学习 HTML 的示例网站。这个示例项目是模拟信息网站，它的主页简要介绍本书、背后的公司以及 HTML 本身。当我们开发首页和两个辅助页面时，我们将看到如何使用各种各样的 HTML 标签，以及如何制作面向公共的、可以为自己或他人提供服务的网站。

本节我们将回顾如何使用 Git，并使用 GitHub Pages 将我们的示例网站部署到网络上（方框 1-3）。

方框 1-3：GitHub Pages

只要你拥有 GitHub 账户（电子邮箱已验证通过），你就可以使用 GitHub Pages 的免费功能，该功能允许你在 GitHub 上免费托管简单的 HTML 网站，这也是 GitHub 的基本功能。

与早期 Web 不堪回首的时代相比，现在的 Web 取得了巨大的进步。例如，假设你正处于 1999 年，你不仅需要为托管付费，还需要为将数据传输到访问用户付费。对于流量中等的网站，这些账单费用将会飞速上涨。

在当今时代，我们有着包括 GitHub Pages 在内的多种更好的选择。不仅因为 GitHub Pages 是免费的，还因为它使用便捷。通过更新一个配置，就可以让 GitHub Pages 在 main 分支为我们的网站服务（如下所述）。如第三部分所述，你甚至可以将 GitHub Pages 设置为使用自定义域名（如 www.example.com）。这便造就了具备内置 Git 备份、高性能和零成本的工业级网页的诞生。

这种组合是难以超越的！

首先，我们将为示例网站创建一个目录和一个初始仓库。

第一步，打开一个终端窗口[⊖]，创建一个名为 sample_Website 的目录：

```
$ mkdir -p repos/sample_website
```

第二步，通过 cd 进入目录，并新建网站主页文件，这个文件应被命名为 index.html：

```
$ cd repos/sample_website
$ touch index.html
```

第三步，初始化仓库：

```
$ git init
$ git add -A
$ git commit -m "Initialize repository"
```

我们之所以用 touch 创建一个文件，是因为 Git 不允许在空库中做提交。我们把它命名为 index.html，是因为这是网站上首页的默认文件名，当你进入一个裸域时，大多数网站会自动指向 index.html。换句话说，当你浏览 example.com 时，服务器将自动为你显示 example.com/index.html 的内容（顺便说一句，这些链接是有效的。令人惊讶的是，HTML 标准专门保留了

⊖ Mac 用户请使用 Bourne-again shell（Bash）。要将 shell 切换为 Bash，请在命令行中运行 chsh-s / bin / bash，输入密码并重新启动终端程序。由此产生的任何警告消息都可以忽略。

example.com 网站，以供类似的示例使用！）。

　　在仓库初始化后，我们准备将几乎空的仓库推送到 GitHub。登录 github.com（https://github.com/），然后创建一个名为"sample_Website"的新仓库，并为其添加如图 1-3 所示的描述：

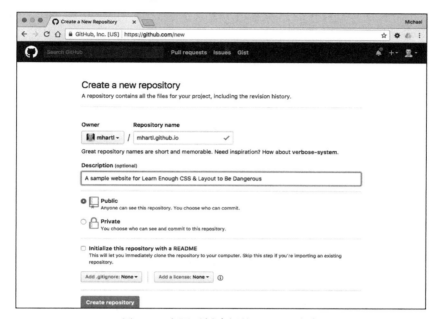

图 1-3　为网页创建新的 GitHub 仓库

　　创建远程仓库后，将新建的远程地址设置为本地仓库的 URL，如图 1-4 所示。这些操作涉及使用 git remote 设置远程地址，和用 git push -u 将分支 main 推送到"上游"⊖：

```
$ git remote add origin <repo url>
$ git push -u origin main
```

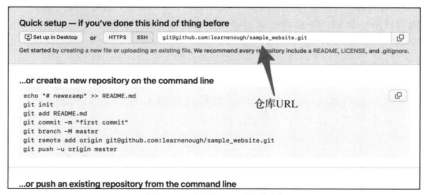

图 1-4　仓库 URL 的位置

⊖　本书配套的截屏中提到了 master 分支，这是 Git 前 15 年中的默认分支名，但是文本已更新为 main，这是目前的默认分支。

此刻，你需要输入密码，此处的密码必须是你的个人访问令牌，而不是你的 GitHub 密码。请参照 GitHub 上的文章"创建个人访问令牌"（https://docs.github.com/en/authentication/keeping-your-account-and-data-secure/creating-a-personal-access-token）来获取更多信息。

此刻，你应该单击新仓库的设置标签，并按照说明设置 GitHub Pages main 分支（见图 1-5）。

图 1-5　为网站设置主分支

单击保存按钮后，示例网站就会通过 GitHub Pages 同步更新！它的地址是由用户名、github.io 与仓库名组成的（见代码清单 1-3）。

代码清单 1-3　　GitHub Pages URL 示例

```
https://<username>.github.io/<repo_name>
```

练习

1. 添加并提交一个名为 README.md 的文件，注意要使用一些 Markdown 标签（https://daringfireball.net/projects/markdown/）。然后在 GitHub 中查看结果。

2. 如果你在浏览器中访问 <username>.github.io/<repo_name>/README.md，会发生什么？这对包含敏感信息的公共网站仓库意味着什么？

1.4　第一个标签

在 1.3 节中，为了初始化一个 Git 仓库，我们仅创建了一个空的 index.html 文件。在本节中，我们将从在单个标签中添加内容开始，这些内容只能给我们提供一个可以查看、提交和部署的网站。

现在已经创建了一个空索引页，用编辑器打开 index.html 文件，在本书中，我们假设它是 Atom。直接在命令行中打开一个完整的 HTML 项目的命令如下：

```
$ atom .
```

其中点号（.）指的是当前目录。

打开整个项目是一个很好的习惯，因为它可以让我们轻松地打开并编辑项目中的多个文件。

当我们在 3.1 节中创建更多页面时会用到这点。

　　此时，我们已经准备好用一些内容填充首页文件，这些内容包括包含在段落标签 p 中的短语"Hello，world！"（见代码清单 1-4）。请注意，p 标签的格式与 strong 标签完全相同（见图 1-2）。

代码清单 1-4　一小段内容"Hello, world！"

index.html

```
<p>Hello, world!</p>
```

　　如图 1-6 所示，Atom 自动高亮显示 HTML 源代码，这是因为文件扩展名是 .html。这种高亮与计算机无关，与 .html 自身也无关——实际上，它只与编辑器有关，它使人们更容易区分标签和内容。

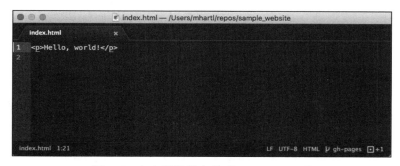

图 1-6　文本编辑器中的"Hello, world!"

　　上面已经将内容添加到 index.html 中了，让我们在浏览器中查看一下结果吧。在 macOS 上，可以使用 open 命令执行此操作：

```
$ open index.html      # 仅 macOS 适用
```

　　在许多 Linux 系统上，可以使用类似的命令 xdg-open：

```
$ xdg-open index.html      # 仅 Linux 适用
```

　　一种几乎适用于所有系统的方法是，在文件管理器中查看 sample_Website 目录，然后双击 index.html 文件。无论如何，结果都是在系统默认浏览器中打开 index.html，如图 1-7 所示。

图 1-7　浏览器显示的首页

　　请注意，图 1-7 中的"URL"是一个本地文件路径，如下所示：

```
file:///Users/mhartl/repos/sample_website/index.html
```

这是因为首页还在我们的本地系统上，尚未部署到网站。

然而，我们可以解决这个问题——将我们的更改提交到本地 Git 存储库并推送到 GitHub Pages：

```
$ git commit -am "Add a short paragraph"
$ git push
```

刷新指向示例网站 GitHub Pages URL（见代码清单 1-3）的浏览器，我们将看到"Hello, world！"（可能需要等待几分钟，GitHub Pages 才能加载你的网站。只有第一次会这样，在后续请求中，响应速度会非常快。）

虽然展示效果与图 1-7 中的本地版本相同，但通过检查地址栏，你可以确定 URL 位于 github.io 上，这意味着该页面现在可以在网络上使用。

祝贺，你已经发布了一个网站！

练习

1. 将 index.html 中的内容替换为代码清单 1-2 中的内容。你能猜出 a 标签的作用吗？

2. 使用浏览器的 Web 检查器来检查上一练习中的源代码。它与代码清单 1-2 有任何不同吗？

1.5　HTML 框架

尽管现代的网络浏览器具有很强的容错能力，可以较好地呈现如同代码清单 1-4 中这类简单的 HTML，但依赖这种高容错的行为同样也是危险的。省略一个标签将会导致商标字符"™"无法正常显示（见图 1-8）。

当你使用的 HTML 页面不是完全正确时，便会出现这样的错误。为了避免这类问题出现，所有的示例网页都应当使用正确的 HTML，以确保它们可以在浏览器中正确地显示。典型的 HTML 框架是以一个包含两个元素的 html 标签开始的，即 head 与 body 元素。后面的标签都嵌套在 html 标签中，如下所示：

```
<html><head></head><body></body></html>
```

因为这样不方便阅读，所以通常做法是利用空格和换行来格式化标签，使结构更明显，一目了然。

```
<html>
  <head>
  </head>
  <body>
  </body>
</html>
```

因为 HTML 通常会忽略多余的空格，尽管这对页面的外观没有任何影响，但这种格式化使我们更容易阅读文件源码（方框 1-4）。

糟糕，Learn Enough™中的™没有正确显示

图 1-8　网页中出现的错误

方框 1-4：格式化 HTML

为了使 HTML 更容易阅读，通常的做法是增加更多的空格和换行，使文档的结构更为清晰。一开始可能看起来有点奇怪，但这是开发领域一种惯例，这有助于保持源代码的可读性（以及开发者的思路）。一般情况，HTML 在浏览器中显示时会忽略多余的空格。因此，

```
<p>Hello, world!</p>
```

与

```
<p>Hello,
world!

</p>
```

最终显示效果一样。保持 HTML 格式的整洁是一种良好的习惯，显而易见，前一种写法更便于阅读。

尽管如此，标记的可读性仍会随时间推移而改变，特别是文本增加到超过几句话的长度，或者是文本中嵌套了其他的 HTML 元素时。当出现这种情况时，为了保证文本内容以及标签的完整性，我们需要对代码进行更严格的格式化。格式化并没有通用的规则，但一个行之有效的经验方法是给新标签另起一行（除非它们可以在一行上简单排列），并将这些标签内的行缩进一级：

```
<p>Hello, world!</p>

<p>
  Lorem ipsum dolor sit amet, consectetur
  adipisicing elit, sed do eiusmod tempor
  incididunt ut labore et dolore magna aliqua.
  Ut enim ad minim veniam
</p>
```

段落标签不适用换行操作。例如，大多数人不会为文本行中的元素（称为内联元素）添加换行或缩进，如代码清单 1-1 中的 make them strong。我们将在 3.2 节进一步讨论这些内联元素，以及它们与所谓的块级元素的区别。

缩进的"层次"因开发者而异，但我们更倾向于上面展示的两个空格的惯例。四个空格也很常见，但据我们的经验，这样做会使内容过度偏向于页面的右侧。有些开发者使用制表符来代替空格，我们认为应该权力避免这种做法。这样做的主要问题是，制表符的显示与设备有关，所以这些标记可能在文本编辑器中看起来很好，但是在命令行中看起来很糟糕。

重要的是，确保你的编辑器被正确配置为使用空格代替制表符（也称模拟制表符）。

最后，值得注意的是，许多现代文本编辑器都有自动格式化 HTML 的方法。例如，Edit > Lines > Auto Indent（Atom 中）。当缩进较大的 HTML 文件，特别它们是来自外部的、尚未被格式化的源代码时，自动格式化对我们帮助巨大。

HTML 中处于 <head> 和 </head> 中的部分是一个定义元数据的"标题容器"，元数据这个词汇代表着关于数据的数据。<head> 部分不会显示在用户的浏览器窗口中，因此开发人员可以告诉浏览器如何找到其他文件（例如 CSS 和 JavaScript 文件），这些文件将用于正确显示页面的内容，而不会让这些信息在网页中实际显示出来（我们将在第 2 章介绍更多可以添加进 HTML

标题中的内容）。

　　浏览器显示的是 <body> 和 </body> 里面的内容。你见过的所有网站都是由 HTML body 标签内的内容组成的。我们定义 head 标签的内容后，对网站所做的大部分改动都将在 body 标签中进行。

　　要完成这个框架，只需要两个元素：一个是必选的，另一个是可选但强烈推荐的。首先，我们需要告诉浏览器什么是文档类型，并在 head 标签中定义一个非空标题，如代码清单 1-5 所示。

代码清单 1-5　一个近乎完成的 HTML 框架

```
<!DOCTYPE html>
<html>
    <title>Page Title</title>
  </head>
  <body>
  </body>
</html>
```

　　这里的 DOCTYPE 不是一个规范的标签。同时，title 标签与我们在 1.4 节中看到的 p 标签一样（同样也与图 1-2 中的 strong 标签一样）。

　　你可以使用 W3C 的 HTML 验证器（https://validator.w3.org/）来验证代码清单 1-5 中的页面确实是 HTML5（见图 1-9）。空的标题是无效的，但空的 body 是允许的，同时还需要注意的是，虽然网页上没有错误，但会存在一个关于 lang（语言）属性缺失的错误，关于这点我们将在 3.3 节讨论。

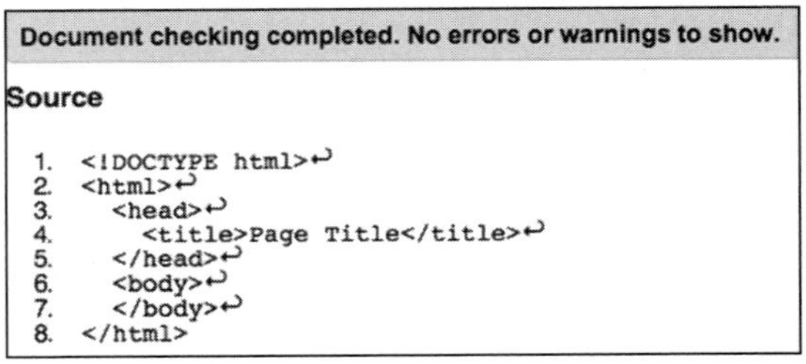

　　由图 1-8 可知，还有一件事需要去做：我们需要告诉浏览器使用哪种字符集，以便它可处理那些扩展字符（称为 Unicode），这些扩展字符包括™、©、重音字符（如 voilà）等。我们可以通过在 head 中添加 meta 标签来完成这件事，如代码清单 1-6 所示。

图 1-9　代码清单 1-5 中的网页有效但并不完整

代码清单 1-6　添加 meta 标签来定义字符集

```
<!DOCTYPE html>
<html>
  <head>
    <title>Page Title</title>
    <meta charset="utf-8">
  </head>
  <body>
  </body>
</html>
```

　　meta 标签是一种被称作空元素的特殊标签，它没有闭合标签。因此，空元素也被称为自闭合标签。

　　至此，HTML 框架便完整了。

　　由于 HTML 框架的重要性，下面回顾一下它的组成元素：

1. 声明文档类型

2. HTML 开始标签

3. head 开始标签

4. title 开始标签和结束标签（含有页面标题）

5. 定义字符集的 meta 标签

6. head 结束标签

7. body 开始标签

8. body 结束标签

9. HTML 结束标签

我们将代码清单 1-4 中的原始段落与代码清单 1-6 中的框架结合起来，便可以得到示例网站中第一个有效的 HTML 网页代码，如代码清单 1-7 所示。

代码清单 1-7　一个有效的"Hello，world！"页面

index.html

```
<!DOCTYPE html>
<html>
  <head>
    <title>Page Title</title>
    <meta charset="utf-8">
  </head>
  <body>
    <p>Hello, world!</p>
  </body>
</html>
```

需要注意的是，我们将代码清单 1-4 中的段落放在代码清单 1-7 的 body 标签中，这是 HTML 标准化的处理方式。

刷新浏览器后，代码清单 1-7 的展现结果与图 1-7 几乎完全一样，唯一可以看到的区别是页面段落间存在少量的空格。

另外，页面标题也会有些区别，但这点取决于浏览器差异，有些浏览器在默认标签中就会显示标题，而有些浏览器则需要打开第二个标签后才显示（如图 1-10 所示）。因此，根据 HTML 标准的要求，就算不显示标题，也必须设置，这对于屏幕阅读器和搜索引擎索引网页也很重要。

至此，我们便可以将修改提交并推送到 GitHubPages 上了：

```
$ git commit -am "Convert index page to fully valid HTML"
$ git push
```

这些改变的最终展示效果如图 1-11 所示。

练习

1. 使用 HTML 验证器，确认代码清单 1-6 是有效的 HTML。

2. 如代码清单 1-8 所示，移除 index.html 中的 </title>，确认这项操作破坏了网页，并且你只能看到一个空白屏幕。这强调了关闭标签的重要性。使用 HTML 验证器来确认代码无法通过验证。

3. 将代码清单 1-9 中的内容粘贴到 index.html 中，确认浏览器忽略了邮箱地址中多余的空格（包括换行）。

4. 在地址前两行的末尾各加入一个换行标签
，你便可以得到一个格式正确的地址。

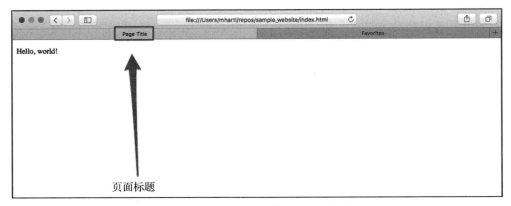

页面标题

图 1-10 Safari 浏览器中的网页名称

图 1-11 真实有效的"Hello，world"页面

代码清单 1-8 缺少关闭标签的首页

index.html

```
<!DOCTYPE html>
<html>
  <head>
    <title>Page Title
    <meta charset="utf-8">
  </head>
  <body>
  </body>
</html>
```

代码清单 1-9 未格式化的地址

```
<!DOCTYPE html>
<html>
  <head>
    <title>Who am I?</title>
    <meta charset="utf-8">
  </head>
  <body>
    Jean Valjean
    55 Rue Plumet
    Amonate, VA 24601
  </body>
</html>
```

第 2 章 *Chapter 2*

填充首页

现在我们已经创建并部署了一个有效的 HTML 页面，是时候填充示例网站的其他内容了。首先，我们先确定首页的结构，同时添加一个正常长度的段落（2.1 节）。然后，我们文本格式化（2.2 节），同时添加链接（2.3 节）和添加图片（2.4 节）。从第 3 章开始，我们将在首页的基础上增加两个页面，并顺便讲解几个更重要的 HTML 标签。

2.1　标题

下面从为 title 标签设置一个新的标题开始，然后，我们将用几个标题替换 HTML body 中的段落，来构成文档大纲，如代码清单 2-1 所示。

代码清单 2-1　用大标题确定 idnex 页的内容范围

index.html

```
<!DOCTYPE html>
<html>
  <head>
    <title>Learn Enough to Be Dangerous</title>
    <meta charset="utf-8">
  </head>
  <body>

    <h1>The Learn Enough Story</h1>

    <h2>Background</h2>

    <h2>Founders</h2>

    <h3>Michael Hartl</h3>

    <h3>Lee Donahoe</h3>
```

```
    <h3>Nick Merwin</h3>

  </body>
</html>
```

代码清单 2-1 展示了如何使用 HTML 标题标签 h1、h2、h3，它们代表了三个层次的标题。在示例中，顶级的 h1 标题标识页面的主题：

```
<h1>The Learn Enough Story</h1>
```

下个级别的两个标题标识了其他主题——在示例中，标识了公司背景与创始人的一些细节：

```
<h2>Background</h2>

<h2>Founders</h2>
```

因为这些主题是故事的次要内容，因此他们使用的是二级标题，即 h2。最后，代码清单 2-1 用三级标题 h3 列出了公司的三位创始人：

```
<h3>Michael Hartl</h3>

<h3>Lee Donahoe</h3>

<h3>Nick Merwin</h3>
```

你可能已经猜到，大部分浏览器使用大字号渲染顶级 h1 标题，h2 与 h3 的字号逐渐减小（我们会在 2.1 节的练习中弄清 HTML 支持多少种标题字号），如图 2-1 所示。

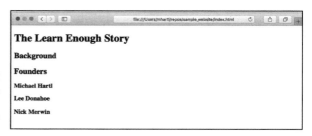

图 2-1　索引页的初始标题

练习

代码清单 2-1 中使用了 h1 至 h3 标题，请直接在 index.html 中进行实验，确定 HTML 可支持多少级标题。

2.2　文本格式化

在添加标题来划分文档的结构后，让我们添加一个介绍性的段落来描述页面的主题。与我们之前的单行段落（代码清单 1-4）不同，这个段落是多行的，并且需要一些文本格式与一个链接。

你可以在代码清单 2-2 中查看这个段落，其中垂直的点代表着省略的内容（这样我们就不必在每个代码清单中都展示全部的标签）。

代码清单 2-2　添加段落

index.html

```
<h1>The Learn Enough Story</h1>

<p>
  Learn Enough to Be Dangerous is a leader in the movement to teach
  technical sophistication, the seemingly magical ability to take
  command of your computer and get it to do your bidding. This includes
  everything from command lines and coding to guessing keyboard shortcuts,
```

```
        Googling error messages, and knowing when to just reboot the darn thing.
        We believe there are at least a billion people who can benefit from
        learning technical sophistication, probably more. To join our
        movement, sign up for our official email list now.
      </p>
      .
      .
      .
```

需要注意的是，现在内容在 p 标签内缩进了。正如方框 1-4 中所述，这使结构更清晰，而且不影响页面展示效果。

还有一点需要注意，代码清单 2-2 在每一行的末尾都有换行符，这主要是为了使段落内容符合屏幕宽度的限制。如图 2-2 所示，这些换行符对显示没有任何影响，更为常见的操作可能是将这些内容全部放在一行上，并启用自动换行（在 Atom 中称为"soft wrap"）。如果你手动输入代码清单 2-2 中的内容，那我们建议你采用此方法。

图 2-2　添加段落

2.2.1　强调文本

代码清单 2-2 中的段落内容介绍了新术语"技术熟练度"，使用斜体字来强调这类术语是常见的排版方式。正如方框 1-2 所述，我们可以使用 em 标签来实现这一目的：

```
<em>technical sophistication</em>
```

将这一操作运用到代码清单 2-2 中，可以得到代码清单 2-3 中的结果。

代码清单 2-3　强调文本

index.html

```
<h1>The Learn Enough Story</h1>

<p>
  Learn Enough to Be Dangerous is a leader in the movement to teach
  <em>technical sophistication</em>, the seemingly magical ability to take
  command of your computer and get it to do your bidding. This includes
  everything from command lines and coding to guessing keyboard shortcuts,
  Googling error messages, and knowing when to just reboot the darn thing.
  We believe there are at least a billion people who can benefit from
  learning technical sophistication, probably more. To join our
  movement, sign up for our official email list now.
</p>
```

我们可以通过刷新浏览器来确认这点，刷新后的网页上，technical sophistication 得到了适当的强调（如图 2-3 所示）。

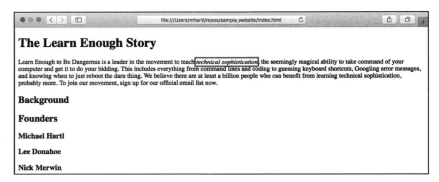

图 2-3 强调的文本

2.2.2 加强文本

正如我们在 1.2 节中所看到的那样，另一种引起人们注意指定文本的方式是使用 strong 标签加强文本，大多数浏览器会将其显示为粗体字。现在，我们想加强我们的观点，即至少十亿人在学习技术熟练度的过程中受益，我们便可以这样做：

```
<strong>at least a billion people</strong>
```

将此方法应用于代码清单 2-3 便可得到代码清单 2-4。

代码清单 2-4　加强文本

index.html

```
<p>
  Learn Enough to Be Dangerous is a leader in the movement to teach
  <em>technical sophistication</em>, the seemingly magical ability to take
  command of your computer and get it to do your bidding. This includes
  everything from command lines and coding to guessing keyboard shortcuts,
  Googling error messages, and knowing when to just reboot the darn thing.
  We believe there are <strong>at least a billion people</strong> who
  can benefit from learning technical sophistication, probably more. To
  join our movement, sign up for our official email list now.
</p>
```

刷新浏览器后，我们可以看到文本已经被设置为加粗了（如图 2-4 所示）。

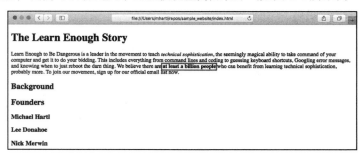

图 2-4 被加强的文本

练习

1. 在 founders 下面添加代码清单 2-5 中的段落，然后将 at least a billion people 加粗。
2. 如果你把 em 和 strong 标签嵌套在一起会发生什么？会不会是这些文本既是斜体也是加粗的？

代码清单 2-5　待加强的段落

index.html

```
<h2>Founders</h2>

<p>
  Learn Enough to Be Dangerous was founded in 2015 by Michael Hartl, Lee
  Donahoe, and Nick Merwin. We believe that the kind of technical
  sophistication taught by the Learn Enough tutorials can benefit
  at least a billion people, and probably more.
</p>
```

2.3 链接

正如我们在 1.2 节提到的，网页的大部分内容都是超文本，我们可以通过超链接的方式从一个页面链接到另一个页面。制作这种超链接的方式是使用 HTML 锚点标签 a（至于为什么不用 link 而选择 a？我们尚不清楚，但至少 a 标签比较短）。

在阅读代码清单 2-2 中的段落时，你可能已经注意到下面这一行。

```
sign up for our official email list now
```

该行实际是期望有一个可以让人们直接跳转到电子邮箱注册页面的链接。链接的确切含义存在争议，一些人认为链接应该是一个名词，另一些人则倾向于认为链接是一种行动指令。我们采取看起来最自然的方式添加链接。我们给文本 "sign up for our official email list" 添加链接，如下：

```
<a href="https://learnenough.com/email">sign up for our official email list</a>
```

这里展示了关于 HTML 属性的第一个示例，HTML 属性是 HTML 标签中的一段文字，它为 HTML 标签提供附加信息。在此示例中，属性是 href，表示 "超文本引用"，属性值是注册的邮箱 URL。

将注册电子邮件列表的链接添加到代码清单 2-4 的段落中，如代码清单 2-6 所示。需要注意的是链接的文字是如何跨越两行的（我们在代码清单 1-1 中看到的）。因为 HTML 对空格不敏感，所以这实际上与将其全部放在一行中是一样的。

代码清单 2-6　添加链接

```
<p>
  Learn Enough to Be Dangerous is a leader in the movement to teach <em>
  technical sophistication</em>, the seemingly magical ability to take
  command of your computer and get it to do your bidding. This includes
  everything from command lines and coding to guessing keyboard shortcuts,
  Googling error messages, and knowing when to just reboot the darn thing.
  We believe there are <strong>at least a billion people</strong> who
  can benefit from learning technical sophistication, probably more. To
  join our movement, <a href="https://learnenough.com/email">sign
  up for our official email list</a> now.
</p>
```

代码清单 2-6 的显示结果如图 2-5 所示。

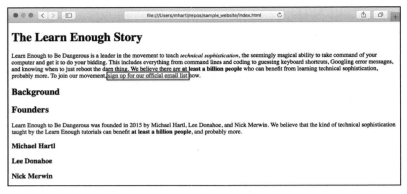

图 2-5　添加链接的结果

　　既然我们知道了如何制作链接，现在我们添加一段"Learn Enough"的内容，其中有很多链接，还有 2.2 节中展示的很多文本格式化标签的示例。将代码清单 2-7 中的段落放在代码清单 2-1 中的二级标题下，因为它包含了许多迄今为止我们所涉及的标签的优秀示例，我们建议你手动输入它们。

代码清单 2-7　利用多种实用的标签添加段落

```html
<h2>Background</h2>

<p>
  Learn Enough to Be Dangerous is an outgrowth of the
  <a href="https://railstutorial.org/">Ruby on Rails Tutorial</a> and the
  <a href="https://www.softcover.io/">Softcover publishing platform</a>.
  This page is part of the sample site for
  <a href="https://www.learnenough.com/html"><em>Learn Enough HTML to
  Be Dangerous</em></a>, which teaches the basics of
  <strong>H</strong>yper<strong>T</strong>ext <strong>M</strong>arkup
  <strong>L</strong>anguage, the universal language of the World Wide Web.
  Other related tutorials can be found at
  <a href="https://www.learnenough.com/">learnenough.com</a>.
</p>
```

　　值得注意的是，代码清单 2-7 中的链接部分包含了标签嵌套的示例：

```html
<a href="..."><em>Learn Enough HTML to Be Dangerous</em></a>
```

　　意料之中，此操作给强调文本添加了一个链接，如图 2-6 所示。你可能还注意到，图 2-6 中的一些链接颜色不同，这表明此链接已被单击（这是链接颜色的默认行为，但是它可以被 CSS 重写（https://www.learnenough.com/css-and-layout））。

练习

　　1. 使用代码清单 2-8 中的内容，在首页上添加创始人简介。

　　2. 添加代码清单 2-9 中的 Twitter 关注链接，展示结果是否如图 2-7 所示？

　　3. 有时，在浏览器新标签页中打开外部链接是很方便的（如前一个练习中的链接）。要实现此功能，需要将属性 target="_blank" 添加到代码清单 2-9 中的每个 Twitter 链接（由于技术原因，添加鲜为人知的属性 rel="noopener"也很重要）。如图 2-7 所示，单击其中一个链接，是否会在新的标签页中打开？

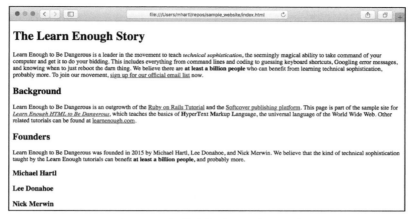

图 2-6 添加带有格式和链接的段落

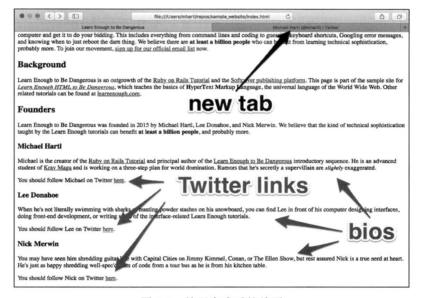

图 2-7 练习完成后的首页

代码清单 2-8 添加创始人简介

index.html

```
<h3>Michael Hartl</h3>

<p>
  Michael is the creator of the <a href="https://www.railstutorial.org/">
  Ruby on Rails Tutorial</a> and principal author of the
  <a href="https://www.learnenough.com/">Learn Enough to Be Dangerous</a>
  introductory sequence. He is an advanced student of
  <a href="https://www.kravmaga.com/">Krav Maga</a> and has a three-step
  plan for world domination. Rumors that he's secretly a supervillain
```

```
  are slightly exaggerated.
</p>

<h3>Lee Donahoe</h3>

<p>
  When he's not literally swimming with sharks or hunting powder stashes
  on his snowboard, you can find Lee in front of his computer designing
  interfaces, doing front-end development, or writing some of the
  interface-related Learn Enough tutorials.
</p>

<h3>Nick Merwin</h3>

<p>
  You may have seen him shredding guitar live with Capital Cities on Jimmy
  Kimmel, Conan, or The Ellen Show, but rest assured Nick is a true nerd
  at heart. He's just as happy shredding well-spec'd lines of code from a
  tour bus as he is from his kitchen table.
</p>
```

代码清单 2-9　在个人简介中添加 Twitter 链接

index.html

```
<h3>Michael Hartl</h3>
.
.
.
<p>
  You should follow Michael on Twitter
  <a href="https://twitter.com/mhartl">here</a>.
</p>

<h3>Lee Donahoe</h3>
.
.
.
<p>
  You should follow Lee on Twitter
  <a href="https://twitter.com/leedonahoe">here</a>.
</p>

<h3>Nick Merwin</h3>
.
.
.
<p>
  You should follow Nick on Twitter
  <a href="https://twitter.com/nickmerwin">here</a>.
</p>
```

2.4　添加图片

此时，我们的首页逐渐成形，但它仍然缺少一个关键功能：没有图片的网站会是什么样子？幸运的是，尽管添加图片与添加链接的标签结构存在重要差异，但是它们大体类似。回顾 2.3 节，锚点标签采取以下形式：

```
<a href="https://example.com/">Example site</a>
```

我们可以使用带有来源属性 src 和替代属性 alt 的 img 标签，以类似的方式将图片包含进来：

```
<img src="images/kitten.jpg" alt="An adorable kitten">
```

此外，src 中有一个图片路径（本地文件路径或者网络路径），alt 可以让开发人员添加一些用文字描述图像的替代文本。在某些浏览器上，如果用户的浏览器在加载图片时遇到问题，则会显示该文本，但更重要的是，当视觉障碍者使用时，屏幕阅读器会朗读（甚至以盲文形式呈现）该文本，这是 HTML 标准所要求的[⊖]。

上面提到的重要区别是，img 标签不像典型标签那样，内容位于开始标签和结束标签之间（见图 1-2）。否则，它会是这样的样式：

```
<img src="…" alt="…">content</img>
```

相反，img 标签没有内容，也没有结束标签：

```
<img src="…" alt="…">
```

最终的 > 是关闭 img 标签所需的全部内容——如 1.5 节中的 meta 标签，img 是一个空元素（自闭合标签）。第二种形式是在末尾使用 />，如下所示：

```
<img src="…" alt="…" />
```

这种语法旨在符合 XML——一种与 HTML 相关的标记语言，但 HTML5 中不需要使用 />。我们之所以提到它，主要是因为你会在其他人的标记中遇到 XML 样式的语法，知道这两种样式完全相同很重要。

万维网发明的初衷是分享毛茸茸的猫的照片，因此我们将在示例首页中添加一只可爱的小猫图片，如图 2-8[⊖]所示。

为了链接到小猫图像，我们可以直接链接到图 2-8 的网络路径，如下所示：

图 2-8　创造万维网可能的灵感来源

```
<img src="https://example.com/images/kitten.jpg" alt="An adorable kitten">
```

这种被称为热链接的做法通常被认为是不好的形式，原因我们将在后面热链接中解释。相反，我们把图片复制到本地计算机，当我们部署到 GitHub Pages 时，它会被自动上传。

为此，首先创建一个名为 images 的目录：

```
$ mkdir images
```

创建一个单独的图片目录是非必须的，但它对于保持主项目目录整洁非常有用。接下来，使用 curl 将图片下载到本地磁盘：

```
$ curl -o images/kitten.jpg -L https://cdn.learnenough.com/kitten.jpg
```

一旦图像在本地磁盘上可用，我们就可以使用它的位置作为 src 属性的值。因为图片和首页同是 Web 项目的一部分，所以我们可以使用图像的相对路径，如下所示：

⊖　alt 属性还可以告诉搜索引擎网络爬虫程序，图片内容是什么。
⊖　图片由 halfmax.ru/Shutterstock 提供。

```
<img src="images/kitten.jpg" alt="An adorable kitten">
```

src 属性 images/kitten.jpg 将自动被解析为正确的文件全路径，本地全路径可能是：

```
file:///Users/mhartl/repos/sample_website/images/kitten.jpg
```

在服务器上的路径可能是：

```
https://learnenough.github.io/sample_website/images/kitten.jpg
```

同时，我们还要添加一段介绍万维网创建的内容（包括对猫科动物起源说的更正），如代码清单 2-10 所示。

代码清单 2-10　一张图片和一段关于 Web 开发创始人的内容

index.html

```
<h1>The Learn Enough Story</h1>
  .
  .
  .
<p>
  HTML was created by the original "web developer", computer scientist
  <a href="https://en.wikipedia.org/wiki/Tim_Berners-Lee">Tim
  Berners-Lee</a>. It's not true that Sir Tim invented HTML in order to
  share pictures of his cat, but it would be cool if it were.
</p>

<img src="images/kitten.jpg" alt="An adorable kitten">

<h2>Background</h2>
  .
  .
  .
```

将代码清单 2-10 的内容添加到 index.html 后，示例网站首页的展示效果如图 2-9 所示。

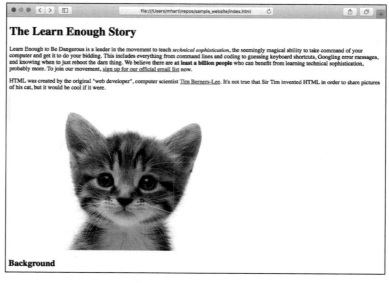

图 2-9　一张小猫图片

热链接

我们在上面提到，可以直接链接到图片的网络路径，这被称作热链接。这种方式是使用一个被完全授权的 URL 作为 src 的参数，如下所示：

```
<img src="https://example.com/images/example.jpg" alt="A nonexistent example">
```

通常热链接是一种不好的方式，主要是因为图像必须位于该站点的特定位置，否则它将无法加载，这会让你受到站点维护人员的摆布，运营该网站的人还可以收取用于服务图像的带宽费用。因此，我们通常建议大多数应用程序使用本地图像[⊖]，而不是热链接。

不过，热链接规则也有一些重要的例外，如一个名为 Gravatar 的应用程序，它代表"全球通用头像"。Gravatar 可以让你将标准图片与电子邮件地址相关联，用于在各种网站上显示头像，包括 GitHub 和 WordPress[⊜]。Gravatar 图片是专门为热链接而设计的，所以这种情况下我们鼓励使用热链接。图片可能会改变，但这不是一个 bug，而是一个功能，因为这让用户可以控制他们喜欢的头像——如果他们更新图片，更改将通过 Gravatar URL 自动传播到每个站点。

Gravatar URL 包含一长串十六进制数字（以 16 为基数，用 0–9 和 a–f 表示），如下所示：

```
https://gravatar.com/avatar/ffda7d145b83c4b118f982401f962ca6
```

ffda7d145b83c4b118f982401f962ca6 是一个唯一字符串，它基于与 Gravatar 关联的电子邮件地址[⊜]。Gravatar URL 还支持查询参数，这些参数是主 URL 后面的附加信息，例如 ?s=150：

```
https://gravatar.com/avatar/ffda7d145b83c4b118f982401f962ca6?s=150
```

查询参数在问号? 之后，在此示例中，s = 150 由一个键 s 和一个值 150 组成[⊛]。你可能会猜到，s 代表"大小"，在此示例中，查询参数 s = 150 将 Gravatar 大小设置为 150 像素（根据设计，Gravatar 是方形的，因此一个参数就可以指定大小）。

使用我们新学习的 Gravatar 知识，在首页的 Learn Enough 创始人简介下面添加头像（像 2.3 节练习中添加代码清单 2-8 中的内容那样）。在典型的动态 Web 程序中，例如《Ruby on Rails 教程》中的应用程序（https://www.railstutorial.org/），这些 URL 会根据用户的邮件地址实时计算（https://www.railstutorial.org/book/sign_up#seca_gravatar_image），但为了方便，我们直接提供准确的 URL，如代码清单 2-11 所示（为了让 URL 便于展示，我们删除了代码清单 2-11 中的缩进，但是我们建议你在 index.html 中保持原来的缩进）。

代码清单 2-11　为 Learn Enough 创始人添加头像链接

```
<h3>Michael Hartl</h3>

<img src="https://gravatar.com/avatar/ffda7d145b83c4b118f982401f962ca6?s=150"
    alt="Michael Hartl">
```

⊖ 这里的"本地"是指"网站本地"（可能是像 GitHub Pages 这样的远程服务器），并不一定是计算机本地。

⊜ 事实上，Gravatar 最初是由 GitHub 联合创始人 Tom Preston-Werner 开发的，后来被 WordPress 的母公司 Automattic 收购。

⊜ 这是使用 MD5 信息加密算法计算出来的，这个算法在 Ruby on Rails 教程中有介绍。

⊛ 多个查询参数用 & 符号分隔，如 https://example.com?foo=1&bar=2。如果你查看浏览器地址栏中的 URL，就会看到这些查询参数无处不在。

```
           .
           .
           .

<h3>Lee Donahoe</h3>

<img src="https://gravatar.com/avatar/b65522a6f3a6899705d119d7aa232a6d?s=150"
     alt="Lee Donahoe">
           .
           .
           .

<h3>Nick Merwin</h3>

<img src="https://gravatar.com/avatar/e2d6ce2ba5c1b6d674ae8ff2b3b45d23?s=150"
     alt="Nick Merwin">
           .
           .
           .
```

添加代码清单 2-11 中的内容后，展示效果与图 2-10 相似，但是未必完全一样。

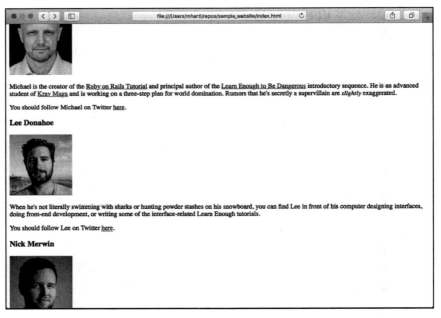

图 2-10　添加 Gravatar 图片

至此，我们的示例网站的首页面已经（几乎）完成了，现在是时候提交更改并推送到 GitHub Pages 的服务器了：

```
$ git add -A
$ git commit -m "Add content and some images"
$ git push
```

结果如图 2-11 所示。

图 2-11　示例的首页

练习

1. 为什么图 2-10 中的图片与你的不完全一致？提示：这不是一个 bug，而是一个功能。

2. 在 index.html 页面的第一段下面，添加一个 Learn Enough Twitter 账户的链接。首先，下载 Twitter 的 logo，如代码清单 2-12 所示。然后，给文本和 logo 添加一个链接，如代码清单 2-13 所示。确保将 FILL_in 替换为正确的图片路径。注意，代码清单 2-13 涉及内联样式，这是第 4 章的主题。附加题：关注 Learn Enough Twitter（https://twitter.com/learnenough）。

代码清单 2-12　下载 Learn Enough Twitter 的 logo

```
$ curl -o images/small_twitter_logo.png \
>     -L https://cdn.learnenough.com/small_twitter_logo.png
```

请注意，应该输入反斜杠 \，但是 shell 会自动输入 >，因此不要复制粘贴整个内容。

代码清单 2-13　添加 Learn Enough Twitter 账户链接

index.html

```
        .
        .
        .
      for our official email list</a> now.
    </p>

    <p>
      <a href="https://twitter.com/learnenough" target="_blank"
    rel="noopener" style="text-decoration: none;">
        <img src="FILL_IN">
      </a>
      You should follow Learn Enough on Twitter
      <a href="https://twitter.com/learnenough"
        target="_blank" rel="noopener">here</a>.
    </p>
```

Chapter 3 第 3 章

添加页面与标签

我们已经在第 2 章完成了首页的所有内容（并学习了很多 HTML 标签），现在是时候为网站添加更多的页面了。在这一章中将学习一些更实用的 HTML 标签，同时了解纯手动编辑的局限性。

第一个新增页面是一个关于 HTML 标签本身的页面，以巩固前面学习的知识。第二个页面包含一个关于《白鲸》的有趣的报告，我们将在第 4 章对其进行样式设计。

3.1　关于 HTML 的 HTML 页面

首先，添加一个索引页，以收集迄今为止学到的一些 HTML 标签。这意味着需要创建一个新的文件：新建标签卡（通常用 ⌘N），然后将其保存为 tags.html。另一种受人喜爱的方式是，在命令行运行 touch tags.html，然后用 ⌘P 在编辑器中打开它。

使用任一方式创建 tags.html 后，用代码清单 3-1 中的内容来填充它。

代码清单 3-1　在页面的开头添加关于 HTML 标签的内容

tags.html

```
<!DOCTYPE html>
<html>
  <head>
    <title>HTML Tags</title>
    <meta charset="utf-8">
  </head>
  <body>

    <h1>Important HTML tags</h1>

    <img src="images/astronaut_tagged.jpg" alt="Tagged Astronaut">

    <p>
      This page is designed as a quick reference for some of the common tags
      covered in <a href="https://learnenough.com/html"><em>Learn
```

```
    Enough HTML to Be Dangerous</em></a>. In the process of making it, we'll
    learn how to make HTML <em>tables</em> via <code>table</code> and
    related tags.
  </p>

  <p>
    The tables below don't include all HTML tags, but they do list many of
    the most important ones.
  </p>

  </body>
</html>
```

需要注意的是，代码清单 3-1 再次涉及了代码清单 1-6 中的 HTML 框架，这是一种不便捷的、重复性的工作。随着网页中页面数量的增加，这一工作会越来越烦琐，特别是当我们需要对文档的 head 进行修改时（这经常发生）。我们将在第二部分以正确的方式处理这个问题（使用模板系统），但现在只能忍受这种烦琐。

代码清单 3-1 介绍了一个不重要但有时会用到的新标签——code 标签：

```
<code>table</code>
```

code 标签用于显示标记片段或源代码，大多数浏览器将其渲染为等宽字体。在等宽字体中，所有字母的宽度都相同，这在格式化代码时特别方便。

代码清单 3-1 所定义的页面还不能按预期呈现，因为 img 标签引用了一个不存在的图片。要解决这个问题，请将图片下载到本地磁盘：

```
$ curl -o images/astronaut_tagged.jpg \
>    -L https://cdn.learnenough.com/astronaut_tagged.jpg
```

需要注意的是，此处应该输入反斜杠，但 shell 会自动输入 >，所以不要复制和粘贴整个内容，结果如图 3-1⊖所示。

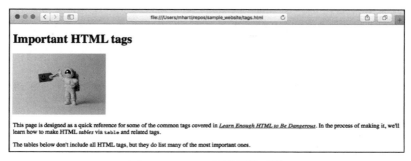

图 3-1　HTML 标签页的开始

练习

1. 代码清单 3-1 中的 HTML 是否有效？

2. 再次练习图片链接。模仿代码清单 2-12，将代码清单 3-1 中的图片链接到 NASA 网站（https://www.nasa.gov）。

⊖　宇航员图片由 svetlichniy@igor/Shutterstock 提供；价格标签图片由 Pretty 7ectors/Shutterstock 提供。

3.2 表格

现在页面基本已经搭建完成，我们把目前学到的一些标签罗列出来。我们的计划是标明标签的准确 HTML 代码、名称以及用途。由于最终结果是一个信息表格，所以使用 HTML 的 table 标签展示它。HTML 标签大致分为内联元素和块级元素（方框 3-1），我们给每种标签单独制作一个表格。

方框 3-1：内联元素与块级元素的对比

　　HTML 页面上的所有元素要么与周围的文本一起流动，要么通过创建一个与页面上其他内容分开的内容框来中断流动。第一类标签被称为内联元素；第二类被称为块级元素（见图 3-2）。

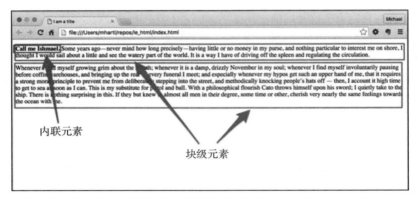

图 3-2　内联元素与块级元素的对比

　　所有修改文本的元素（如 <strong> 和 <em>）都是内联元素，这样做是有道理的，因为我们不希望每次把文本加强或强调时都跳到新的一行。其他常见的内联元素有链接和图片（这也许会让你诧异）。内联元素在页面上占用的宽度与标签内的内容所需的宽度一样——你可以把内联元素看作标签内容的塑封袋。

　　相反，块级元素总是从新的一行开始，就像它们前面有一个换行符一样，所以它们的一个主要目的是把页面的文字分成不同的组，如段落或表格。与内联元素不同的是，块级元素绑定了页面宽度，就像一个盒子一样。

3.2.1 块级元素

　　一个表由 table 标签的开头和关闭组成，每行由 tr 标签定义。通常情况下，第一行的表头用 th 标签定义，为表格的各列设置标题，如代码清单 3-2 所示。

代码清单 3-2　定义带标题的表格

tags.html

```
<p>
```

```
    The tables below don't include all HTML tags, but they do list many of
    the most important ones.
</p>

<h2>Block Elements</h2>

<table>
  <tr>
    <th>Tag</th>
    <th>Name</th>
    <th>Purpose</th>
  </tr>
</table>
```

由于文件内的布局是竖向的，但是最终的显示结果是横向的，因此将表格的内容映射到视觉效果可能是一个挑战，但随着不断练习，这会变得越来越容易。

定义了表头之后，后面的表格内容一般由一系列表格数据单元组成，表格数据单元用 td 标签定义。首先，为 2.1 节中首次介绍的标题标签添加一行。结果如代码清单 3-3 所示（这顺便解决了 2.1 节的练习）。

代码清单 3-3　添加一行数据

tags.html

```
<table>
  <tr>
    <th>Tag</th>
    <th>Name</th>
    <th>Purpose</th>
  </tr>
  <tr>
    <td><code>h1</code>&ndash;<code>h6</code></td>
    <td>headings</td>
    <td>include a heading (levels 1&ndash;6)</td>
  </tr>
</table>
```

代码清单 3-3 使用了代码清单 3-1 中的 code 标签，同时还引入了 –，这是短破折号的"字符实体参照"（短破折号的宽度与字母"n"大致一样，像这样：-)。因为我们的 HTML 文档使用的是 utf-8 字符集（代码清单 1-6），所以我们也可以直接使用短破折号 -，但是使用字符实体比较常见，因此最好掌握这两种方式的使用。

这次处理的事情比较多，这使得它成为学习将 HTML 标记结果可视化的最佳练习。一旦你在脑海中有了疑问，你就可以刷新浏览器来查看结果（见图 3-3）。

现在我们已经认识了最重要的 table 标签，接下来在表格的每行添加目前学到的其他块级标签。这些包括 p 标签和 table 标签本身⊖，结果如代码清单 3-4 所示⊖。

⊖ 从技术上讲，td 标签更像是一个"inline block"元素，但对于我们来说，这种区别并不重要。

⊖ 有些代码清单会让重要行用黄色高亮显示，但像代码清单 3-4 中那样有很多新行时，我们会省略高亮显示，以避免出现"黄墙"。

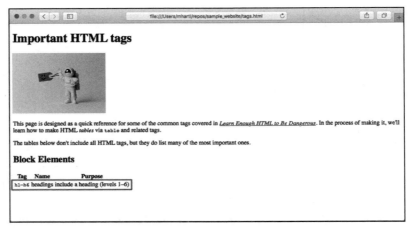

图 3-3　表格的标题与一行数据

代码清单 3-4　一个完成度更高的关于 HTML 块级元素的表格

tags.html

```
<h2>Block Elements</h2>

<table>
  <tr>
    <th>Tag</th>
    <th>Name</th>
    <th>Purpose</th>
  </tr>
  <tr>
    <td><code>h1</code>&ndash;<code>h6</code></td>
    <td>headings</td>
    <td>include a heading (levels 1&ndash;6)</td>
  </tr>
  <tr>
    <td><code>p</code></td>
    <td>paragraph</td>
    <td>include a paragraph of text</td>
  </tr>
  <tr>
    <td><code>table</code></td>
    <td>table</td>
    <td>include a table</td>
  </tr>
  <tr>
    <td><code>tr</code></td>
    <td>table row</td>
    <td>include a row of data</td>
  </tr>
  <tr>
    <td><code>th</code></td>
    <td>table header</td>
    <td>make a table header</td>
  </tr>
  <tr>
    <td><code>td</code></td>
    <td>table data</td>
```

```
    <td>include a table data cell</td>
  </tr>
</table>
```

代码清单 3-4 中有很多新创建的行，如果你愿意的话，你可以复制和粘贴这些内容，但是手动输入会让你学到更多。你会发现这可能相当麻烦，这也是许多现实生活中的表格是用 Ruby 等编程语言从数据库中生成的原因之一，结果如图 3-4 所示。

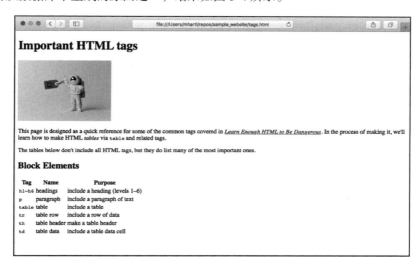

图 3-4　关于一些 HTML 块级元素的表格

顺便说一下，你可能会注意到图 3-4 中表格数据单元格的间距并不理想，我们可以利用 CSS 样式表（在第二部分）来处理这些细节。

3.2.2　内联元素

既然我们已经知道了如何制作一个基本表，那么我们新增一个关于内联元素的表格。因为根据内联元素定义，它不会换行，所以把标签的示例和定义放在一行比较容易。例如，关于 em 标签的示例，如代码清单 3-5 所示。

代码清单 3-5　关于内联元素表格的开始

tags.html

```
          .
          .
          .
  <h2>Inline Elements</h2>

  <table>
    <tr>
      <th>Tag</th>
      <th>Name</th>
      <th>Purpose</th>
      <th>Example</th>
      <th>Result</th>
```

```
      </tr>
      <tr>
        <td><code>em</code></td>
        <td>emphasized</td>
        <td>make emphasized text</td>
        <td><code>&lt;em&gt;technical sophistication&lt;/em&gt;</code></td>
        <td><em>technical sophistication</em></td>
      </tr>
    </table>
```

代码清单 3-5 介绍了让浏览器显示尖括号这一棘手问题的解决方案，例如，显示 technical sophistication 而不是 *technical sophistication*。解决的方式是利用 HTML 实体字符 <（"小于号"）和 >（"大于号"）来"转义"＜和＞（见图 3-5）。

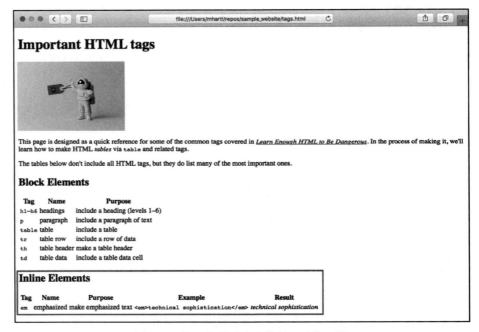

图 3-5　关于内联元素表格的一个好开端

我们目前遇到的其他内联元素有 strong、a、img 和 code。我们把按照代码清单 3-5 将它们添加到表格中这一工作留作练习题。在做这个练习之前或之后，我们建议添加并提交修改，然后推送到 GitHub Pages。

```
$ git add -A
$ git commit -m "Add a tags page"
$ git push
```

练习

1. 按照代码清单 3-6 中的模板，添加关于 strong、a 和 img 标签的信息。为什么 img 标签的例子使用 Bitly 链接缩短器？

2. 为 code 标签添加一行，页面是否有效？

代码清单 3-6　用于添加 strong、a 和 img 标签的模板

tags.html

```html
<h2>Inline Elements</h2>

<table>
  <tr>
    <th>Tag</th>
    <th>Name</th>
    <th>Purpose</th>
    <th>Example</th>
    <th>Result</th>
  </tr>
  <tr>
    <td><code>em</code></td>
    <td>emphasized</td>
    <td>make emphasized text</td>
    <td><code>&lt;em&gt;technical sophistication&lt;/em&gt;</code></td>
    <td><em>technical sophistication</em></td>
  </tr>
  <tr>
    <td><code>strong</code></td>
    <td>strong</td>
    <td>make strong text</td>
    <td>
      <code>&lt;strong&gt;at least a billion people&lt;/strong&gt;</code>
    </td>
    <td>FILL_IN</td>
  </tr>
  <tr>
    <td><code>a</code></td>
    <td>anchor</td>
    <td>make hyperlink</td>
    <td>
      <code>
        &lt;a href="https://learnenough.com/"&gt;Learn Enough&lt;/a&gt;
      </code>
    </td>
    <td>FILL_IN</td>
  </tr>
  <tr>
    <td><code>img</code></td>
    <td>image</td>
    <td>include an image</td>
    <td>
      <code>
        &lt;img src="https://bit.ly/1MZAFuQ" alt="Michael Hartl"&gt;
      </code>
    </td>
    <td>FILL_IN</td>
  </tr>
</table>
```

3.3　div 和 span

在已经创建了一个关于 HTML 表格的新页面后，我们准备示例网站创建第三个页面。我们将添加一些初始化内容，同时用三个新标签分隔结构：header、div（用于分隔）和 span。这些标签对页面的外观几乎没有影响，但它们帮助我们将页面和内容形成逻辑单元。这三个标签，特别是 div 和 span，在使用 CSS（第二部分）为网页设计样式时被大量使用。在第 4 章使用内联样

式时，我们将对此进行预演。

页面本身将以模拟书的形式报道美国经典小说《白鲸》（又名《白鲸记》）。正如我们将在第4章中看到的，其中的内容将与样式设计十分契合。

首先，我们要做的是创建一个名为 moby_dick.html 的文件。然后，因为在网页上插入动物图片（即便不是可爱的猫咪）是永远不会错的，所以我们将插入鲸鱼的图片以配合我们的报告，我们还将加入书籍封面图片，如图 3-6⊖所示。

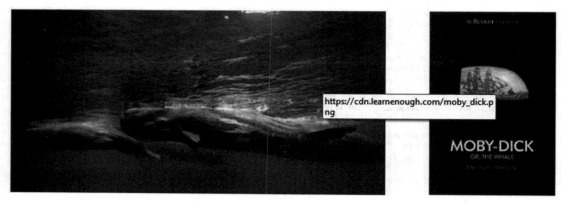

图 3-6　鲸鱼图片与《白鲸》封面图

为了在网页上插入这些图片，我们需要将它们下载到本机上（就如 2.4 节中下载猫咪图片那样）。

```
$ curl -o images/sperm_whales.jpg \
>      -L https://cdn.learnenough.com/sperm_whales.jpg
$ curl -o images/moby_dick.png -L https://cdn.learnenough.com/moby_dick.png
```

最初的图书报告篇幅很长，这使它成为阅读和编写 HTML 的好素材。结果如代码清单 3-7 所示，其中突出了一些特别重要的行。请特别注意 target="_blank "rel="noopener"（在 2.3 节进行了简要介绍）的使用，它使浏览器在新标签页中打开链接⊖。代码清单 3-7 故意留了一个错误，请把捕捉和修复它当作一个练习（3.3 节练习）。

代码清单 3-7　原始的《白鲸》读书报告

moby_dick.html

```
<!DOCTYPE html>
<html>
  <head>
    <title>Moby Dick</title>
    <meta charset="utf-8">
  </head>
  <body>

    <!-- much here to be styled, will do so in last section -->
```

⊖　图片由 willyambradberry/123RF 提供。

⊖　或者在浏览器新窗口中打开，具体取决于用户的浏览器设置。

```
<header>
  <h1>A Softcover Book Report</h1>
  <h2>Moby-Dick (or, The Whale)</h2>
</header>

<div>
  <p>
    The <a href="https://www.softcover.io/">Softcover</a> publishing platform
    was designed mainly for ebooks like the
    <a href="https://railstutorial.org/book"><em>Ruby on Rails Tutorial</em>
    book</a> and <a href="https://learnenough.com/html"><em>Learn Enough
    HTML to Be Dangerous</em></a>, but it's also good for making more
    traditional books, such as the novel <em>Moby-Dick</em> by Herman
    Melville (sometimes written as <em>Moby Dick</em>). We present below a
    short and affectionately irreverent book report on this classic of
    American literature.
  </p>
</div>

<a href="https://commons.wikimedia.org/wiki/File:Sperm_whale_pod.jpg">
  <img src="images/sperm_whales.jpg">
</a>
<div>

  <h3>Moby-Dick: A classic tale of the sea</h3>

  <a href="https://www.softcover.io/read/6070fb03/moby-dick"
     target="_blank" rel="noopener">
    <img src="images/moby_dick.png" alt="Moby Dick">
  </a>

  <p>
    <a href="https://www.softcover.io/read/6070fb03/moby-dick"
       target="_blank" rel="noopener">
      <em>Moby-Dick</em></a>
      by Herman Melville begins with these immortal words:
  </p>

  <blockquote>
    <p>
      <span>Call me Ishmael.</span> Some years ago–never mind how long
      precisely–having little or no money in my purse, and nothing
      particular to interest me on shore, I thought I would sail about a
      little and see the watery part of the world. It is a way I have of
      driving off the spleen and regulating the circulation.
    </p>
  </blockquote>

  <p>
    After driving off his spleen (which <em>can't</em> be good for you),
    Ishmael then goes on in much the same vein for approximately one
    jillion pages. The only thing bigger than Moby Dick (who–<em>spoiler
    alert!</em>–is a giant white whale) is the book itself.
  </p>
</div>
</body>
</html>
```

在代码清单 3-7 中，标题标签包含 h1 和 h2 标签，它的重要性只有在第 4 章中我们添加内联样式时才会显现出来。现在，重要的是，它是一个抽象的语义标签，用来标记页面的一部分，对页面的外观没有直接影响。

同样地，div 标签将页面的各部分分开，但在第 4 章之前不会有任何影响。我们还把《白鲸》中经典开篇句"叫我以实玛利吧"包裹在一个 span 标签中，以便在第 4 章中对其进行样式设计。div 和 span 标签的主要区别在于，div 是一个块级元素，而 span 是一个内联元素（方框 3-1）。最后，我们使用了用于引用文本块的 blockquote 标签。

除了说明 header、div 和 span 标签外，代码清单 3-7 还展示了一个 HTML 注释，如下所示[⊖]：

```
<!-- much here to be styled, will do so in last section -->
```

这一行预示着第 4 章中的样式设计步骤，这行被浏览器忽略了，并且在渲染页面上不可见，如图 3-7 所示（不可见）[⊜]。

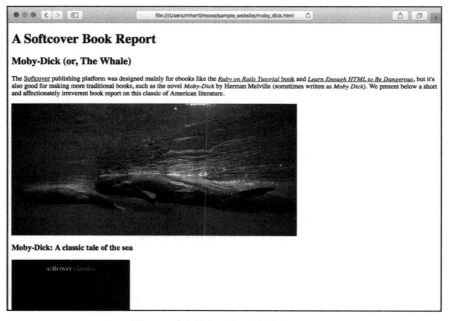

图 3-7 《白鲸》最初的软装书报告

练习

1. 验证代码清单 3-7 中的 HTML，并确认其中的一个警告和错误。使用验证器的修复建议，修复后确认新的页面没有警告。

2. 在前面的练习中，你应该已经发现了一个建议将页面的语言设置为英语的警告。用同样的设置来更新网站的其他页面，这种重复性的工作经常造成麻烦，你可以使用模板系统自动处理。

⊖ 在 Atom 中，你可以使用⌘/（"Command- 斜线"）来切换 HTML 注释，这也适用于源代码。因为文本编辑器可以通过文件扩展名（或通过"shebang line"#！）推断出文件类型，所以我们可以使用⌘/进行注释，而不必记住我们正在编辑的文件类型的确切语法。

⊜ 但是，注释会传到浏览器，任何检查页面 HTML 源码的人都可以看到。

3. 在 tags.html 的表格中添加 header、div 和 span。提示：和 div 一样，header 也是一个块状元素。

3.4　列表

作为《白鲸》小型报告的一部分，我们想列出一些我们对该书的看法。正如我们即将看到的，HTML 列表有两种基本类型。

第一种列表将突出关于《白鲸》我们最喜欢的三件事。因为我们希望这三件事按序排列，所以我们将使用有序列表标签 ol：

```
<h4>Our top 3 favorite things about Moby Dick</h4>

<ol>
  <li>Vengeful whale</li>
  <li>Salty sailors</li>
  <li>The names "Queequeg" and "Starbuck"</li>
</ol>
```

这里，li 标签表示一个列表项（又称为列表元素），结果将按序编号：

```
1. …
2. …
3. …
```

第二种列表将包含一些其他事项。因为顺序不重要，我们将使用无序列表标签 ul，以及有序列表中同样使用的 li 列表元素标签：

```
<h4>Other things about Moby Dick</h4>

<ul>
  <li>
    Chapter after chapter (after chapter) of meticulous detail about whaling
  </li>
  <li>
    The story pretty much
    <a href="https://en.wikipedia.org/wiki/Essex_(whaleship)"
       target="_blank" rel="noopener">happened in real life</a>
  </li>
  <li>Mad sea captains are fun</li>
</ul>
```

稍后我们将看到，无序列表元素的默认样式是圆点：

- …
- …
- …

然而，无序列表比这有用得多，在实践中，它们的用途远远不止于标记圆点（我们将在本书第二部分看到）。

将这两个列表合并在一起，并将它们添加到 moby_dick.html 的末尾，如代码清单 3-8 所示。

代码清单 3-8　在我们的《白鲸》读书报告中加入列表

moby_dick.html

```
<h4>My top 3 favorite things about Moby Dick</h4>
```

```
<ol>
  <li>Vengeful whale</li>
  <li>Salty sailors</li>
  <li>The names "Queequeg" and "Starbuck"</li>
</ol>

<h4>Other things about Moby Dick</h4>

<ul>
  <li>
    Chapter after chapter (after chapter) of meticulous detail about
    whaling
  </li>
  <li>
    The story pretty much
    <a href="https://en.wikipedia.org/wiki/Essex_(whaleship)"
      target="_blank" rel="noopener">happened in real life</a>
  </li>
  <li>Mad sea captains are fun</li>
</ul>
    </div>
  </body>
</html>
```

结果如图 3-8 所示，图 3-8 顺便也显示了在图 3-7 中未展示的 blockquote 渲染结果。

图 3-8　有序列表与无序列表

练习

在 tags.html 中添加 ol、ul 和 li 标签。这些标签哪些是块级元素，哪些是内联元素？

3.5　导航菜单

在第 4 章为我们的读书报告页面设计样式之前，我们将添加一个网络上大多数网站都有的组件，然而这个组件的起源却很神秘：一个带有指向网站所有页面的链接的导航菜单（方框 3-2）。在这个过程中，我们将学习如何在当前网站上建立页面链接，而不是总是链接到外部网站。导航菜单还将给我们另一个机会去了解在没有模板系统的情况下制作网站是多么麻烦。

方框 3-2：可用其他语言代替 Perl 语言编写程序

较早时的大多数网站的每个页面都有相同的菜单。我想这一定是我不知道的 HTML 的某些特性，但是早期的网页设计书并没有涉及这个问题。

记得当时我在想：开发者不会在每个页面都硬编码相同的菜单吧？这似乎是一个糟糕的重复性工作。如果想改变它该怎么办呢？

事实证明，制作精良的网站不需要你在任何地方硬编码菜单。事实上，当时大多数这样的网站都使用的是 Perl 语言。虽然 Perl 仍在使用，但现在使用 PHP、Python、JavaScript 或 Ruby 来组合网站可能更常见。不过，原理都一样。

在本书中，我们无法用合适的方式解决这个问题，所以我们不得不亲手输入所有内容。但这是一个特性，而不是一个 bug，因为亲手解决这个问题有助于我们理解为什么应该用计算机来解决这个问题。

我们将在第二部分揭开这个谜题的答案，它被称为模板系统。

我们首先在首页上添加一个包含三个链接（每个导航元素一个）的 div，如代码清单 3-9 所示。注意，我们采用了将首页称为"主页"的通用惯例。

代码清单 3-9 添加导航链接

index.html

```
<!DOCTYPE html>
<html>
  <head>
    <title>Learn Enough to Be Dangerous</title>
    <meta charset="utf-8">
  </head>
  <body>

    <div>
      <a href="index.html">Home</a>
      <a href="moby_dick.html">Moby Dick</a>
      <a href="tags.html">HTML Tags</a>
    </div>

    <h1>The Learn Enough Story</h1>
```

从代码清单 3-9 中我们可以看到，链接到本地页面只需要将 href 属性设置为文件路径，其工作方式与 img 标签的 src 属性完全相同（2.4 节）：

```
<a href="tags.html">HTML Tags</a>
```

结果如图 3-9 所示。

我们可以使用代码清单 3-10 中的标记部分，将相同的菜单添加到 HTML 标签页中，结果如图 3-10 所示。

图 3-9　首页的导航菜单

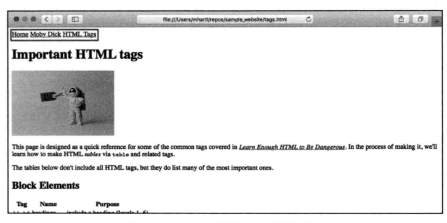

图 3-10　HTML 标签页中的导航菜单

代码清单 3-10　将导航菜单添加到 HTML 标签页中

tags.html

```
<!DOCTYPE html>
<html>
  <head>
    <title>HTML Tags</title>
    <meta charset="utf-8">
  </head>
  <body>

    <div>
      <a href="index.html">Home</a>
      <a href="moby_dick.html">Moby Dick</a>
      <a href="tags.html">HTML Tags</a>
    </div>

    <h1>Important HTML tags</h1>
```

我们把将菜单添加到 moby_dick.html 页面中留作一项练习。

　　同时，你可能已经注意到，按照页面介绍的顺序排列导航可能会更自然，即主页、标签页、白鲸页。我们把改变菜单顺序也留作练习，其目的是让你感受到在三个不同的页面上做同样的改变有多么痛苦——第 9 章的模板系统可以减轻这种痛苦。在做这个练习之前或之后，我们建议添加并提交这些修改，然后推送到 GitHub Pages。

```
$ git add -A
$ git commit -m "Add a Moby Dick page and a menu"
$ git push
```

练习

1. 将菜单链接添加到 moby_dick.html 页面中。
2. 在菜单链接中，改变链接的顺序，使标签页排在第二位，你需要编辑多少个文件？

内联样式

目前我们已经给页面添加了内容，并构建完成了基本结构，现在开始准备为其添加一些样式。我们的基本方法有添加内联样式，也就是把样式命令直接放在网站的 HTML 标签里。这种方法可以让我们准确地知道样式在每个元素上所产生的作用，效果更直观。

然而内联样式通常不被看好（方框 4-1）。要解决这个问题，我们只需将一个页面的内联样式转换为 CSS，来尝试一下串联样式表——一种网页设计语言。这将再次为前端设计和开发（第二部分）以及使用 JavaScript 编写交互式网站提供一个重要的基础。

方框 4-1：分隔样式与内容

既然直接给元素添加样式可以得到你想要的结果，那为什么这种做法不被看好？

原因之一是，如果将样式单独放在一个文件中，使其与内容和布局分离，HTML 文件会更干净、更易维护。当一个开发人员在一个页面上工作时，这不会产生巨大的差异，但当有多个开发人员同时对多个页面进行修改时，想要有效、一致地进行修改就会成为一场噩梦。试想一下，如果你不喜欢网站上的字体大小，而不得不去每页寻找需要新样式的地方。如果这是唯一的方法，没有人会选择这样做。

将样式与内容分离的另一个原因是，当将样式规则应用于多个元素时，这种方式更灵活、更高效。我们可以将样式应用于网站的所有元素，或者只应用于我们选择的某些元素，而不必为每个单独的标签设置样式。

例如，可以使用规则 width:100% 使表格占据页面的整个宽度。如果我们希望网站上的所有表格都有相同的样式，我们必须将其复制并粘贴到所有页面的所有< table >标签中：

```
<table style="width: 100%;">
```

有了 CSS，我们可以用一小段代码让浏览器对所有表格进行样式修改。

```
table {
  width: 100%;
}
```

对于一个有很多不同页面、元素和样式规则的网站来说，这样做可以在简洁和效率方面获得巨大收益。

最后，互联网上的所有页面都位于某个远程服务器上，向访问该网站的用户发送数据。你添加到页面上的每一个字或每一行代码都是需要通过网络下载的内容。减少页面上的重复元素使它们更小，也有助于网站快速加载。

4.1 文本样式

如 3.3 节所述，我们的设计工作将集中在 Moby-Dick 读书报告页面上，这会让我们通过更改 HTML 默认样式来获得最大收益。我们将首先在《白鲸》第一段的引用中添加一点样式。回想一下，代码清单 3-7 使用了 blockquote 标签，它通过额外的空格和缩进与周围的文本隔开（如图 4-1 所示）。

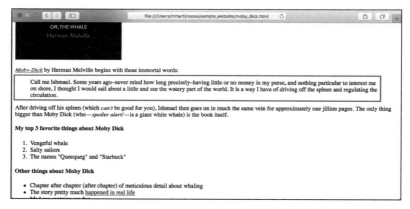

图 4-1　引用的默认样式

为了使引用更加突出，让我们将字体样式更改为斜体，同时将字体大小增加到 20 像素（20px）。实现这一点的方法是使用 style 属性，它几乎可以添加到任何 HTML 标签中。在这种情况下，我们将按如下方式更改字体样式和字体大小：

```
style="font-style: italic; font-size: 20px;"
```

请注意，style= 之后的样式规则是一个字符串，每个单独的样式之间用分号分隔。从技术上讲，最后一个分号不是必须添加的，但加上它是一个比较好的做法，因为它可以让我们在后面添加其他样式时，不必记住添加分号。

接受这种做法，并编辑 moby_dick.html，生成代码清单 4-1 所示的 html。结果如图 4-2 所示。

代码清单 4-1　给引用进行样式设计

moby_dick.html

```
<blockquote style="font-style: italic; font-size: 20px;">
```

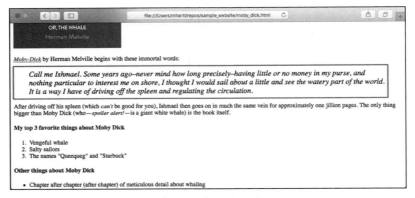

图 4-2 样式设计后引用

接下来，我们将为经典开篇句"叫我以实玛利吧"添加一些样式。我们首先将字体恢复为正常（这是当周围文本已为斜体时，强调文本的方式）。然后，我们使字体比引用块中其余部分使用的 20px 还要大，同时使其加粗。最后，我们把颜色改为引人注目的红色。

通常，如果我们写成下面这样，是没办法只改变"叫我以实玛利吧"这一句话的样式的：

```
Call me Ishmael. Some years ago…
```

在这一点上，我们没有什么解决方式。但是，回想一下代码清单 3-7，开头的一行是用 span 标签包裹起来的：

```
<span>Call me Ishmael.</span> Some years ago…
```

这样做是因为我们已经预测到，以后会对其进行样式设计。实际上，我们不能总是提前预测这种情况，但我们可以在需要的时候将相关文本包裹进 span 标签中。

尽管 span 标签本身并没有做任何事情，但我们给它添加样式，如下所示：

```
<span style="font-style: normal; font-size: 24px; font-weight: bold;
color: #ff0000;">Call me Ishmael.</span>
```

在这里，为了完成上面期望的样式，我们组合了字体样式、字体大小、字体粗细和颜色。这些只是众多可用样式属性中的一小部分，你可以在 w3schools 等网站上了解这些属性（https://www.w3schools.com/cssref/）。同时，颜色 ff0000 是红色的十六进制代码，如方框 4-2 所示。

方框 4-2：HTML 和十六进制颜色

HTML colors are typically indicated using a system known as hexadecimal RGB (for "red, green, blue"), which gives us a flexible way to specify colors with fine-grained precision.

HTML 颜色通常使用十六进制 RGB（表示"红、绿、蓝"）来表示，这为我们提供了一种可以设置精确颜色的灵活的方式。

十六进制是指基数是 16，即用从 0 到 F 这 16 个符号来代表十进制数 0 到 15：

0	1	2	3	4	5	6	7	8	9	10	11	12	13	14	15
0	1	2	3	4	5	6	7	8	9	A	B	C	D	E	F

与基数是 10，从 0 到 $10^2-1=99$ 只使用两个数字一样，十六进制从 0 到 $16^2-1=255$ 只使用 00=0 至 FF=255。

计算机显示器通过将红色、绿色和蓝色像素组合在一起来显示颜色，这些像素代表三种基色。如果将三种基色都打开，它看起来像是 #FFFFFF，屏幕会显示为白色。相反，如果将三种基色都关闭，即 #000000，屏幕会显示为黑色。将三种基色的中间值组合在一起，几乎可以生成你可以看到的所有颜色：

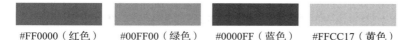

#FF0000（红色）　　#00FF00（绿色）　　#0000FF（蓝色）　　#FFCC17（黄色）

为了方便，HTML 还支持简写，在某些情况下可以代替十六进制字符串。例如，如果数字重复，像 #222222、#bbbbbb 或 #aa22ff，则可以将整个数字缩短为三位数，如：#222、#bbb 或 #a2f。注意，我们已经改用小写字母，这在现代 HTML 代码中更常见，但与上面的大写版本完全相同。当浏览器只看到三个数字时，它会自动填充缺失的数字。

十六进制颜色一开始可能会让人困惑，但你很快就会理解这三个值是如何一起工作来生成不同颜色（以及这些颜色的不同色调）的。要了解更多信息，我们建议你使用颜色选择器来查看你可以生成哪些颜色。

上面 moby_dick.html 中的样式提供的代码如代码清单 4-2 所示，结果如图 4-3 所示。

代码清单 4-2　给开头的 span 添加样式

moby_dick.html

```
<blockquote style="font-style: italic; font-size: 20px;">
  <p>
    <span style="font-style: normal; font-size: 24px; font-weight: bold;
    color: #ff0000;">Call me Ishmael.</span>
    Some years ago–never mind how long precisely–having little or
    no money in my purse, and nothing particular to interest me on shore,
    I thought I would sail about a little and see the watery part of the
    world. It is a way I have of driving off the spleen and regulating the
    circulation.
  </p>
</blockquote>
```

图 4-3　让开篇句非常突出

最后一项改动是设置读书报告标题的文本对齐方式，使其在页面中居中。实现方法是使用 textalign 属性，如代码清单 4-3 所示。注意，代码清单 4-3 还删除了代码清单 3-7 中的注释，因为它现在已经过时了。

代码清单 4-3　使标题居中

moby_dick.html

```html
<header>
  <h1 style="text-align: center;">A Softcover Book Report</h1>
  <h2 style="text-align: center;">Moby-Dick (or, The Whale)</h2>
</header>
```

结果如图 4-4 所示。

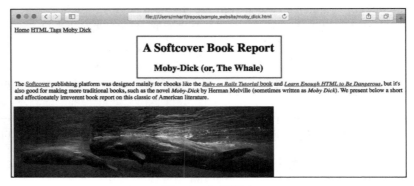

图 4-4　标题居中

练习

1. 验证 color: red; 与 color: #ff0000; 具有相同的效果。两种方式各自的优点是什么？

2. 你猜 #cccccc 是什么颜色？临时修改代码清单 4-2 中 span 的颜色来验证你的猜测，它与 #ccc 有何不同？

4.2　浮动

既然我们已经学习了如何移动文本，那么让我们来看看如何调整其他元素的位置吧。我们首先将封面图片缩小一点，然后我们让文本环绕图片，就像它是段落和引用块的一部分一样。

我们将首先向 img 标签添加 height 属性，以将高度限制为 200 像素：

```html
<img src="images/moby_dick.png" alt="Moby Dick" height="200px">
```

这里有几个注意事项。第一，尽管使用内联样式调整大小仍然非常常见，但使用 CSS 是最佳实践。第二，以这种方式调整图像大小（无论使用内联样式还是 CSS），只会影响图片显示，而且仍然需要从 Web 服务器下载整个图片，因此这种方式只能用于少数的调整大小[⊖]。如果你曾

⊖　如果你需要调整图片本身的大小，但又没有办法访问 Photoshop，则可以使用免费的 Skitch（https://evernote.com/products/skitch）工具进行大小调整、裁剪和简单注释。

经访问的网页，其中一个看起来很小的图片需要很长时间才能加载出来，这可能就是原因所在。

最后如果你使用这种方式，你只能单独使用高度或宽度，两者不能同时使用，因为两者组合使用会迫使浏览器同时使用这两个数字，这会导致图片变形（如图 4-5 所示）。

为了使文本环绕图片，我们需要使用一种被称为浮动的样式技术。其思想是，当你将一个元素设置为向左或向右"浮动"（没有中心）时，它周围的所有内联内容都将环绕浮动元素。要看到这一点，我们需要做的就是将 style="float: left;" 添加到图片属性中：

图 4-5　错误的调整图片大小导致图片变形

```
<img src="images/moby_dick.png" alt="Moby Dick" height="200px"
style="float: left;">
```

将其插入读书报告页面中，如代码清单 4-4 所示，结果如图 4-6 所示。

代码清单 4-4　调整图片大小并让其浮动

moby_dick.html

```
<h3>Moby-Dick: A classic tale of the sea</h3>

<a href="https://www.softcover.io/read/6070fb03/moby-dick"
  target="_blank" rel="noopener">
  <img src="images/moby_dick.png" alt="Moby Dick" height="200px"
  style="float: left;">
</a>
```

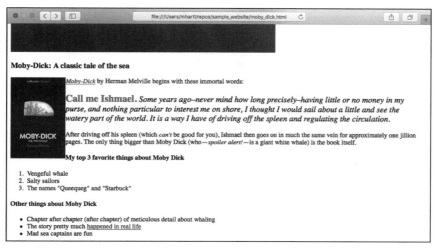

图 4-6　调整大小并浮动后的图片

在图 4-6 中，图片被有效地处理为文本，正常文本现在在流动上去了，并流向其侧面。我们将在 4.5 节中看到，float 属性还可以让文本流超过图片。

练习

如果将代码清单 4-4 中的 float:left 改为 float:right，会发生什么？

4.3 应用外边距

尽管我们使图片浮动，但页面看起来仍然有点奇怪，文本撞在了图书封面上。为了使其更好看，我们将在图片右侧添加外边距。

外边距是可以应用于内含有 HTML 内容的虚构盒子的三种样式之一，另外两种是内边距（盒子内部的空白区域）和边框（盒子周围的线）。我们将在第二部分第 8 章盒子模型的上下文中详细讲解这些样式，但我们可以通过使用内联样式应用外边距来实现我们的直接目标。我们将在 4.5 节看到内边距的示例。

我们将从最简单的外边距声明开始，如 margin:40px;:

```
<img src="images/moby_dick.png" alt="Moby Dick" height="200px"
style="float: left; margin: 40px;">
```

如果我们将其添加到 img 标签中（如代码清单 4-5 所示），图片周围的所有内容都会在每个方向上移动 40 个像素，结果如图 4-7 所示。

代码清单 4-5　添加图片外边距

moby_dick.html

```
<h3>Moby-Dick: A classic tale of the sea</h3>

<a href="https://www.softcover.io/read/6070fb03/moby-dick"
   target="_blank" rel="noopener">
 <img src="images/moby_dick.png" alt="Moby Dick" height="200px"
   style="float: left; margin: 40px;">
</a>
```

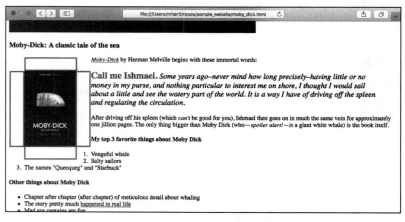

图 4-7　距离很近，但不是紧挨着

如图 4-7 所示，文本和图片间留出一段间距，让我们更接近目标了，但样式仍然不是我们想要的。原因是，margin: 40px; 会在所有方向上应用外边距，但我们只希望图片右侧有外边距，使其与文本分开。

控制外边距方向的最常用方法是为外边距属性设置四个值，分别对应盒子的上部、右侧、底部和左侧（如图 4-8 所示）。

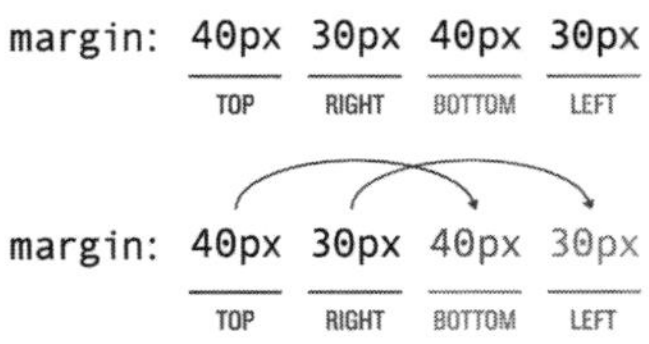

例如，要获得图像周围 40、30、20 和 10 像素的外边距（从顶部开始顺时针方向），我们可以使用此样式属性：

```
<img src="…" style="margin: 40px 30px 20px 10px;">
```

在本例中，我们只需要一个右边距，因此我们可以将其他三侧设置为 0px（或简写为 0）$^\ominus$：

```
<img src="images/moby_dick.png" alt="Moby Dick" height="200px"
style="float: left; margin: 0 40px 0 0;">
```

将此应用于读书报告页面的完整源代码中，如代码清单 4-6 所示。

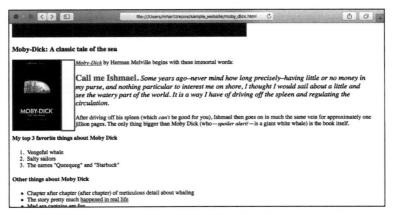

图 4-8　将四个值视为从顶部顺时针方向

代码清单 4-6　仅添加右边距

moby_dick.html

```
<h3>Moby-Dick: A classic tale of the sea</h3>

<a href="https://www.softcover.io/read/6070fb03/moby-dick"
   target="_blank" rel="noopener">
  <img src="images/moby_dick.png" alt="Moby Dick" height="200px"
  style="float: left; margin: 0 40px 0 0;">
</a>
```

代码清单 4-6 的结果正是我们想要的，只在右侧应用了边距，如图 4-9 所示。

图 4-9　看起来好多了

练习

1. 如果我们用 margin-righ:40px 替换 margin，代码清单 4-6 中的外边距会发生什么变化？

$\ominus$　我们也可以使用属性 style="margin-right: 40px;" 来达到相同的效果，但指定所有四个外边距是主要惯例，因此值得学习。

2. 将样式规则 padding:10px ；添加到 tags.html 中表的前两个块级元素的 td 元素中。将它们添加到每个 td 中会有多烦人？将每一处从 10px 变为 20px 有多烦人？（这就是在现实生活中总是使用 CSS 的原因之一。）

4.4 更多外边距技巧

还有两个值得一提的外边距技巧，这两个技巧都可以立即得到很好的使用。第一个，除了简写的 margin: 40px（只有一个值）外，还可以只包含两个值：

```
margin: 20px 40px;
```

如图 4-8 所示，此语法将顶部和底部外边距设置为 20px，左侧和右侧外边距设置为 40px，因此相当于：

```
margin: 20px 40px 20px 40px;
```

这种缩写也适用于三个值，例如：margin:20px 10px 40px。这缺少最后一个值，即左外边距（如图 4-8 所示）。此时，它将从盒子的对侧自动填充（此处是 10px）。

我们可以通过 margin:0 0 80px 添加一个底部外边距，将其应用于读书报告页面的页眉，如代码清单 4-7 所示。

代码清单 4-7　将读书报告的页眉居中

moby_dick.html

```
<header style="text-align: center; margin: 0 0 80px;">
  <h1>A Softcover Book Report</h1>
  <h2>Moby-Dick (or, The Whale)</h2>
</header>
```

注意，我们还利用这个机会将样式 text-align: center 放到了标题标签中，结果如图 4-10 所示。

图 4-10　在页眉下添加外边距

第二个外边距技巧是使用 auto，它自动在所有相关边上插入大小相同的外边距。它最常见的应用可能是：不设置顶部和底部外边距，设置左侧和右侧为自动外边距。

```
margin: 0 auto;
```

　　左右外边距相等的结果是元素居中，这对于无法使用 text-align: center; 规则来居中的图片等元素尤其有用，如代码清单 4-3 所示。

　　margin: 0 auto; 的一个限制是它只对块级元素有效，但回忆一下方框 3-1，img 标签是一个内联元素。我们可以使用样式 display: block; 来解决这个问题，它将覆盖默认值。将这一点与外边距规则结合在一起，如代码清单 4-8 所示，结果如图 4-11 所示。

代码清单 4-8　居中的图片

moby_dick.html

```
<a href="https://commons.wikimedia.org/wiki/File:Sperm_whale_pod.jpg">
  <img src="images/sperm_whales.jpg"
  style="display: block; margin: 0 auto;">
</a>
```

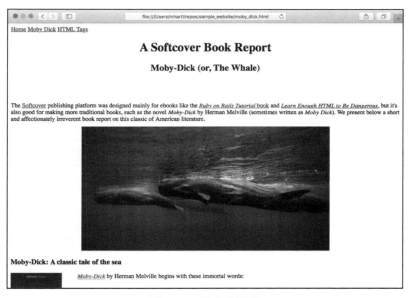

图 4-11　居中的图片

练习

　　如果你在不改变浮动规则的情况下对图书封面图片使用 margin:0 auto ;（连同 display: block;），会发生什么？这告诉你这两条规则的优先顺序是什么。

4.5　盒子样式设计

　　到目前为止，我们所做的更改对读书报告页面的外观影响相对较小。在本节中，我们将看到一组只有四个样式的规则如何产生惊人的巨大差异。

　　回顾一下代码清单 3-7，我们将报告的大部分内容包裹在一个 div 标签中，该标签定义了一个块级元素，该元素在浏览器中没有任何默认样式，因此非常适合作为给其他内容进行样式设计的容器。此时，我们用宽度样式将主报告的大小限制为 500 像素，同时，这使我们可以使用 4.4 节中的自动边距技巧，使用 margin:20px auto; 将其居中（并在顶部和底部设置 20 像素的外边距）。最后，将内边距规则与方框 4-2 中的十六进制颜色改变背景色相结合，结果如代码清单 4-9 所示。

代码清单 4-9　给读书报告的盒子添加样式

moby_dick.html

```
<div style="width: 500px; margin: 20px auto; padding: 30px;
background-color: #fafafa;">
  <h3>Moby-Dick: A classic tale of the sea</h3>
```

比较图 4-12 中的前后效果可以看出样式规则有什么作用。

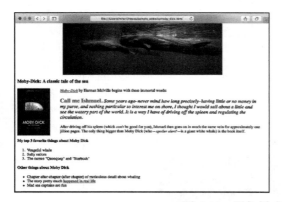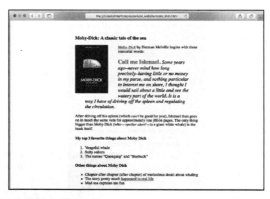

图 4-12　添加样式前后的报告的盒子

如图 4-12 所示，报告内容现在已经在一个添加了样式的盒子中与页面的其他部分分开了。

回顾一下所发生的事情，我们设置了盒子的宽度，因此我们能够将左右外边距设置为自动。然后，我们给盒子添加了内边距，从而让里边的内容与边缘拉开距离（我们将调查内边距与外边距之间的差异留作一项练习（4.5 节））。我们还用十六进制代码 #fafafa（方框 4-2）添加了浅灰色背景色。不要操心将十六进制代码的颜色进行可视化，这是颜色选择器做的事情。最后，由于宽度较窄，《白鲸》引用的文本现在围绕浮动的封面图片流动，从而完成了 4.2 节结尾处的承诺。

练习

1. 暂时将代码清单 4-9 中的内边距改为外边距。这在外观上有什么不同？

2. 如代码清单 4-10 所示，添加带有内边距和背景色的引用块。用适当级别的标签填充 TAG，然后选择一个合适的颜色替换 FILL_IN。一种颜色选择的结果如图 4-13 所示。

代码清单 4-10　给名言设计样式

index.html

```
<h1>The Learn Enough Story</h1>
.
.
.
```

```
<img src="images/kitten.jpg" alt="An adorable kitten">

<TAG>Quotations</TAG>

<p>
  In addition to hosting most of the world's supply of kitten videos, the
  Web is also full of inspiring quotes, perhaps none more so than this one:
</p>

<blockquote style="padding: 2px 20px; background: #FILL_IN;">
  <p>
    <em>Don't believe every quote you read on the Internet.</em>
    <br>
    —Abraham Lincoln
  </p>
</blockquote>
```

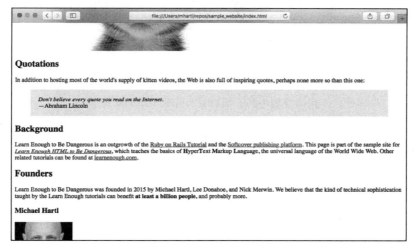

图 4-13　名言设计样式

4.6　导航样式

　　示例网站的最后一项更改是，给 3.5 节中添加的导航菜单添加样式，来连接所有页面。在此期间，我们将再次体验到在多个地方进行相同更改的痛苦，从而进一步准备好欣赏第二部分中模板系统开发的价值。

　　要设置导航菜单的样式，我们首先将其从页面的左上角移动到更常规的右上角。这将涉及向包装整个菜单的 div 标签（代码清单 3-9）添加样式规则。同时，我们为第二个和第三个导航链接添加一个左外边距，以提高间距。对读书报告页面的更改如代码清单 4-11 所示，结果如图 4-14 所示。

代码清单 4-11　设计读书报告页导航菜单的样式

moby_dick.html

```
<div style="text-align: right;">
```

```
        <a href="index.html">Home</a>
        <a href="tags.html" style="margin: 0 0 0 10px;">HTML Tags</a>
        <a href="moby_dick.html" style="margin: 0 0 0 10px;">Moby Dick</a>
      </div>
```

图 4-14　读书报告页面上的导航样式

当然，我们还没有完成，因为我们需要对首页导航菜单（如代码清单 4-12 所示）和 HTML 标签页导航菜单（如代码清单 4-13 所示）做相同的操作。

代码清单 4-12　设计首页导航菜单的样式

index.html

```
    <div style="text-align: right;">
      <a href="index.html">Home</a>
      <a href="tags.html" style="margin: 0 0 0 10px;">HTML Tags</a>
      <a href="moby_dick.html" style="margin: 0 0 0 10px;">Moby Dick</a>
    </div>
```

代码清单 4-13　设计标签页导航菜单的样式

tags.html

```
    <div style="text-align: right;">
      <a href="index.html">Home</a>
      <a href="tags.html" style="margin: 0 0 0 10px;">HTML Tags</a>
      <a href="moby_dick.html" style="margin: 0 0 0 10px;">Moby Dick</a>
    </div>
```

导航菜单的显示结果与图 4-14 完全相同。这并不奇怪，因为代码清单 4-11、代码清单 4-12 和代码清单 4-13 的更改全都相同。这种重复工作很麻烦，而且很容易出错。正如前面多次提到的，我们将在本书第二部分使用模板系统来解决这个问题。

练习

1. 将代码清单 4-16 中的 margin: 0 0 0 10px; 变为 margin-left: 10px;。外观有什么变化？

2. 按照惯例，导航链接被跟踪后不应该改变颜色，而且如果能像普通链接那样没有下划线，看起来会更好一点。参考 Googlefu 和 w3schools，猜测如何进行这些样式更改，并将其应用于菜单中的所有元素。提示：要删除下划线，必须修改的属性是文本装饰。结果应该类似于图 4-15。

图 4-15 链接菜单样式设计

3. 为定义文档属性的"文档标签"添加一个新表格，包括 html、head、body、title 和 meta。

4. 将所有缺失的标签添加到 tags.html 中。根据我们的统计，加上上个练习中的标签后，共有五个。

4.7 尝试 CSS

在 本节中，我们将 使用 index.html 中的内联样式作为示例，首次体验串联样式表（Cascading Style Sheets，CSS）[⊖]。我们把从内联样式转换到 CSS 分为两个步骤：第一步，将内联样式移动到内部样式表中（4.7.1 节）；第二步，将内部样式移动到外部样式表中（4.7.2 节）。最后的结果就是，页面样式在一个独立且集中的位置上。

4.7.1 内部样式表

首先将内联样式重构为内部样式表。重构涉及在不改变其功能的情况下改变代码或标记的形式。我们使用专门为此目的设计的特殊样式标签，将 index.html 中的元素样式移动到文档的头部。为此，我们给样式规则添加空 style 标签，如代码清单 4-14 所示。

代码清单 4-14 添加一个空 style 标签（将在本节填充）

index.html

```
<!DOCTYPE html>
<html>
  <head>
    <title>Learn Enough to Be Dangerous</title>
    <meta charset="UTF-8">

    <style>

    </style>
  </head>
```

⊖ 通常，"style"和"sheet"这两个单词只有在代表"CSS"的含义时才拼写成两个单词——Style Sheet。否则，它们通常合并为一个单词"stylesheet"。

第一步，移动 4.6 节开发的导航样式（代码清单 4-12）。其中有两行包含相同的外边距样式：margin:0 0 0 10px（控制链接之间的间距）。为了消除这种重复，我们用 Web 设计中最重要的思想之一——CSS 类，来替换所有的内联样式，如代码清单 4-15 所示。

代码清单 4-15　用 CSS 类替换内联样式

index.html

```
<div style="text-align: right;">
  <a href="index.html">Home</a>
  <a href="tags.html" class="nav-spacing">HTML Tags</a>
  <a href="moby_dick.html" class="nav-spacing">Moby Dick</a>
</div>
```

CSS 类相当于元素的命名标签，它允许我们使用给定的类同时给所有元素设置样式。CSS 类的代码包括以圆点开头的类名（如 .nav-spacing）和包含在花括号里的样式规则（在本例中，只有一个样式）。为了将样式应用于页面，应将此代码放置在 style 标签内，如代码清单 4-16 所示。

代码清单 4-16　将内联外边距规则移动到内部样式表中

index.html

```
<style>
  .nav-spacing {
    margin: 0 0 0 10px;
  }
</style>
```

请注意，代码清单 4-16 中的外边距规则与我们在内联中使用的规则是一样的，这是内联样式和 CSS 的一般模式。

接下来，我们将用另一个 CSS 类（如代码清单 4-17 所示）和 CSS 规则（如代码清单 4-18 所示）替换导航 div 的内联样式。

代码清单 4-17　用一个类代替内联样式

index.html

```
<div class="nav-menu">
  <a href="index.html">Home</a>
  <a href="tags.html" class="nav-spacing">HTML Tags</a>
  <a href="moby_dick.html" class="nav-spacing">Moby Dick</a>
</div>
```

代码清单 4-18　将导航菜单规则添加到内部样式表中

index.html

```
<style>

  .nav-menu {
    text-align: right;
  }
  .nav-spacing {
    margin: 0 0 0 10px;
```

```
    }
  </style>
```

这里我们把 .nav-menu 放在 .nav-spacing 之上，但实际上顺序并不重要。但是，CSS 规则的顺序通常很重要，详细内容会在第二部分介绍。

最后，我们添加 CSS 类的对应项，称为 CSS "标识符"，或 id（读作单独的字母：eye-dee）。添加 id 当然不是必要的，使用 id 进行样式设计也不是一个好的做法（原因在第二部分）；我们在这里引入它主要是为了说明问题。但是 id 对深度链接非常有用（将在本节练习中讨论），而且它们对于许多 JavaScript 应用来说是必不可少的。

在本例中，我们将调用 id main-nav（表示主导航元素），并将其添加到主导航 div 中，如代码清单 4-19 所示。这对页面的外观没有任何影响，但可以用来说明这个语法。请注意，与可以在页面上多次使用的 CSS 类不同，一个给定的 CSS id 只能使用一次。

代码清单 4-19　添加一个 CSS id

index.html

```
<div id="main-nav" class="nav-menu">
  <a href="index.html">Home</a>
  <a href="tags.html" class="nav-spacing">HTML Tags</a>
  <a href="moby_dick.html" class="nav-spacing">Moby Dick</a>
</div>
```

在这一点上，如果你做得很好，样式应该与以前完全一样，因此刷新浏览器时，页面的外观也应该保持不变。

4.7.2　外部样式表

现在，我们已经将内联样式重构为内部样式表，那么将它们放到外部样式表中就很容易了。我们需要做的就是创建一个 CSS 文件（我们称之为 main.css），然后把样式移到那里，并在我们文档的头部里添加该文件的链接。

按照惯例，CSS 文件通常位于一个名为 css 或 stylesheets 的目录中，为了简洁起见，我们将选择前者：

```
$ mkdir css
$ touch css/main.css
```

现在只需要从 index.html 中剪切 CSS 规则（但不包括 <style> 标签），并将其粘贴到 main.css 中（如代码清单 4-20 所示）。

代码清单 4-20　外部样式表中的样式规则

css/main.css

```
.nav-menu {
  text-align: right;
}
.nav-spacing {
  margin: 0 0 0 10px;
}
```

最后，我们将删除 <style></style> 标签，并用 link 标签代替，该标签将样式表纳入页面中，如代码清单 4-21 所示（代码清单 4-21 中的 rel 代表"关系"；根据我们的经验，这一点不重要）。

代码清单 4-21 纳入外部样式表

index.html

```
<!DOCTYPE html>
<html>
  <head>
    <title>Learn Enough to Be Dangerous</title>
    <meta charset="UTF-8">
    <link rel="stylesheet" href="css/main.css">
  </head>
```

将样式放在外部样式表中是真正的网站中普遍使用的技术。

与之前一样，将 CSS 移动到外部样式表中，不会改变应用的规则，因此生成的页面看起来应该与之前完全相同！

最后一步是 Git 提交（注意运行 git add，因为我们添加了一个新文件和新目录）：

```
$ git add -A
$ git commit -m "Refactor inline styles into a stylesheet"
```

至此，我们已经完成了 CSS 的简要概述，不过我们建议学习本书的第二部分来巩固你的知识，该部分介绍了如何使用一个具有模板系统的专业级静态网站生成器，以防止重复使用代码。

练习

1. 如果你做了 2.4 节的练习，你会发现它有一个指向 Learn Enough Twitter 账户的图片链接，它有一个用来去除下划线的内联样式，如代码清单 2-13 所示。给这个元素添加一个合理的类（如 "image-link"），并将相应的样式规则移入 main.css。页面是否按要求保持不变？

2. 代码清单 4-17 中更新后的菜单仅出现在主页上，要解决此问题，请将更改传播到其他两个页面（再次体会这有多麻烦，如果有一个合适的模板系统该有多好）。

3. 将 HTML 标签页面和白鲸页面的样式规则移到 main.css 中，并确认页面的外观保持不变。

4. CSS id 最简单和最有用的应用之一是可以使用方便的哈希符号（#）语法来创建指向任意 HTML 元素的链接。给 h2 标签 "Founders" 添加 id founders（如代码清单 4-22 所示），你会发现，在浏览器的地址栏中粘贴 URL sample_Website/index.html#founders，可以直接访问页面的该部分。

代码清单 4-22 为深度链接添加一个 CSS id

index.html

```
<h2 id="founders">Founders</h2>
```

4.8 小结

祝贺！你现在对 HTML 的了解已经足够多了。剩下的就是提交（如果你在 4.7 节的练习中做了修改的话）和部署最终的示例网站：

```
$ git commit -am "Finish the sample website"
$ git push
```

图 4-16 显示的是一个在生产环境中运行的完整网站。

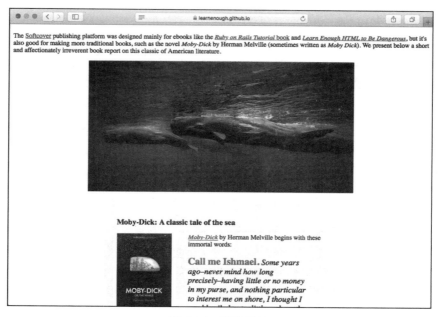

图 4-16　完整网站

作为参考，表 4-1 和表 4-2 分别汇总出了所有的块级标签和内联标签。

表 4-1　本书涉及的块级标签

Tag	Name	Purpose
h1–h6	Headings	Include a heading (levels 1–6)
p	Paragraph	Include a paragraph of text
table	Table	Include a table
tr	Table row	Include a row of data
th	Table header	Make a table header
td	Table data	Include a table data cell
div	Division	Define block-level section in document
header	Header	Label the page header
ol	Ordered list	List elements in numerical order
ul	Unordered list	List elements whose order doesn't matter
li	List item	Include a list item (ordered or unordered)
blockquote	Block quotation	Show formatted quotation
br	Break	Enter line break

表 4-2 本书涉及的内联标签

Tag	Name	Purpose	Example	Result
em	Emphasized	Make emphasized text	`<em>technical sophistication</em>`	*technical sophistication*
strong	Strong	Make strong text	`<strong>at least a billion people </strong>`	at least a billion people
a	Anchor	Make hyperlink	`<a href="#"> Learn Enough</a>`	Learn Enough
img	Image	Include an image	`<img src="mhartl .jpg" alt= "Michael Hartl">`	
code	Code	Format as source code	`<code>table</code>`	table
span	Span	Define inline section in document	`<span>Call me Ishmael.</span>`	Call me Ishmael.

至此，你已经在 HTML 的基础知识方面打下了坚实的基础。这意味着你已经为学习制作一个有吸引力和精美布局的专业级网站做好了充分的准备。换言之，你现在已经为第二部分做好了准备！

第二部分　*Part 2*

CSS 与 Web 布局

CSS 简介

在第一部分，我们学习了如何使用 HTML 制作一个简单的网站。在第二部分，我们将学习如何制作一个更复杂的网站，并使用 CSS 进行样式设计。

CSS 是串联样式表（Cascading Style Sheets）的简称，是万维网的设计语言。CSS 可以让开发者和设计者定义网页的外观和行为方式，包括元素在浏览器中的定位方式。你访问的每一个网站（除了一些罕见的）都使用 CSS 来使用户体验和界面引人注目，这意味着学习 CSS 的基础知识是成为一名网络开发者或设计师的重要部分。当今社会，几乎每个人都或多或少会与开发人员和设计师打交道，学习这些知识对每个人都有帮助。

大多数 CSS 教程都是单独地讲授如何对文本颜色或字体大小等进行单独的修改，但并没有告诉你如何将所有内容作为一个整体整合在一起。

本章将介绍 CSS 是如何在真实网站中工作的，以及如何在页面上定位元素并确定哪些内容该放在哪里。为什么布局经常被忽视？部分原因是 CSS 的布局相当复杂，另外的原因是做好布局需要的不仅仅是简单的 HTML 和 CSS。制作一个真正的、工业级的网站需要使用模板系统来组合各个部分（如页眉、页脚、动态生成的名称和日期等)(见图 5-1)，不仅需要学习基本的 CSS 规则，还需要学习更高级的 Web 布局规则，以及将所有部分组合成一个整体的工具。本书就是为了满足这一需求而设计的。

本书从一开始就将示例网站部署到网络上，同时全程遵循专业化的开发实践。由于采用了这种综合方法，即便你以前学习过 CSS，你也会感叹本书以一种闻所未闻的方式将所有内容融会贯通。

5.1　成为前端开发人员

CSS 并不是那种学一半就可以使用的语言——人们觉得困难的部分是，创建层次复杂且干货满满的网站时的样式处理问题。真正的技巧在于知道如何规划一个多页面的网站，将一堆不同的代码⊖放在一个灵活的布局中，并以一种合理高效的方式组织其中的内容和数据。

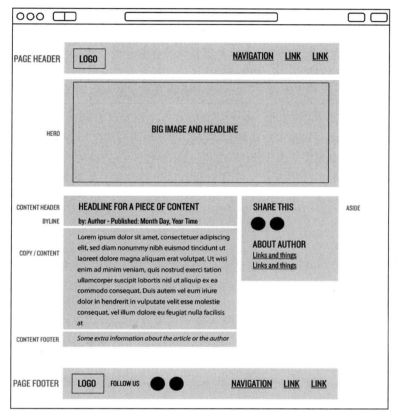

图 5-1　大多数现代网站都有许多重复元素和自定义元素

　　已经有许多网站（如 Mozilla Developer Network CSS）详尽地记录了每一个 CSS 属性，因此，对规范中的每一个选项进行研究只是一种重复劳动。而本书旨在通过展示 CSS 是如何应用于真实网站的设计的，来对这些参考资料进行补充。由此产生的叙述性解释为你提供了理解和应用 CSS 文档所必需的背景，特别是当与技术熟练度相结合时（方框 5-1）。

方框 5-1：技术熟练度

　　正如第一部分所指出的，本书一个主题是发展技术的熟练度（方框 1-1），即弄清和解决技术问题的能力。

　　由于 CSS 会比 HTML 更加复杂，因此相比第一部分，在第二部分有更多学习和应用技术的机会。例如，许多代码列表要求你在 CSS 文件中定位，并找出列表中引入的新样式规

⊖　从技术上讲，HTML 和 CSS 是标记，而不是代码，但我们有时会使用后者作为一个总括术语，特别是在讨论编码原则（如避免重复）时，这些原则与 JavaScript 和 Ruby 等编程语言一样，同样适用于 HTML 和 CSS。

则的放置位置。另一个重要的技术是学会注释 CSS 规则，然后刷新浏览器，了解它的作用。我们偶尔也会添加一些纯粹用于演示的 CSS 规则，技术熟练度要求你清楚这些演示代码如何被安全地删除，特别是在今后的列表中忽略了这些代码的情况下。

后面的章节，特别是第 9 章之后，还要求你成功地配置一个开发环境并运行一个模板系统，以建立一个专业级的网站。在让网站工作时，可能会有大量的麻烦出现，如果你被卡住了，网上搜索和决心是无可替代的——这两者都是提高技术熟练度的关键方面。

在你成为一名开发者的过程中，重要的是学习样式和布局是如何共同作用的，HTML 和 CSS 是如何结合起来形成一个真正有用的布局的，以及如何使用某种系统，来让你避免重复编辑网站的某些部分或者重复编辑多个页面上的样式（方框 5-2）。否则，这种重复的工作也许会让你成为改变文字颜色和大小的专家，但你会没有机会将你学习到的知识应用于真实场景中。事实上，通过全面学习 CSS，你不仅仅是获得对样式的了解——还将通过本书获得对前端开发世界的第一次了解。

方框 5-2：保持 DRY

如果你一直在那些开发人员网上交流的地方出入，你可能已经注意到有人提到"保持 DRY"，而且是大写的"DRY"。他们并不是在谈论关于湿度的问题。他们所谈论的是编程中的一个核心原则：不要重复工作。

DRY 背后的理念是，好的编码应该尽可能少的包括不必要的重复，因为如果你在一堆地方有相同的代码，那么每次你想做一个改变，你将不得不更新应用程序中所有不同地方的重复代码。例如，如果你想改变一个手动搭建的网站的导航栏链接，你就必须在每一页上做同样的改变。在一个只有两页的网站上，这不是个大问题，但对于一个更大的网站来说，这将是一个噩梦。

程序员是一种特殊的懒人——尤其是在做一些重复性的工作时，只要稍加些额外的编程，就能更有效地完成。为了更容易偷懒，有进取心的程序员花了无数的时间来创建系统，以让其他开发者不必重复自己的工作。我们都受益于那些在某个时候决定他们现在要非常努力地工作，以便将来可以不那么努力的开发者。

模板软件，像我们将在第 9 章开始使用的系统，可以让我们将重复的代码集中到单独的文件中，然后将这些代码片段置入在任何需要它们的页面上，从而避免重复。

这样做的好处是，我们可以为一个网站只写一次导航菜单之类的东西，然后把它放在自己的小文件里，然后在每个需要导航的地方引入这个文件。如果我们以后想改变导航，我们只需要编辑那个单一的文件，而这些改变将自动应用于引入它的每个页面，我们将在 9.6 节中学习如何做到这一点。

什么是前端开发

当有人说他们是前端开发人员时，这意味着他们的工作内容是网站上人们看到并交互的部分，这包括 HTML、CSS 和 JavaScript 这类东西。你也会听到人们谈论用户界面（UI）设计（外观）和用户体验（UX）设计（界面和页面功能，来引导用户通过网站向目标移动）。

前端开发的补充是后端开发，它涉及数据体系结构、存储以及传递。部分将一只 HTML "毛毛虫"蝶变为一只前端开发的"蝴蝶"。

在本章的其余部分，我们将从示例页面上的几个十分简单的元素开始，学习 CSS 声明和取值的基础知识，并时刻注意应用"保持 DRY"原则（方框 5-2）。最后，我们将首次介绍 CSS 选择器的基本技术，即针对特定页面元素进行样式设计。

5.2　CSS 概述

CSS 的形式是用文本编辑器（https://www.learnenough.com/text-editor）将纯文本声明插入到 HTML 或 CSS 文件中。一系列典型的 CSS 声明可能看起来像代码清单 5-1 中的内容一样（你不需要过多关心这些内容的样式）。

代码清单 5-1　典型的 CSS 声明

```
body {
  color: black;
}

p {
  font-size: 1em;
}

p.highlighted {
  font-size: 1.5em;
  background: yellow;
}
```

串联样式表中的"串联"部分指的是定义的多级元素样式在页面上的流动方式，或者说是"级联"方式。它的级联方式取决于若干因素，如哪个声明在先，子元素的父级元素是否应用了样式，声明的特殊性（6.3 节有更多介绍）等。这种样式的继承（从顶层元素到下层元素）使我们作为开发者可以避免定义每一个元素的外观。例如，如果我们改变了代码清单 5-1 中 body 标签的颜色，这种改变会逐级向下，同时改变每个内部元素的颜色属性。

串联样式表中的"样式表（Style Sheet）"部分（有时写成 stylesheet）是指 CSS 允许开发者将所有的样式声明集中在页面的一个单独部分（称为内部样式表），或者将它们放入一个外部文件中（你猜对了，称为外部样式表）。外部样式表是以一个 HTML 头部链接的方式加载到页面上的（我们将在第 9 章学习如何做到这一点）。其结果是，我们最终将定义外观（或定位）的代码与实际内容分开——这些操作使代码更简单、更易维护。

5.2.1　不断发展的 CSS

关于 CSS，需要注意的一件事是，它与 HTML 一样，也在不断发展，以更好地满足网页设计者和开发者的需求。事实上，在许多方面，CSS 的发展甚至比 HTML 还要快。

尽管官方的 CSS 规范一直在补充新内容，但它们并不是完全适用的——当一个新 CSS 概念被提出时，这些新概念的采用是以浏览器为单位的。一个样式可能在 Google 浏览器中可以正常工作，但火狐或微软 IE（或 IE 的最新化身 Microsoft Edge）可能完全不支持，或者，只有你使用一个特殊的临时命名来声明某个样式时它才能被支持，这个功能可以让开发者只把目标放在支持他们想要使用的样式的浏览器上（方框 5-3）。

方框 5-3：供应商前缀

由于从新规范建议的提出，到正式纳入成为 CSS 语言的一部分需要一段时间，所以新的功能不会同时被所有浏览器接受。不过，大多数浏览器制造商对等待正式更新的规范并不感兴趣——他们希望自己的软件能够推陈出新，做一些真正酷的事情。因此，供应商们在采用这些 CSS 规范建议的同时，会实施他们自己的规范版本。

为了避免在不同的浏览器上发生混乱，浏览器供应商通常会在实验样式上添加一个前缀，如 -Webkit-、-moz- 和 -ms-（分别代表 WebKit、Mozilla 和 Microsoft 浏览器）。这允许针对特定浏览器应用样式，以防各浏览器的支持情况不同。

例如，CSS 的 transition 规则（在 11.4 节涉及）在成为官方规范的一部分之前就已经在大多数浏览器中实现了，如果要使用它，你需要用厂商前缀来声明样式，示例如下：

```
-webkit-transition: all 0.1s linear;
-moz-transition: all 0.1s linear;
-ms-transition: all 0.1s linear;
transition: all 0.1s linear;
```

上面的第一条规则针对使用 WebKit 布局引擎的浏览器（包括 Safari 和 Chrome），而第二条则针对使用 Mozilla 的 Gecko 引擎的浏览器（主要是 Firefox），第三条则针对微软的浏览器（IE 和 Edge）。最后，第四条规则是一个没有前缀的声明——在这个例子中，指的是 transition 规则本身——它被包括在内的原因是，当 CSS 正式支持 transition 属性时，我们就不必再回到代码中添加它了。今天所有的主要浏览器都支持 transition 样式，所以如果你在工作中看到代码中的前缀版本，你可以安全地删除它们。

幸运的是，目前最常见的样式定义在不同的浏览器中基本是相同的⊖，而且我们不会在本书中涉及任何浏览器支持有问题的内容。不过，在某些时候，你可能会发现自己想要使用一种更前沿的风格，当这种情况发生时，我们建议使用 CanIUse 这样的工具来了解该样式的支持程度。不要对使用这样的参考网站感到自责，由于语言的快速变化和浏览器的不稳定支持，即使是对那些从业多年的开发者，CanIUse 也是一个必要的工具。

5.2.2　CSS 发展历程

在互联网刚开始出现的时候，它的内容只是简单的纯文本。随着组织内容的方法开始出现（如 1990 年左右的 HTML），一些改变数据外观和布局的方法涌现出来。

起初，许多影响页面外观的样式方案都是由用户自己设置浏览器，而不是由页面的创建者设置的。随着网络复杂程度不断增加，越来越明显的是，网站的作者至少应该提供一种建议，来明确一个页面应该长什么样子，而不是让每个浏览器来决定外观。

⊖ 任何在前端开发领域呆了很久的人都可以告诉你一件很恐怖的事，当时的情况并非如此（咳咳，IE6，咳咳）。

许多有趣的建议被提出来，但从未被广泛采用，通常是因为提议的样式过于复杂或使用了晦涩难懂的结构：

❏ Robert Raisch 开发了 RRP，RRP 使用了晦涩难懂的双字符样式声明，同时十分难阅读。

❏ 魏培源创造了 ViolaWWW 浏览器和一个叫做 PWP 的样式系统，它引入了嵌套样式和外部样式表，但它只在 UNIX 操作系统上发布，从未真正流行起来。

❏ FOSI 是为一种叫做 SGML 的 HTML 前驱创建的，它的运行方式是在页面上围绕内容添加复杂的标签（并不好用）。

❏ DSSSL 允许复杂的声明，更像是一种附加了样式的编程语言，但是它的语言十分复杂，使它在样式设计上过于麻烦。

简而言之，为了使网页变得更赏心悦目，一个真正的跨世纪式的标准终于出现了，虽然其中一些系统最终为后来的 CSS 贡献了元素，但它们都不是直接的祖先（见图 5-2[⊖]）。

在 HTML 问世大约五年后，哈康•维姆莱（与伯特•波斯合作）在 1996 年 12 月提出了一个名为 CHSS（串联式 HTML 样式表）的样式系统提案。正如你所期望的那样，最初的建议有一些细节在语言中已经不存在了，但在他的博士论文中，哈康•维姆莱将该规范简化为更接近于现代 CSS 的东西。最终，该理念被万维网联盟（W3C）采纳为网络样式系统。

尽管这代表 CSS 发展向前迈出了一大步，但创建规范只是战役的一半——浏览器必须支持该规范，才能对终端用户起作用。

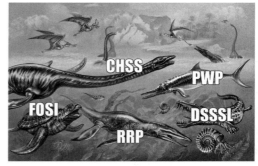

图 5-2　CSS 的前身有很多，但并没有生存下来

直到 1997 年，都没有浏览器支持 CSS（甚至是支持部分 CSS），直到 2000 年 3 月，才有浏览器完全支持该标准——部分原因是浏览器制造商对如何完成样式仍有自己的想法，也是由于许多浏览器支持非标准的 HTML 标签（如 Internet Explorer… ）。

在很长一段时间里，每个浏览器都以自己特有的方式处理 CSS，任何有前端开发领域工作经验的人都会告诉你，要使一个网站的样式在不同的浏览器上看起来都一样，是多么令人抓狂的一件事。微软的 IE 浏览器是迄今为止最大的问题（见图 5-3），我们可以想象有多少人因为 IE 早期版本中可怕的 CSS 支持而放弃了网页设计和开发[⊖]。

不同浏览器对 CSS 实现之间的差异一直很大，直到几年前，随着 WebKit 浏览器（GoogleChrome 浏览器和苹果 Safari 浏览器）和由 Gecko 驱动的 Mozilla 火狐的崛起，差异才逐渐减小。

因此，在阅读本书时，请记住，直到最近——1997 年首次发布 CSS 规范后约 15 年，网页样式设计还是一个完全彻底的混乱状态。

⊖　图片由 Liliya Butenko/Shutterstock 提供。

⊖　如果有人要求你开发能在 Internet Explorer 6 或 7 中运行的东西，只需笑一笑，然后走开。试图使网站在这些浏览器上运行根本不值得，幸运的是，它们终于从世界上消失了。

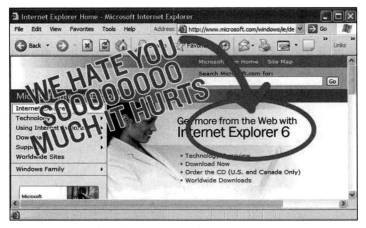

图 5-3　除非你尝试为 IE6 设计样式，否则你无法完全理解这种体验有多糟糕

5.2.3　主观判断

在我们开始设计样式之前，决定如何在一个给定的页面上实现 CSS 可能是一件令人困惑的麻烦事。第一部分的规范性较强，很多时候一件事只有一种正确的解决方式，而在样式设计中，在很多地方往往没有正确答案。在用 CSS 设计网站时，通常存在许多解决问题的方法，这意味着我们需要经常按照我们的主观判断来设计网站。

帮助你渡过这个难关是我们的职责所在。

有趣的是，你可能还记得方框 5-3，每个浏览器都以自己的方式实现 CSS 标准的某些部分，所以如果不同的用户使用不同的浏览器，你永远不能完全确定这些样式看起来是否一致？更不用说这些样式在不同的屏幕尺寸、操作系统、分辨率下会是什么样子（第 13 章）。

你必须习惯这样的思路：不同的人浏览的网站不会完全相同。你将学会如何以一种为 CSS 的不确定因素留出空间的方式进行设计（或实现他人的设计）。与严格限制的打印设计世界不同，你必须放弃追求在每个浏览器和每个操作系统上看起来都完全一样。

此外，在谈论为网站设计样式或创建布局使用哪些 CSS 规则时，最佳实践往往是跟随行业潮流，或者受某位与你有过合作的、经验丰富的人的影响。例如，5.5 节所讨论的，页面上的元素经常需要被分配类或 ID，而命名的方式完全取决于编写代码的人。正如你可能猜到的（如果你认识很多开发人员或设计师），人们对应该如何命名有很多意见——这场技术竞争一直存在。

最重要的是要保持一致。如果你开始一个项目，并以一种方式做事，请确保在项目的整个过程中一直遵循同样的惯例。或者，如果你决定做一个巨大的改变，为了未来的开发者（包括你自己），花几天时间更新你所有的旧代码。请注意本书中的"样式说明"框，其中有关于当前对 CSS 不同使用的最佳实践的说明。

5.3　示例网站设置

现在我们已经对 CSS 的目的和起源有了大致的了解，是时候开始了解一些具体的例子了。

最初的样式规则必然是简单的，所以在我们为将从第 9 章开始开发的工作网站（包括布局）奠定关键基础时，请一定保持耐心。

我们将使用 1.3 节提到的 mkdir 命令在 repos 文件夹中创建一个新项目（如代码清单 5-2 所示）。

代码清单 5-2　为我们的示例网站添加文件夹

```
$ cd                                 # cd to the home directory
$ mkdir -p repos/<username>.github.io # Make site directory
$ cd repos/<username>.github.io       # cd into new directory
```

注意，我们使用了一个特殊的目录名称——与你的 GitHub Pages 账户相对应：

```
<username>.github.io
```

在代码清单 5-2 中，<username> 应该被替换为你的 GitHub 用户名，所以完整的路径类似 learnenough.github.io。

GitHub Pages 实际上支持通过子目录为网站提供服务，比如 learnenough.github.io/sample_css，但可惜的是，如果你的网站中有其他子目录，比如 learnenough.github.io/ sample_css/gallery，这个解决方案就行不通了。原因是，如果你在一个子目录（如 sample_css）中包含文件和图片，就自然无法在其他子目录（如 sample_css/gallery）中包含同样的文件和图片。由于我们的示例网站最终会有这样的结构（10.4 节），所以我们选择了使用根 Pages 域。一个更好的解决方案是使用自定义域名，它可以让你把 GitHub Pages 网站托管在一个类似 www.example.com 的 URL 上，这将是第三部分的主要内容。

为了使我们的网站运作起来，我们还将使用 touch 命令创建一个 index.html 文件（如 1.3 节所讨论的），如代码清单 5-3 所示。

代码清单 5-3　添加空白 index.html

```
$ touch index.html     # Create an empty index file
```

在新的文件夹中，选择你最喜欢的文本编辑器打开新创建的 index.html 文件，并粘贴代码清单 5-4 中的内容。为方便起见，代码清单 5-4 的内容和本书的所有其他代码清单都可以在以下网址上找到。

```
https://github.com/learnenough/learn_enough_html_css_and_layout_code_listings
```

代码清单 5-4　网页中原始的 HTML

index.html

```
<!DOCTYPE html>
<html>
  <head>
    <title>Test Page: Don't Panic</title>
    <meta charset="utf-8">
    <style>

    </style>
  </head>
  <body>
    <h1>I'm an h1</h1>
    <ul>
      <li>
```

```
      <a href="https://example.com/" style="color: red;">Link</a>
    </li>
    <li>
      <a href="https://example.com/" style="color: red;">Link</a>
    </li>
    <li>
      <a href="https://example.com/" style="color: red;">Link</a>
    </li>
  </ul>
  <h2>I'm an h2</h2>
  <div style="border: 1px solid black;">
    <a href="https://example.com/" style="color: green;">I'm a link</a>
  </div>
  <div style="border: 1px solid black;">
    <a href="https://example.com/" style="color: green;">I'm a link</a>
  </div>
  <div style="border: 1px solid black;">
    <a href="https://example.com/" style="color: green;">I'm a link</a>
  </div>
  <div style="border: 1px solid black;">
    <a href="https://example.com/" style="color: green;">I'm a link</a>
  </div>
 </body>
</html>
```

当你在浏览器中打开该 HTML 文档时，可参考 1.4 节，你会看到三个链接（Link）、一些标题，以及一些含在方框里的链接（见图 5-4）。这将是我们最初的测试页面。

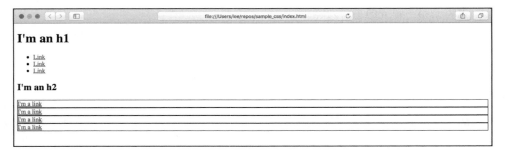

图 5-4　伟大事物始于不起眼的小事

注意：由于各种浏览器间的细微差别、浏览器窗口大小不同等，你的结果可能并不总是与截图完全一致，你不必担心这些细节。正如我们所强调的那样，重要的是专注于实现足够好的结果，而不是追求遥不可及的像素级的完美目标。

和第 1 章一样，我们会立即把新网站部署到生产中，这是一个需要培养的好习惯。首先，你需要使用 1.3 节中的步骤在 GitHub 上创建一个新项目，如图 5-5 所示。

一旦你完成了创建版本库的步骤，就可以使用代码清单 5-5 中的命令来初始化并部署它。

代码清单 5-5　将初始网站部署到 GitHub Pages

```
$ git init
$ git add -A
$ git commit -m "Initialize repo"
$ git remote add origin <repo url>
$ git push -u origin main
```

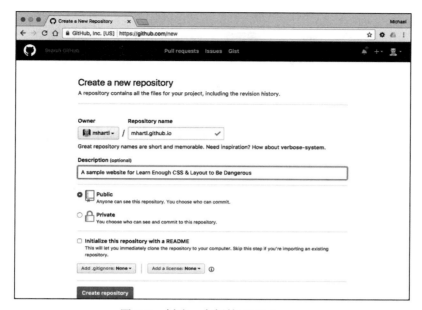

图 5-5　创造一个新的 GitHub repo

练习

通过访问 URL <username>.github.io/index.html，确认部署到 GitHub Pages 的工作已经成功。在 URL 中包含 index.html 是必须的吗？

5.4　开启样式设计的大门

正如 5.2 节所讨论的，CSS 是一种定义 HTML 页面元素外观和位置的方法，其样式在元素之间的流动（"串联"）基于以下因素：哪个声明在先，子级元素的父级元素是否应用了样式，或者声明的特殊性。

那么，在网页的上下文中，"父级""子级"和"特殊性"意味着什么，以及它是如何被样式设计的？你可以认为，页面上的每个元素都包含在另一个元素里面，而另一个元素又可以包含其他元素，就像俄罗斯套娃一样。

我们可以用图 5-6 来说明一个典型页面上元素的父子结构。

图 5-6 所示的分层标签结构被称为文档对象模型，简称 DOM。DOM 中的每个新层次都是其上一层的子元素。换句话说，html 标签是整个页面的父标签，body 标签是 html 标签的子标签，以此类推。body 标签也有自己的子元素，即 h1 和 h2 元素、无序列表 ul 和 div 元素。在 CSS 中，样式设计从父级流向子级，除非有另一种样式打断它并具有优先使用的权利。

我们对这些想法的第一个应用便是当前示例页面中存在的重复的内联样式。既然你已经知道了 DRY 原则（方框 5-2），所有这些多余的样式应该会引起程序员少许的烦躁，而唯一的解决办法就是消除重复。

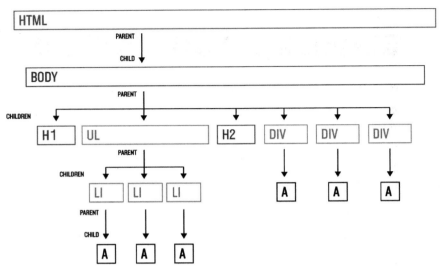

图 5-6　常见的递减式层级关系

如果你已经学习完 4.7 节的内容，尽管这次我们会讨论很多以前没有涉及的细节，但你应该对这种重构很熟悉，如果对此感到陌生，请回到 4.7 节，然后再回来学习。

让我们首先看看如何清理代码清单 5-6 中具有相同边框内联样式的 div 元素。

代码清单 5-6　重复的内联样式违反了 DRY 原则

index.html

```
<div style="border: 1px solid black;">
<div style="border: 1px solid black;">
<div style="border: 1px solid black;">
```

为了使示例代码更简洁，我们将使用代码清单 5-4 中的 style 块，它已经被添加到我们的初始 HTML 中了（最好的做法实际上是将 CSS 规则放在一个单独的文件中，这项任务我们将在 9.6 节进行）。

现在，让我们在代码清单 5-6 中加入我们的第一个 CSS 声明，来消除重复，如代码清单 5-7 所示。

代码清单 5-7　添加第一个 CSS 样式

index.html

```
<style>
  div {
    border: 1px solid black;
  }
</style>
```

图 5-7 展示了代码清单 5-7 中的 CSS 规则的结构：语句中的 div 部分，即大括号外的部分，被称为 CSS 选择器（在本例中指 HTML 元素 div）。然后是一个由属性（border）和值（1px solid black）组成的声明，值与属性之间用冒号隔开。最后，在行末用一个分号来结束样式。提醒：这些术语有很多在常规用法中会被混淆。例如，人们有时会把全部结构，包括选择器，称为声明。

尽管代码清单 5-7 展示的是典型间距，但 CSS 与 HTML 类似，浏览器会忽略空白。不过，为了方便人们查看你的标记，遵循某些格式化惯例是个好主意（方框 5-4）。

图 5-7　命名中有什么

方框 5-4：样式说明：格式化样式

代码清单 5-7 中的样式语句也可以把所有内容写在一行，像这样：

```
div {border: 1px solid black}
```

虽然一开始看起来很整齐，但你应该避免这样写 CSS，因为当你开始添加更多样式时，这会使代码变得难以阅读。阅读这样的样式声明要容易得多：

```
button {
  background-color: gray;
  border: 1px solid black;
  color: white;
  cursor: pointer;
  display: inline-block;
  font-family: "proxima-nova", "Proxima Nova", sans-serif;
  font-size: 12px;
  font-weight: bold;
  letter-spacing: 0.15em;
  padding: 10px 15px;
  text-decoration: none;
  text-transform: uppercase;
  transition: all 0.1s linear;
}
```

而不是阅读这样的样式声明：

```
button { background-color: gray; border: 1px solid
black; color: white; cursor: pointer; display:
inline-block; font-family: "proxima-nova",
"Proxima Nova",
sans-serif; font-size: 12px; font-weight: bold;
letter-spacing: 0.15em; padding: 10px 15px;
text-decoration: none; text-transform: uppercase;
transition: all 0.1s linear}
```

现在想象一下，要在一个有数百种样式的页面上找到特定属性，而每个声明都是这样的……"噩梦"甚至都不能描述你的开发体验。

关于格式化的第二点是，你会注意到，样式属性都是按字母顺序排列的。保持属性按字母顺序排列可能看起来很烦人，但如果你这样做了，你会发现随着时间的推移，你会比胡乱排序更快地找到东西。幸运的是，你选择的文本编辑器可能具有按字母顺序排列的功能。例如，在 Sublime Text 中，你可以选择多行，然后按一个功能键（Mac 上的 F5，Windows 上的 F9）来自动按字母顺序重新排列内容！其他编辑器也经常有同样的功能。

在代码清单 5-7 中添加 CSS 后，删除四个 div 标签中所有的 style=″border: 1px solid black;″属性，结果如代码清单 5-8 所示。

代码清单 5-8 整个页面现在应该是什么样子

index.html

```
      <h2>I'm an h2</h2>
      <div>
        <a href="https://example.com/" style="color: green;">I'm a link</a>
      </div>
      <div>
        <a href="https://example.com/" style="color: green;">I'm a link</a>
      </div>
      <div>
        <a href="https://example.com/" style="color: green;">I'm a link</a>
      </div>
      <div>
        <a href="https://example.com/" style="color: green;">I'm a link</a>
      </div>
    </body>
  </html>
```

保存更改，在浏览器中刷新页面……砰！一切都应该看起来一样。如果不是，请仔细检查你的工作，看看你是否能使你的结果与之相符。

那么，这里发生了什么？我们在代码清单 5-7 中添加的声明是一个 CSS 语句，它告诉浏览器，需要在 html 正文中的所有 div 上应用一个 1 像素宽的实心黑色边框（我们将在 7.3 节学习更多关于像素的知识）。其结果是简化了代码，但页面的外观没有任何变化。

现在，我们已经了解了如何将一系列内联样式合并到一个 CSS 声明中，让我们对 li 中将链接设置为红色的内联样式执行同样的操作。首先添加新样式，如代码清单 5-9 所示。

代码清单 5-9 添加新 CSS

index.html

```
<style>
  a {
    color: red;
  }
</style>
```

然后删除链接中的内联样式：

```
<li>
  <a href="https://example.com/">Link</a>
</li>
<li>
  <a href="https://example.com/">Link</a>
</li>
<li>
  <a href="https://example.com/">Link</a>
</li>
```

和以前一样，刷新浏览器后，外观应该不会改变。

在这一点上，我们在反对内联样式冗余方面肯定取得了进展，但底部那些使用内联样式的绿色链接怎么办呢？清理内联样式的另一个方法是使用 CSS 类，我们将在 5.5 节开始介绍，但现在让我们看看是否可以使用通用 CSS 选择器来做。

　　因为有问题的链接包含在 div 里面，而页面上的其他链接不包含在内，所以我们可以利用 CSS 的嵌套继承来定义一个样式，只改变 div 中链接的颜色。我们可以通过在 style 块中添加一个声明，然后删除页面中链接的内联样式来实现这一目的。现在，整个测试页面应该如代码清单 5-10 所示。

代码清单 5-10　以 div 内的链接为目标的整个页面的新样式

index.html

```html
<!DOCTYPE html>
<html>
  <head>
    <title>Test Page: Don't Panic</title>
    <meta charset="utf-8">
    <style>
      a {
        color: red;
      }
      div {
        border: 1px solid black;
      }
      div a {
        color: green;
      }

    </style>
  </head>
  <body>
    <h1>I'm an h1</h1>
    <ul>
      <li>
        <a href="https://example.com/">Link</a>
      </li>
      <li>
        <a href="https://example.com/">Link</a>
      </li>
      <li>
        <a href="https://example.com/">Link</a>
      </li>
    </ul>
    <h2>I'm an h2</h2>
    <div>
      <a href="https://example.com/">I'm a link</a>
    </div>
    <div>
      <a href="https://example.com/">I'm a link</a>
    </div>
    <div>
      <a href="https://example.com/">I'm a link</a>
    </div>
    <div>
      <a href="https://example.com/">I'm a link</a>
    </div>
  </body>
</html>
```

现在这个页面干净多了，不是吗。将样式与内容分开，可以使页面代码更容易阅读，但也许你已经看到了我们在样式设计方面存在的问题…

问题是：如果我们在页面的任一地方添加新的 div，而它们里面恰好有链接，那么这些链接将是绿色的，即使这不是我们想要的。原因是我们在声明中使用的选择器太通用了。在下一节，我们将了解如何使用 CSS id 和 CSS 类来添加更具体的样式。

练习

1. 使用我们所学到的关于在其他对象内定位链接的知识，改变 li 内链接的颜色。
2. 使用与我们给 div 四周添加边框时相同的样式，给 li 四周添加边框。

5.5　CSS 选择器

到目前为止，从第一部分到第二部分开端，我们只使用了初级样式定位技术。在第一部分，我们学习了如何将样式直接添加到元素中，但这种方法很脆弱，且效率低下。到目前为止，我们已经使用了与内容分离的 CSS，但我们只使用了像 div 或 a 这样的通用选择器。通用选择器的问题是，它们适用于页面上的所有元素。那么，我们怎样才能将样式应用于特定元素而不是所有元素？

有两种方法，一种是只针对页面上的一个元素——id（或"标识"）选择器，一种是针对多个元素——类选择器。让我们编辑示例 HTML，在我们的页面上添加这种选择器。id 和类始终只应用于元素的开头标签，而且它们始终有相同的格式。我们将使用 div 标签来具体化：

```
<div id="foo" class="bar">
  .
  .
  .
</div>
```

我们看到，id 和类都由键值对组成，其中值都是一个字符串，作为 id 或类的标记。在本例中，键 id 的值是 "foo"，键 class 的值是 "bar"。

虽然 CSS 在选择 id 和类名时提供了很大的灵活性，但也有一些限制和使用建议：

❑ 每个元素只能使用一个 id；
❑ 名称开头不允许有数字（例如，name1 有效，但 1name 无效）；
❑ 短划线（-）、下划线（_）和驼峰命名法可用于连接多个单词（因此 foo-barbaz、foo_bar_baz 和 FooBarBaz 都是有效名称）；
❑ id 名称中的空格无效，用于 class 时，空格可用来分隔多个名称（因此 id="foo bar"是非法的，而 class="foo bar baz"代表在一个元素上放置了三个单独的类）；
❑ 保持一致（例如，如果使用短划线作为分隔符，就要在所有地方使用，不与下划线混合使用，除非你有充分的理由（方框 6-1）。

为了了解这在实践中是如何工作的，让我们在示例页面中添加一些 id 和类。在 h2 后面的第一个开头的 div 标签上，添加 id="exec-bio"，然后在该部分的所有 div 上添加 class="bio-box"，如代码清单 5-11 所示。

代码清单 5-11　给示例页面添加 CSS 类和 id

index.html

```
<h2>I'm an h2</h2>
<div id="exec-bio" class="bio-box">
  <a href="https://example.com/">I'm a link</a>
</div>
<div class="bio-box">
  <a href="https://example.com/">I'm a link</a>
</div>
<div class="bio-box">
  <a href="https://example.com/">I'm a link</a>
</div>
<div class="bio-box">
  <a href="https://example.com/">I'm a link</a>
</div>
</body>
</html>
```

使用类是一个很好的 CSS 实践，但我们一般不建议在这种情况下使用 id，我们在这里使用它主要是为了演示。我们将在 6.2 节更详细地讨论这个问题。

接下来，让我们更新 CSS 块以指向这些新的选择器。在 CSS 中，需要在名字前面加一个 #（通常读作"哈希"）来指向 id，而要指向一个类，需要加一个 .（通常读作"点"）。例如，要改变 #exec-bio 这个 id 的背景颜色，我们可以使用以下 CSS 规则：

```
#exec-bio {
  background-color: lightgray;
}
```

这里 lightgray 代表（惊喜！）浅灰色，这是一个 CSS 颜色名称的示例。我们将在 7.1 节介绍颜色命名的细节。同样，为了给 .bio-box 类应用一个规则，我们可以使用以下 CSS：

```
.bio-box {
  border: 1px solid black;
}
```

稍后我们会看到，这条规则保留了清单 5-8 中添加的黑色边框，但其方式并不适用于网站上所有的 div。

最后，我们可以使用类名和标签名的组合来指向边框内的锚点标签，如下所示：

```
.bio-box a {
  color: green;
}
```

这会把 a 标签变成绿色，但前提是它们位于类名是 "bio-box" 的元素内。这种基于类的方法相比代码清单 5-10 中使用的方法，可以让我们更精细的控制。

将这三条规则添加到样式块中（同时删除我们不再需要的规则），结果如代码清单 5-12 所示。

代码清单 5-12　添加指向类和 id 的 CSS 规则

index.html

```
a {
  color: red;
}
```

```
#exec-bio {
  background-color: lightgray;
}
.bio-box {
  border: 1px solid black;
}
.bio-box a {
  color: green;
}
```

保存修改并刷新浏览器后，你应该看到底部方框的边框和以前一样，但现在带有 CSS id 的方框的背景是浅灰色的（见图 5-8）。

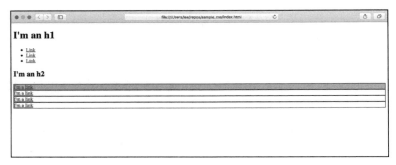

图 5-8　带有类和 id 的元素

祝贺！你刚刚使用了 id 和类来为特定的元素设置样式，并且提升了你的 CSS 知识水平。现在你已经学会了如何进行声明，以及如何使用 id 和类，我们可以开始学习 CSS 的工作原理了。

练习

1. 尝试在样式部分添加一个新的 CSS id（名称自定义），将一个元素的背景颜色设置为橙色，然后将该 id 添加到页面上的一个链接。

2. 在样式部分添加一个新的类（名称依然自定义），将背景颜色改为天蓝色，并将该类名作为第二个类添加到 .bio-box 上。你会注意到有一个盒子与其他的不同，这点我们将在 6.3 节讨论。

3. 提交本章的修改，并将其部署到 GitHub Pages。确认部署后的网站渲染正确。清除缓存可能需要一两分钟，所以要不断刷新，直到结果符合预期。

第 6 章 *Chapter 6*

样式风格

我们可以认为 CSS 主要在两种平台上运行：浏览器和文本编辑器。从浏览器的角度来看，CSS 类和 id 并不重要。事实上，就浏览器而言，给元素添加带有简易类名的自包含 CSS 和添加复杂内联样式之间没什么区别[⊖]。

然而，从文本编辑器的角度来看，这些问题对为网站编写 HTML 和 CSS 的人来说非常重要，在本例中，就是我们。浏览器可能不太关心内联样式和命名不准确的类名导致的重复性和复杂性，但我们肯定关心。

另外，糟糕的风格选择可能会在整个项目中困扰我们，因此，我们必须从一开始就尽最大努力做出正确的选择（请记住，后期我们可能需要做一些修改）。

在本章中，我们将聚焦于对"样式风格"的理解——如何尽早在命名和构建网站各个部分时做出正确的选择。这样做可以得到一个灵活且可维护的代码库，无论是对我们还是对以后需要修改网站的其他开发者来说都是如此。

6.1　命名

正如计算机科学家 Phil Karlton 曾经说过的："计算机科学中仅存在两件难事：缓存失效和命名[⊜]。"后一件"难事"同样适用于前端开发。

通常，在为类和 id 取名时，考虑一些东西的功能或意图是有帮助的，命名最好具体一些。例如，创建一个名为 "box1" 的类是个坏主意，因为这个名称太通用了；在一个大项目中，当你在未来的某个时刻返回到代码时，你可能已经忘记 "box1" 指什么。最好引入一个类似 "bio-box" 的类，它引用了页面上的一种特定元素（在本例中，是一个用于简短传记的盒子）。

⊖　在下载和处理时间方面可能会存在轻微差异，但在大多数现代系统上，这些差异用户几乎无法察觉。

⊜　一位匿名段子手曾经调侃说："计算机科学中仅存在两件难事：缓存失效、命名和一错再错。"

有一件重要的事要避免，就是根据元素在页面上的样式来命名类或 id。例如，假设由于某种原因，测试页面上的最后一个 .bio-box 有我们想让用户注意的信息，我们想通过将该盒子的背景颜色设置为红色来表示。我们可以给最后一个盒子添加一个 "red" 类（如代码清单 6-1 所示），确保它与其他类之间用空格隔开，然后在 CSS 中设置它的样式，如代码清单 6-2 所示。

代码清单 6-1　给 .bio-box 添加 .red 类

index.html

```html
<div class="bio-box">
  <a href="https://example.com/">I'm a link</a>
</div>
<div class="bio-box red">
  <a href="https://example.com/">I'm a link</a>
</div>
```

代码清单 6-2　设置 .red 类的样式

index.html

```css
  .bio-box a {
    color: green;
  }
  .red {
    background: red;
  }
</style>
```

保存并刷新浏览器，你会看到盒子的背景变了（如图 6-1 所示）。

图 6-1　当然，这是有效的。但这是个好主意吗

但是，假设在未来的某个时候，红色不再是我们喜欢的警报色，转而想使用紫色。因此，我们打开项目文件，在 CSS 中把 background 属性改为 purple，如代码清单 6-3 所示。

代码清单 6-3　根据外观给类命名的问题

index.html

```css
  .bio-box a {
    color: green;
  }
  .red {
    background: purple;
  }
</style>
```

现在，类名和它在页面上的效果不仅不一致，而且令人困惑。

这在我们简单的测试页面上似乎没什么大不了的，但想象一下，如果整个项目的元素都使用了这个类，会怎样。我们有两个选择：遍历并更改所有元素上的类名，或者忍受类名与效果不一致。

相反，如果我们使用一个命名约定，即类的名称基于页面元素的预期用途，使用更具描述性的名称，如 "alert"，那么我们就可以改变文本的颜色，而不需要担心名称矛盾或混淆（如代码清单 6-4 所示）。

代码清单 6-4　一个基于意图的更恰当的类命名

index.html

```
.alert {
  background: purple;
}
</style>
```

然后，我们更新 HTML 元素上的类名。

`<div class="bio-box alert">`

按照代码清单 6-4 中的约定，如果我们后来决定警告应该是紫色而不是红色，那么代码就不会令人困惑了。一些其他的例子：如果元素的功能是折叠，可以选择类似 "collapsed" 的类名，而不是 "small"；或者对于用户不允许与之交互的灰色元素，用 "disabled " 而不是 "gray "。

当然，也有例外，最终的命名系统完全取决于你，但根据经验，坚持根据功能命名是个好主意（方框 6-1）。

方框 6-1：样式说明：命名规则

严格规定类命名系统最近变得很流行，这是有充分理由的：有很多项目的命名规则是完全任意的——这与苏斯博士的小说更相似，不像是一个连贯的开发项目。当项目的开发人员数量没有限制时，经常使用这类严格的命名系统（想想大公司开发和管理的 Web 应用）。

在这里，我们不打算讨论这些问题，但我们认为应该至少提到它们的存在。如果你想对前端开发有更多的了解，研究一下其他开发者正在使用的一些约定也是个不错的主意：

❏ 块级元素修饰符（BEM）（https://csswizardry.com/2013/01/mindbemding-getting-your-head-round-bem-syntax/）

❏ 面向对象的 CSS（OOCSS）（https://www.smashingmagazine.com/2011/12/an-introduction-to-object-oriented-css-oocss/）

❏ 可扩展、模块化、结构化的 CSS（SMACSS）（http://smacss.com/）

无论你觉得这些系统有用与否，最重要的是努力保持一致。

6.2 何时和为什么

我们必须做出的另一个决定是：什么时候使用 id，什么时候使用 class。正如 5.5 节所述，

id 只针对页面上的一个元素，而类可以针对多个元素。为了执行这一设计，HTML 元素接受在一个对象上有多个类名（用空格隔开），但每个元素只允许有一个 id（第一个 id 之后的内容都被忽略）。但这并不是全部，因为浏览器对待 id 和类的方式不同，从这里开始我们要冒着发动竞争的风险……

我们的观点如下：

你应该努力只有在绝对必要时才使用 id（例如，如果你正在使用 JavaScript，只在 JavaScript 中使用它们）。

是的，在 5.5 节，我们为第一个 div 添加了一个 id，并为其设置了样式，但这只是为了演示，一般来说，我们应该避免这么做。原因是，当你使用一个 id 来应用样式时，几乎不可能用另一个声明来改变这个样式，除非让你的代码复杂混乱。

想知道为什么，请将我们新的 .alert 类添加到第一个 div 上（也就是 id 为 #exec-bio 的那个 div），并将警报颜色改回红色。

```
<div id="exec-bio" class="bio-box alert">

.alert {
  background: red;
}
```

保存并刷新，你会注意到没有任何变化；尽管你期望背景是红色的，但事实并非如此，而是与图 6-1 类似。

这是因为浏览器认为 id 具有更高的特异性，这意味着在高特异性声明中声明的任何样式都优先于低特异性的样式。你可以把类看成一挺机关枪，喷出许多小弹丸，而把 id 看成一个火箭发射器，被 id 发射的样式更有力量。

使 .alert 样式生效的一种方法是，通过添加一个新的声明来增加声明的特异性，该声明针对同时具有 id #exec-bio 和 class .alert 的元素，如代码清单 6-5 所示。

代码清单 6-5　通过组合 id 和类来克服 id 样式的特异性

index.html

```
.alert {
  background: red;
}
#exec-bio.alert {
  background: red;
}
</style>
```

代码清单 6-5 中的 CSS 使用 #exec-bio.alert 将 id 和类的规则连在一起，在这种情况下，其效果是强制在 div 中添加红色背景（如图 6-2 所示）。

使用这样的组合样式选择器会改变背景颜色，但它只能在 id 和 class 同时存在时使用。如果你的网站依赖于针对 ID 的样式，那么随着时间的推移，你会发现自己添加了越来越多的这种高特异性的声明。这并不是使用 CSS 最有效的方法。

从长远来看，最好使用模块化的系统，这样设计和开发网站前端就像拼乐高一样。这样，你可以给一个元素添加一个类，并确保该类中的样式被正确应用。

浏览器会将所有不同的声明合并在一起，然后按属性给冲突分类。这意味着更强的声明不会覆盖对象上的所有样式，只覆盖更强声明中包含的属性。对于我们一直在使用的 .bio-box，代码清单 6-6 中的所有属性都被同时应用。

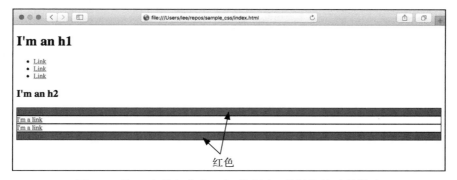

图 6-2　将 id 和类组合在一起形成了一种异常特殊的样式

代码清单 6-6　所有影响 .bio-box 的样式

```
#exec-bio {
  background-color: lightgray;
}
.bio-box {
  border: 1px solid black;
}
.alert {
  background: red;
}
#exec-bio.alert {
  background: red;
}
```

通过浏览器，这些规则都被合并了，冲突也被自动解决了。代码清单 6-6 中，合并后的样式类似代码清单 6-7（其中用 CSS 注释的部分表示未使用的规则，这将在 6.4 节进一步讨论）。

代码清单 6-7　合并后的样式，注释了被替代的样式

```
{
  /* background: red; */
  /* background-color: lightgray; */
  background: red;
  border: 1px solid black;
}
```

由于组合类 #exec-bio.alert 的特殊性，background: red; 规则覆盖了一般的 background: red; 和更特殊的 background-color: lightgray; 规则[⊖]。

让我们仔细看看浏览器是如何决定哪些规则优先的。

⊖　background 声明结合了许多不同的背景规则，正如 Stack Overflow 对问题 "background 和 background-color 之间的区别是什么" 的回答（https://stackoverflow.com/questions/10205464/what-is-the-difference-between-background-and-background-color）。

6.3　优先级和特异性

CSS 的设计允许多处的多个样式表共同影响文档外观，而不会造成灾难性的崩溃。最终是由一个有优先级和特异性规则的系统，来解决那些相互矛盾的样式声明，如 6.2 节中使用的声明。

为了更清楚地说明这一点，让我们看一下代码清单 6-8 中的简化示例，该示例使用了特定百分比来设置宽度（我们将在 7.4 节学习更多有关百分比的知识）。

代码清单 6-8　指向同一个类的不同规则

index.html

```
.bio-box {
  width: 75%;
}
.bio-box {
  width: 50%;
}
</style>
```

如果你将测试页面的样式部分更新为上面的样式，你会发现方框的宽度是页面宽度的一半（50%）——也就是说，代码清单 6-8 中的第二条规则被应用（如图 6-3 所示）。这是一般模式的一部分：在 CSS 规则发生冲突时，最后一条规则将被应用。

CSS 优先级规则的完整列表如表 6-1 所示。你不需要记住这个表——随着时间的推移，你会对优先级有一个感觉。另外，在所有这些规则中，只有数字 3 和 5～8 是你必须理解的优先级，你应该极力避免使用数字 1（方框 6-2）和 2（这会导致代码难以维护）。数字 4 和 9 是你无法控制的。

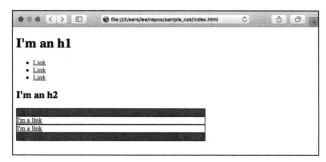

图 6-3　50% 宽度的方框展示了 CSS 规则最终是如何应用的

表 6-1　CSS 优先级规则

优先级	名字	作用
1	Importance	在一个值上添加 !important（如 "width:100% !important"）会覆盖所有其他类似样式（但永远不要使用 !important（方框 6-2））
2	内联样式	使 style= 应用在元素上的声明
3	媒体类型	通过媒体查询应用样式时（更多信息见第 13 章）
4	用户定义	大多数浏览器都有辅助功能：用户定义的 CSS
5	特异性选择器	通过类或 id 应用的样式会覆盖常规样式
6	规则顺序	最后写的样式有优先权
7	父级继承	如果没有指定样式，那么子级就会继承父级的样式
8	CSS	样式表或 style 块中的 CSS 规则被应用于通用元素
9	浏览器默认值	最低优先级，这些是浏览器附带的默认样式

> **方框 6-2：样式说明：切勿使用 !important**
>
> 　　还有一个不好的应用样式方式，那就是在声明中使用 !important 标志，它会自动覆盖任何冲突的样式（如表 6-1 所示）。你应该这样看待 !important（读作 "important"，"！" 是不发音的）：如果你不得不使用 !important，那么你在样式设计方面就失败了。
>
> 　　使用 !important 的问题是，一旦你开始使用它，随着时间的推移，你会越来越多地使用它，因为覆盖一个使用了 !important 的样式的唯一方法是使用另一个 !important。这种重复使用 !important 的行为是 CSS 中的灾难。
>
> 　　与其使用 !important，不如重新思考你是如何设计的。现在你了解 !important 了，把它从你的记忆中抹去吧。

　　你可能会问，当我们应用两个具有相同优先级的样式时会发生什么？此时，我们除了需要考虑优先级外，还需要考虑特异性，它可以解决应用多个相同优先级样式的情况（表 6-1 中的 5）。

　　在最基础的层面上，特异性意味着当你针对某个元素时，你越具体，浏览器就会给该声明中的样式以越大的力度。例如，通过样式声明来使所有的 a 元素变成灰色，如代码清单 6-9 所示。

代码清单 6-9　不太具体的样式

```
a {
  color: gray;
}
```

　　我们甚至不需要使用类或 id，就可以通过更具体的方式来覆盖这个样式。因此，如果 h1 标题内有链接，我们可以使用代码清单 6-10 中的声明，来使所有 h1 元素内的链接变成绿色。

代码清单 6-10　更具体的样式

```
h1 a {
  color: green;
}
```

　　这个更具体一些的声明覆盖了使 a 文本为灰色的初始样式，文本将变成绿色（这就是我们在代码清单 5-10 中使用的技术）。

　　表 6-2 更详细地列出了浏览器分配给不同选择器的值。表中的样式越往下越具体，也就是说，下面的样式会覆盖上面的样式。

表 6-2　令人困惑的复杂的特异性规则

类型	示例	特异性
简单的 HTML 选择器	em {color: #fff;}	1
指向位于其他元素中的元素的 HTML 选择器	h1 em {color: #00ff00;}	2
CSS 类名	.alert {color: #ff0000;}	1,0
有类名的 HTML 元素	p.safe {color: #0000ff;}	1,1
CSS id	#thing {color: #823706;}	1,0,0
带有类名的 CSS id	#thing .property {color: #823706;}	1,1,0
内联样式	style="color: transparent;"	1,1,0,0

你会注意到，表 6-2 不像表 6-1 那样有一个简单的优先级编号系统。这是因为特异性使用了一种单独的系统，通过添加带有逗号的数字来标记不同的级别——这很令人困惑，我们实际上从未听说过一个开发者使用数字系统来解决特异性问题，但为了完整起见，我们还是把它包括在内了。

这一切看起来真的很复杂，对吗？

实际上，大多数开发者并不熟知所有这些规则。相反，我们所使用的是简单一些的约定系统，比如尽量保持声明的简单性和一般性，通过类来确定例外情况，不使用 id 来确定样式，不使用 !important（方框 6-2）等。随着时间的推移，你会建立起对特异性的直觉。

避免复杂重叠的样式不能被应用的一个方法是，尽量保持选择器简单（如代码清单 6-11 所示），而不是使用一组丑陋而复杂的选择器（如代码清单 6-12 所示）。

代码清单 6-11　良好、干净的 CSS

```
.bio-box a {
  color: green;
}
.alert {
  background: red;
}
```

代码清单 6-12　丑陋、复杂的 CSS

```
body div#exec-bio.bio-box a {
  color: orange;
}
```

通常，简单是最好的解决方案。

练习

1. 使用 !important 标志，强制将 .alert 类的背景颜色改为红色（确保从样式中删除 #exec-bio）。

2. 删除你在练习 1 中所写的内容，并保证不再使用 !important（方框 6-2）。

3. 试着改变 .bio-box a 中链接的颜色，不是改变现有样式的颜色属性，而是在现有的选择器下面，添加一个新的同样的选择器和颜色声明，将链接的颜色改为粉红色。

6.4　如何成为一名优秀的样式设计师

那么，你应该如何成为一名优秀的开发人员，以合理的方式使用 CSS 选择器，并利用错综复杂的优先级和特异性规则……而不需要绞尽脑汁？从我们在 6.2 节提到的概念开始：类应该像乐高积木一样被组合起来，以获得我们期望的结果。进行模块化设计，以使你的样式只影响模块内的内容，而不是影响整个网站的元素。

如果你需要让一个模块根据位置或状态做一些稍微不同的事情，那么给一个元素添加多个类是有效使用类选择器的方法，但这并不意味着页面上的每一个元素都只能添加一个类或（更糟糕）多个类。这是在使用类标记过度和不足之间的一个很好的平衡。

看看我们所做的样式，你可能会想，为什么我们不给 .bio-box 中的链接以自己的类。我们完全可以这样做，而且也没有什么不妥，但这是样式设计中的另一个主观领域。一个好的做法是将样式划分为两个不同的类别：全局样式，将适用于许多不同的地方，以创造更大的一致性；个别部分，适用于独立的功能或模块。

比如，假设 .bio-box 位于网站的一处，该部分中的盒子里都有一个链接——它们将是重复的模块。在这种情况下，我们可以跳过对单个链接的分类，给 .bio-box 中的 a 标签应用一个通用样式，无需添加新样式。但是如果我们需要添加另一个链接，那么我们就必须考虑是否希望这两个链接看起来是一样的。如果不是，就有必要用另一种方法来定位这些元素。

让我们添加一些内容，来使这些想法更加具体。用代码清单 6-13 中的内容替换虚拟的 .bio-box，这包括同步整个页面的内容。请注意，我们取消了 exec-bio id，我们建议只有在绝对必要时才使用它（如 6.2 节所述），而且我们也精简了 CSS 规则。

代码清单 6-13　使用更真实的 HTML 示例

index.html

```
<!DOCTYPE html>
<html>
  <head>
    <title>Test Page: Don't Panic</title>
    <meta charset="utf-8">
    <style>
      a {
        color: red;
      }
      .bio-box {
        border: 1px solid black;
      }
      .bio-box a {
        color: green;
      }
    </style>
  </head>
  <body>
    <h1>I'm an h1</h1>
    <ul>
      <li>
        <a href="https://example.com/">Link</a>
      </li>
      <li>
        <a href="https://example.com/">Link</a>
      </li>
      <li>
        <a href="https://example.com/">Link</a>
      </li>
    </ul>
    <h2>I'm an h2</h2>
    <div class="bio-box">
      <h3>Michael Hartl</h3>
      <a href="https://twitter.com/mhartl">here</a>
      <p>
        Known for his dazzling charm, rapier wit, and unrivaled humility,
        Michael is the creator of the
        <a href="https://www.railstutorial.org/">Ruby on Rails
        Tutorial</a> and principal author of the
```

```
    <a href="https://learnenough.com/">
    Learn Enough to Be Dangerous</a> introductory sequence. Michael
    is also notorious as the founder of
    <a href="http://tauday.com/">Tau Day</a> and author of
    <a href="http://tauday.com/tau-manifesto"><em>The Tau
    Manifesto</em></a>, but rumors that he's secretly a supervillain
    are slightly exaggerated.
    </p>
  </div>
  <div class="bio-box">
    <h3>Lee Donahoe</h3>
    <a href="https://twitter.com/leedonahoe">here</a>
    <p>
    When he's not literally swimming with sharks or hunting powder stashes on
    his snowboard, you can find Lee in front of his computer designing
    interfaces, doing front-end development, or writing some of the
    interface-related Learn Enough tutorials.
    </p>
  </div>
  <div class="bio-box">
    <h3>Nick Merwin</h3>
    <a href="https://twitter.com/nickmerwin">here</a>
    <p>
    You may have seen him shredding guitar live with Capital Cities on Jimmy
    Kimmel, Conan, or The Ellen Show, but rest assured Nick is a true nerd at
    heart. He's just as happy shredding well-spec'd lines of code from a tour
    bus as he is from his kitchen table.
    </p>
  </div>
  <div class="bio-box">
    <h3>??</h3>
    <p>
    The Future
    </p>
  </div>
 </body>
</html>
```

如果你保存并刷新页面，你会发现所有方框中的链接看起来都是一样的，它们都是绿色的（如图 6-4 所示）。

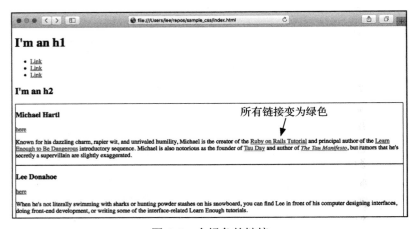

图 6-4　全绿色的链接

回顾代码清单 6-13，我们看到每个人的简历中都包含一个指向本人 Twitter 账户的链接，如果能从视觉上将这些链接与其他链接区分开就更好了。我们将在整个教程中持续改进这些链接，但现在，我们只将其设置为蓝色，而其他链接保持绿色。

实现这一点的一种方法是重新定位那些使链接变成绿色的样式，以使该样式只适用于 p 标签内的链接，如代码清单 6-14 所示。

代码清单 6-14　设置段落内链接的颜色

index.html

```
.bio-box p a {
  color: green;
}
```

这会使 Twitter 链接变为红色（代码清单 5-9 中锚点标签的通用规则所指定的颜色），并使段落标签内的链接保留绿色，但与建议的三选择器限制法则相冲突，如方框 6-3 所述。

方框 6-3：样式说明：选择器深度

一般来说，由于一些原因，最好将声明中的选择器数量保持在 3 个以下（即 3 个或更少）。在我们非常简单的测试页面上，这可能看起来很容易，但在一个复杂的网站上，事情可能会变得非常复杂。显然，使选择器尽可能短的一个原因是为了可读性。如果选择器很短，就更容易在一大片 CSS 中找到你需要的东西。

另一个原因是，浏览器从右向左读取 CSS 选择器，因此选择器越多、越笼统，浏览器渲染页面时所做的工作就越多。这有点反直觉，因为你会认为浏览器会从左侧开始，通过向右移动来缩小样式的范围……但出于技术原因，它并非如此。因此，如果用 #first table tr td h1 声明一个样式，浏览器会首先识别所有 h1，然后识别所有 td，最后将所有的内容限制在 id 为 #first-table 的元素里。

如果页面上有很多元素，这种效率低下的做法真的会减慢渲染速度，所以保持选择器的数量对我们（开发人员）和用户都有好处。

使用代码清单 6-14 中的规则也是可以的——我们只需注意在未来的修改中不要使它变得更复杂——但我们最好使用一个更稳健的做法，通过应用特定性规则来获得我们想要的东西，同时仍然遵守方框 6-3 中的三选择器限制。我们通过将样式选择器改回 .bio-box a，并给所有的 Twitter 链接添加一个 social-link 的类来实现这一点（如代码清单 6-15 所示）。

代码清单 6-15　给社交媒体链接添加一个类

index.html

```
<a href="https://twitter.com/mhartl" class="social-link">here</a>
  .
  .
  .
<a href="https://twitter.com/leedonahoe" class="social-link">here</a>
  .
  .
  .
<a href="https://twitter.com/nickmerwin" class="social-link">here</a>
```

　　然后，我们可以通过在 CSS 中添加新的类声明来设计链接的样式，如代码清单 6-16 所示（将此新声明放在 .bio-box 声明下面）。

代码清单 6-16　给社交账号的链接添加样式声明

index.html

```
.bio-box a {
  color: green;
}
a.social-link {
  color: blue;
}
```

　　现在，所有在段落内的链接都是绿色的，而社交账号的链接都是漂亮的蓝色（如图 6-5 所示）。

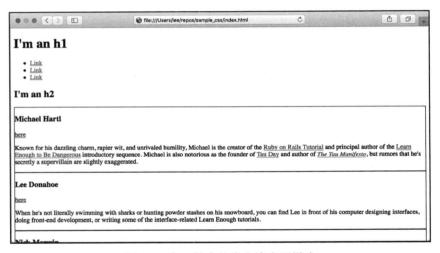

图 6-5　与 a 结合的类允许应用样式

　　当组合在一起时，类和元素选择器比 .bio-box a 有更高的特异性。所以，如果你把 .social-link 选择器中的 a 去掉，链接会变回绿色。

　　那么这个看似简单的练习有什么意义呢？

　　设置一个链接的颜色似乎并不是很重要，但从项目开始时就存在的处理特异性方面的小错误可能会导致后续问题。即使在这个简化的示例中，也需要做出很多决定，这些决定可能会影响页面的未来发展。如果我们最初的样式设计过于笼统或局限，选择不当可能会导致我们重新编写代码。

　　例如，假设我们使用 .bio-box p a 来保持绿色链接，后来想把图片和图片样式放到链接中，我们必须给所有的图片添加一个类（因为 .bio-box p a img 选择器太深）。另一方面，如果只有少数几张图片，为图片添加类可能是一个不错的选择，但如果有很多图片，给每张图片上都添加类名可能是件麻烦事。

　　你可以通过给 p 标签添加一个类来解决这两个问题，这可以让你在声明中删去一个级别，但如果你想在简介中添加多个段落会发生什么？每个 p 都需要一个类……这样你又回到了必须为大量元素添加类名的混乱局面。一个简单的解决方案是将整个文本部分包裹在一个新的 div 中，其类名为 .bio-copy，然后用 .bio-copy a 定位里面的链接，用 .bio-copy img 定位链接中的图像。

让我们看一个示例，证明把文本内容包裹在一个具有自己的类的元素中，可以更精确的定位目标。这涉及在每个传记副本周围添加 .bio-copy 容器⊖，如代码清单 6-17 所示，我们稍后将使用它。

代码清单 6-17　将每个人的传记包裹在一个 div 中，以便更好地定位文本

index.html

```
<div class="bio-box">
  <h3>Michael Hartl</h3>
  <a href="https://twitter.com/mhartl" class="social-link">here</a>
  <div class="bio-copy">
    .
    .
    .
  </div>
</div>

<div class="bio-box">
  <h3>Lee Donahoe</h3>
  <a href="https://twitter.com/leedonahoe" class="social-link">here</a>
  <div class="bio-copy">
    .
    .
    .
  </div>
</div>

<div class="bio-box">
  <h3>Nick Merwin</h3>
  <a href="https://twitter.com/nickmerwin" class="social-link">here</a>
  <div class="bio-copy">
    .
    .
    .
  </div>
</div>
```

现在让我们来看看另一个样式问题。如果你坚持使用代码清单 6-16 中的样式声明 a.social-link 作为针对所有 .social-link 链接的方法，那么你就必须问自己，会不会有这种情况，我想在一个实际上不是链接的元素上使用 .social-link 的样式？这个问题听起来有点奇怪，因为如果你把某个东西称为链接，你会希望它始终是一个链接，但是你会经常需要给不是 a 的元素设置链接样式。

例如，你有一个导航菜单，其中有一堆指向页面的链接。通常，你希望为用户正在浏览的页面设置一个菜单项，并且不希望用户能够单击他们正在浏览的页面的链接（这会刷新页面），

⊖ 这里的"副本"指的是"要排版的文本"，即副本编辑器所编辑的内容。

但你确实希望这种类型的菜单项看起来与其他的导航链接一样。在这种情况下，不是链接的菜单项需要继承与所有链接相同的样式，而在我们的示例中，如果选择器是一个组合的 HTML 元素和类名：a.social-link，那就很难做到这点。

为了让 .social-link 类在不组合 HTML 元素的情况下改变链接的样式，我们应该替换通用声明，而采用代码清单 6-17 中更具体的、使用 .bio-copy 类名的方法。结果是将代码清单 6-11 中 .bio-box 的规则变为更有针对性的样式，它只影响在 .bio-copy 中的链接：

```
.bio-copy a {
  color: green;
}
```

此时，我们也可以把 a.social-link 直接改成 .social-link：

```
.social-link {
  color: blue;
}
```

因为我们刚刚进行的 CSS 修改是一次重构，所以外观应该和以前一样（如图 6-5 所示）。

最后一步，我们将添加一些描述性的 CSS 注释，同时重新排列 CSS 规则，根据它们是全局的、只适用于社交账号的链接，还是适用于页面传记来分组。这么做可以使我们以后更容易导航、阅读和编辑 CSS 规则（方框 6-4）。结果如代码清单 6-18 所示，其中显示了完整的页面，以防你需要同步。

代码清单 6-18　本章页面的最终形式

index.html

```html
<!DOCTYPE html>
<html>
  <head>
    <title>Test Page: Don't Panic</title>
    <meta charset="utf-8">
    <style>
      /* GLOBAL STYLES */
      a {
        color: red;
      }

      /* SOCIAL STYLES */
      .social-link {
        color: blue;
      }

      /* BIO STYLES */
      .bio-box {
        border: 1px solid black;
      }
      .bio-copy a {
        color: green;
      }
    </style>
  </head>
  <body>
    <h1>I'm an h1</h1>
    <ul>
      <li>
```

```html
        <a href="https://example.com/">Link</a>
      </li>
      <li>
        <a href="https://example.com/">Link</a>
      </li>
      <li>
         <a href="https://example.com/">Link</a>
      </li>
    </ul>
    <h2>I'm an h2</h2>
    <div class="bio-box">
      <h3>Michael Hartl</h3>
      <a href="https://twitter.com/mhartl" class="social-link">here</a>
      <div class="bio-copy">
        <p>
          Known for his dazzling charm, rapier wit, and unrivaled humility,
          Michael is the creator of the
          <a href="https://www.railstutorial.org/">Ruby on Rails
          Tutorial</a> and principal author of the
          <a href="https://learnenough.com/">
          Learn Enough to Be Dangerous</a> introductory sequence. Michael
          is also notorious as the founder of
          <a href="http://tauday.com/">Tau Day</a> and author of
          <a href="http://tauday.com/tau-manifesto"><em>The Tau
          Manifesto</em></a>, but rumors that he's secretly a supervillain
          are slightly exaggerated.
        </p>
      </div>
    </div>
    <div class="bio-box">
      <h3>Lee Donahoe</h3>
      <a href="https://twitter.com/leedonahoe" class="social-link">here</a>
      <div class="bio-copy">
        <p>
          When he's not literally swimming with sharks or hunting powder
          stashes on his snowboard, you can find Lee in front of his computer
          designing interfaces, doing front-end development, or writing some of
          the interface-related Learn Enough tutorials.
        </p>
      </div>
    </div>
    <div class="bio-box">
      <h3>Nick Merwin</h3>
      <a href="https://twitter.com/nickmerwin" class="social-link">here</a>
      <div class="bio-copy">
        <p>
          You may have seen him shredding guitar live with Capital Cities on
          Jimmy Kimmel, Conan, or The Ellen Show, but rest assured Nick is a
          true nerd at heart. He's just as happy shredding well-spec'd lines
          of code from a tour bus as he is from his kitchen table.
        </p>
      </div>
    </div>
    <div class="bio-box">
      <h3>??</h3>
      <p>
        The Future
      </p>
    </div>
  </body>
</html>
```

方框 6-4：样式说明：对你的样式进行分组并添加注释

这可能看起来很平常，但考虑到其他人可能会查看你的代码，请将网站中每部分相关的样式放在同一处，并添加一两条注释来解释这些样式的用途！

CSS 注释是介于 /* */ 之间的文本，如下：

```
/* HOMEPAGE STYLES */
```

注释不影响代码的显示，但你应该知道，任何浏览网站源代码的人都可以看到它们……所以不要在注释中添加任何你不想公开展示的内容。

从现在开始，我们添加新样式时，为该组添加一个注释名，就像上面的 /* HOMEPAGE STYLES */ 一样。如果这些样式应该归入现有分组，我们将使用以下约定：

```
/* HOMEPAGE STYLES */
.
.
.
.some-style {
}
```

这意味着你应该把新样式放到该组现有样式（由垂直省略号表示）的后面。在添加样式时，唯一不会添加分组注释的情况是，我们在现有分组中工作或进行修改。

练习

1. 添加一个新样式，设置 div 的边框样式为 border: 1px solid green。保存并刷新，除 .bio-box 之外的所有 div 都应该有绿色边框。将选择器更改为 div.bio-box，然后保存并刷新。

2. 将 .social-link 类添加到 h1 上，即使它不是链接，颜色也应该改变。

3. 给样式分组添加你自己的注释，并添加 html{background:red;}。保存并刷新。然后删除第一个 /*，保存并刷新。你的页面应该看起来非常不同——始终记得保持你的注释标签完整。

第 7 章　Chapter 7

CSS 值：颜色与尺寸

现在我们已经学会了如何制作网站的骨架，是时候开始用更多的 CSS 值来充实它了。在这一章，我们将学习 CSS 可以应用于 HTML 元素的两种最重要的值：颜色和尺寸。这些值将使我们从在页面上放置元素（第 6 章）到控制元素的颜色和大小。

CSS 声明中的值（见图 5-7）可以有很多不同的形式，从数字到尺寸，再到特殊的选项、颜色等。除此之外，还有一些速记方法可以让你在一行中写入多个样式属性和值。大多数 CSS 声明都是不言自明的——没有多少人会被 text-align: left 所迷惑，但也有不少声明有一些复杂性、奇怪的例外情况，或者只是定义值的奇怪方法。

接下来的几节将回顾一些你以前可能见过的样式值，但我们也将深入研究一些不太常见的使用情况。

7.1　CSS 颜色

到目前为止，我们在本书中已经用红色、绿色和浅灰色等描述性词语定义过颜色。CSS 支持大量这样的颜色名，网上有一些参考资料，列出了浏览器支持的所有颜色名。不过，这并不是最灵活适用的、最常见的定义 CSS 颜色的系统，在本节中我们将讨论其他更强大的在 CSS 中应用颜色的方法。

7.1.1　十六进制颜色

正如前面方框 4-2 中所讨论的，定义颜色的一种常用方法是十六进制的 RGB（红 – 绿 – 蓝）。虽然这个名字听起来很复杂，但实际上这个概念相当简单。

展示十六进制颜色如何工作的一个快速方法是：将我们示例页面上的红色链接文本的颜色改为其对应的十六进制 RGB 颜色。将颜色属性中的 red 改为代码清单 7-1 中所示的颜色。

代码清单 7-1 颜色名到特定颜色值的转换

index.html

```
/* GLOBAL STYLES */
a {
  color: #ff0000;
}
```

现在，保存并刷新浏览器，链接文本将仍是红色（如果有什么不同，请核对操作）。

颜色系统被称为十六进制 RGB 的原因是，它使用基数 16 而不是通常的基数 10（"十六进制"是希腊语和拉丁语的混合体，意思是"六"（十六进制）和"十"（十进制））。在十六进制中，0 等于 0，f 等于 15，这样你就可以表示出 16 个值（如表 7-1 所示）。

表 7-1 十六进制的表示方式

0	1	2	3	4	5	6	7	8	9	10	11	12	13	14	15
0	1	2	3	4	5	6	7	8	9	a	b	c	d	e	f

在十进制中，我们可以用两个数字表示 0 到 99，其中 $99=10^2-1$。同样，十六进制让我们从 0 表示到 $ff=16^2-1=255$。换句话说，把两个十六进制数字放在一起，我们就可以用两个字符表示从 0 到 255，00=0，FF 或 ff=255。CSS 中的十六进制是不分大小写的，所以使用大写字母还是小写字母并不重要。

计算机显示器由图片元素或像素组成，通过结合像素红、绿、蓝的光线来显示颜色（如图 7-1 所示）。

十六进制 RGB 将三组两个十六进制数字放在一起，以定义构成单一颜色的红、绿、蓝值，因此 #ff0000 也可以看作红 =ff，绿 =00，蓝 =00 或红 =255，绿 =0，蓝 =0。

图 7-1 像素的组成元素在显示器中的样子

如果这三种颜色都被打开（每一种都被设置为 ff，即 #ffffff），那么这个像素看起来就是白色的；如果它们都被关闭（每一种都被设置为 00，即 #000000），它看起来就是黑色的。这三种颜色的组合可以用来产生你看到的所有颜色（如图 7-2 所示）。

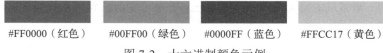

#FF0000（红色）　　#00FF00（绿色）　　#0000FF（蓝色）　　#FFCC17（黄色）

图 7-2 十六进制颜色示例

在一些十六进制数字相同的常见情况下，CSS 还支持一种有用的速记方法。如果数字相同，如 #222222，#cccccc，或 #aa22ff，我们可以将整个数字缩短为三个数字，就像这样，#222，#ccc，或 #a2f。当浏览器看到只有三个数字时，它就会填上缺少的数字。

因此，用 #f00 代替 #ff0000（代码清单 7-1）将会得到相同的红色。在我们的示例网站上进行这一改变，结果如代码清单 7-2 所示。

代码清单 7-2　使用更紧凑的十六进制符号

index.html

```
/* GLOBAL STYLES */
a {
  color: #f00;
}
```

你初次学习 RGB 颜色系统时可能会感到困惑，但通过练习，你很快就会明白这三个值是如何共同作用，来产生不同颜色和不同色调的。对于制作更复杂的颜色，我们建议使用取色器，但有一些常见情况，你应该了解。

例如，从黑到白的灰度光谱总是有三个相同的十六进制数字：所有的 00（或 #000000）是黑色，所有的 ff（或 #ffffff）是白色，而中间的数字，如 #979797，是一些灰色的阴影（如图 7-3 所示）[⊖]。

| #000 | #979797 | #fff |

图 7-3　十六进制灰度

在实际操作中，大多数网页开发者和设计者都将常见的十六进制数值与它颜色名交替使用，因此我们知道 #000 和 #000000 都是黑色，#fff 和 #ffffff 都是白色，#00f 和 #0000ff 都是蓝色等。

7.1.2　通过 rgb() 和 rgba() 设置颜色和透明度

除了使用 RGB 十六进制外，你还可以直接通过 rgb() 使用 RGB，它允许你使用十进制数字来代替十六进制。换句话说，rgb(255, 255, 255) 与 #ffffff 相同。但直接使用 RGB 的主要目的是通过 rgba() 命令来设置透明度。

在 rgba() 中，a 代表 alpha，因为图像处理中透明度级别的常规名称是 alpha 级别。alpha 级别用 0 到 1 之间的数字表示，其中 0 是透明的，1 是不透明的，中间的小数定义了所有的透明度级别（例如 50% 是 0.5，25% 是 0.25）。

例如，让我们用 rgba() 使社交账号链接的背景变成透明的灰色。我们将选择一个相当深的灰色，对应于 RGB 值 150（最大值为 255），最初设置不透明度为 1（如代码清单 7-3 所示）。

代码清单 7-3　使用 rgba() 属性来设置不透明的背景色

index.html

```
.social-link {
  background: rgba(150, 150, 150, 1);
  color: blue;
}
```

⊖　有 255 种颜色与 #979797 这种模式匹配，但其中有两种颜色是 #000000（黑色）和 #ffffff（白色），还剩下 253 种灰色（远远超过 50 种）。

结果如图 7-4 所示。

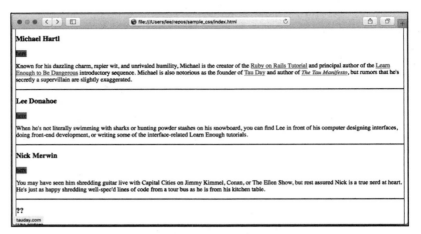

图 7-4　具有不透明灰色背景的高级示图

现在让我们切换到 50% 的不透明度（与 50% 的透明度相同），如代码清单 7-4 所示。

代码清单 7-4　使用 rgba() 属性来设置部分透明的背景色

index.html

```
.social-link {
  background: rgba(150, 150, 150, 0.5);
  color: blue;
}
```

通过比较图 7-4 和图 7-5，可以发现，高级视图现在有一个部分透明的灰色背景。我们将在 9.7.1 节看到另一个更实用的透明度的示例。

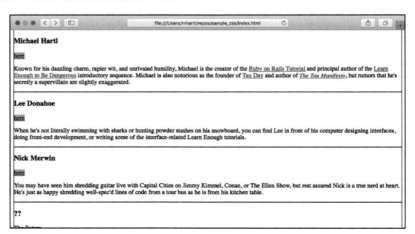

图 7-5　蓝色文本和 50% 透明的灰色背景

令人惊讶的是，在 CSS 中还有更多设置颜色的方法（HSL 和 HSLa），但我们不打算讨论它们，因为你在实际操作中遇到它们的可能性很小。

练习

1. 使用取色器，用一个十六进制值将页面上链接（a 声明）的颜色改为浅紫色。
2. 将其余的颜色名转换为对应的十六进制颜色，如果可能的话，使用更精简的符号。
3. 使用 rgba 颜色淡化链接，使其不透明度达到 20%。
4. 将页面顶部的链接设置为"高级视图"类别。给页面顶部 li 中的链接设置类 .social-link。

7.2　尺寸介绍

我们经常使用像素法来设置诸如字体、边距和填充等的尺寸（第 8 章），但实际上有很多不同的方法可以定义元素的尺寸。结果都必须可以在各式各样的计算机和设备上准确地显示多种 HTML。网络浏览器是一个由不同标准组成的巨大复杂集合体，没有人坐下来规划一下网络如何运作——随着时间的推移，由于不同的人提出了不同的样式设计的新方法，所以支持的功能像滚雪球一样聚集在一起。尺寸单位是一个随时间的推移历经多代变化的领域。

你可能会认为，对我们来说，做我们一直在做的事情是最容易的，比如总是用像素（px）来指定尺寸——毕竟，屏幕不就是一个巨大的像素网格吗？

如果世界上每个人都有完全相同的屏幕尺寸和分辨率，确定一个元素的大小会很方便，但事实并非如此，有些屏幕将许多物理像素合并成较小数量的虚拟像素。这意味着，当你把某样东西的尺寸调整到在你的屏幕上看起来不错时，使用低分辨率屏幕的人可能会发现元素的尺寸大得不正常，而使用高分辨率屏幕（比如 iPhone 或 iMac 上的 Retina 显示屏）的人又会觉得它非常小（如图 7-6⊖所示）。

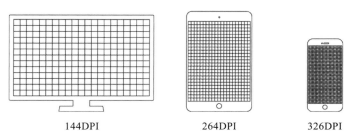

144DPI　　　　　264DPI　　　　　326DPI

图 7-6　不同尺寸的显示器的像素密度大不相同

好消息是，现在的浏览器可以放大和缩小，这使事情变得更容易，但这可能导致使用绝对尺寸的 Web 布局混乱。此外，现代设备可以缩放它们的输出，这使得像素密度高的屏幕像普通的低密度屏幕一样工作。

在过去的几年里，公认的最佳实践主要是使用相对尺寸，即根据其他元素的尺寸，甚至是屏幕的尺寸来设计元素的尺寸。例如，对于标题，你可以（使用 CSS）说："我希望我的标题文本是默认文本大小的四倍。"剩下的事情浏览器会解决。

⊖　DPI 是指"每平方英寸的点数"，在这里，"点"是像素的同义词。

这种相对尺寸有助于处理不同屏幕尺寸的问题，也可以方便地调整页面内容的大小。不过，如果你想的话，你可以在任何地方使用绝对尺寸，因为浏览器的很多问题都已经解决了，但在大多数情况下，坚持惯例并使用相对尺寸还是要简单得多。

本章的其余部分将详细介绍一些最常见的单位，它们的用途以及注意事项。

7.3 像素

CSS 中的像素（px）和点（pt）是绝对测量单位，像素的定义是 1/96 英寸，点的定义是 1/72 英寸。从现在开始，我们将忽略点，因为它的工作原理与像素一样（只是基本尺寸不同），没有人真正把它用于 Web 尺寸（它是印刷设计界的产物）。另一方面，像素更加实用（方框 7-1）。

方框 7-1：样式说明：反像素主义者

随着你对网络开发的理解的不断深入，你将不可避免地遇到那些反对像素的人。他们认为，你永远不应该使用绝对尺寸，而应该永远使用相对尺寸。事实是，做任何事情都依赖时间和地点，即使像像素这样的绝对单位也不例外。

有时感觉像素法更好或更有意义（从主观性上来说），比如外边距和内边距（第 8 章）。当然，你可以用我们下面即将学习的一些相对方法来定义它们，即根据周围的尺寸大小来定义所有的内边距和外边距，但是比较好的做法是，无论用户缩放到什么级别，元素周围都会有 40 像素的内边距和外边距。

真正决定是否使用像素的因素是如何使用你所设计的内容。如果像素使你的工作更容易，而且它被用在一个不会导致布局混乱的地方，那么你便可以放心大胆地使用它。要明确的是，如果你收到用户的投诉说网站是破碎的，你很可能要重新调整为相对尺寸。

如果你想以一种不依赖于浏览器或屏幕分辨率或页面上其他东西的方式来定义一个元素的大小，使用绝对定义的单位比较好，但它可能导致元素的大小完全不适合用户设备。这种类型的单位本身不是一件好事，也不是一件坏事。你只是需要注意，任何使用绝对尺寸的元素都不会相对于页面上的其他元素进行调整——许多网站都有绝对尺寸和相对尺寸的元素混合。诀窍在于知道在何时使用何种单位。

例如，如果你的网站上有横幅广告图，你是根据元素的大小来出售该广告空间的（最常见的广告之一是 728 × 90 像素的排行榜广告，如图 7-7 所示）。在这种情况下，你希望广告被定义为绝对尺寸，而不是相对尺寸（毕竟，你是在出售屏幕空间，你要确保广告的尺寸与商家所支付的一致）。

这类广告，你知道的

图 7-7　你已经在无数地方看到过这种广告

图片的大小也是由浏览器决定的，因此，图片的 1 像素等于浏览器上的 1 像素。可以使用相对尺寸并让浏览器调整图片的尺寸，但图片的默认大小是 1 像素对 1 像素。这也是在浏览器中绝对不能将图片的默认尺寸放大的原因——调整大小只能是为了缩小图片，否则，浏览器必须将图片的像素分散到屏幕的多个像素上，这会使图像看起来很糟糕（如图 7-8 所示）。

这一切听起来是很合理的，对吗？如果 96 个像素等于一英寸，为什么我们不能用 px 来衡量一切呢？不要操之过急。事实证明，由 96 个像素组成的"屏幕英寸"实际上并不总是与现实中的英寸相同——为了使这种测量方式准确，每个屏幕的像素密度都必须是每英寸 96 个像素。

图 7-8　像素分散后的糟糕效果

不幸的是，正如本章开头提到的，现实情况并非如此。现代智能手机和高端显示器的像素密度为每英寸 400 像素以上，而且在其上运行的操作系统通常是可伸缩的，这意味着你在屏幕上看到的东西可以以一种不依赖于显示器中物理像素数量的方式调整大小——一堆较小的物理像素被打包成一个较大的"虚拟"像素。关键是，软件层面的像素不再与物理像素直接相关。因此，96 像素线条的确切长度很难保证对所有用户和屏幕都是通用的。

你经常在网上看到的使用像素尺寸的一个地方是定义字体大小，它决定了页面上文字的大小。你会发现，这也是"像素与非像素"争论最激烈的地方。字体的绝对大小盛行的部分原因：一是使用像素大小是计算机上定义字体大小的唯一方法，这是时代遗留的产物；二是有些人习惯了印刷设计的惯例，即有设计要求说"这个字体应该正好是 24 像素"。当从印刷品过渡到屏幕时，熟悉印刷品绝对尺寸的人把他们的习惯带到了网络上。因此，如果 Photoshop 中的设计有一个 24 像素的字体，他们就会把网站上的字体设计成 24 像素。

在几乎所有的屏幕都具有相同特性（而且没有其他选择）的时期，绝对尺寸是很好的，但是随着时间的推移，屏幕尺寸、分辨率和密度不断增加，绝对字体尺寸的不灵活性使得相对尺寸成为首选方法。

还有一个注意事项，应该会让你不想使用像素来设置字体：如果你使用像素来设置字体大小，然后想改变一些大小（无论是针对特定于移动设备的视图，还是仅仅因为你不喜欢它的外观），你将不得不去改变每一个你定义了字体大小的地方。如果你对这些字体使用了相对值，你就可以只在一个地方进行修改，其他一切都会继承新样式，同时仍按照比例显示。

所以，在这些你不应该使用像素定义字体大小的警告之后，让我们在一个快速的像素小练习中使用像素定义字体和元素的大小。我们将设置 .bio-box 的宽为 200px，并将 h2 元素的字体大小设置为 30px，如代码清单 7-5 所示（我们将在 7.6 节撤销这个字体大小）。

代码清单 7-5　使用像素值对元素进行样式设计

index.html

```
/* GLOBAL STYLES */
.
.
.
h2 {
  font-size: 30px;
}
```

```
/* BIO STYLES */
.
.
.
.bio-box {
  border: 1px solid black;
  width: 200px;
}
```

保存并刷新，页面效果如图 7-9 所示。

练习

你可以（也应该）用像素来设置边框的宽度。试着将 .bio-box 的边框宽度修改为 10px。

7.4　百分比

在前面，我们已经使用过百分比来设置元素的大小（6.3 节），从中你可以猜测，当你试图使用相对大小来强制使一个元素填充整个网页空间时，你便能体会到这种方式多么实用。但这也存在一些问题：

❑ 百分比大小是基于一个元素的父容器的，而不是基于浏览器或整个页面的大小；

❑ 高度使用百分比会有点奇怪，因为这需要给父元素设置一个高度——它们不能像假设宽度那样假设一个高度。

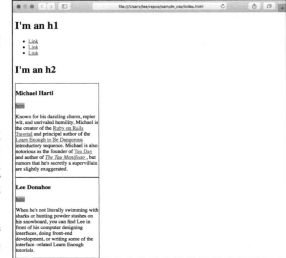

图 7-9　调整大小后的元素

让我们看看百分比是如何工作的，你就会明白我在说什么了。添加一个新的 div，将四个 .bio-box 包裹起来，并将该 div 的类设置为 bio-wrapper（如代码清单 7-6 所示）。

代码清单 7-6　给 bio-box 添加一个容器，并给它设置一个类

index.html

```
<div class="bio-wrapper">
  <div class="bio-box">
    <h3>Michael Hartl</h3>
    <a href="https://twitter.com/mhartl" class="social-link">
      here
    </a>
.
.
.
    <div class="bio-copy">
      <p>
        The Future
      </p>
    </div>
  </div>
</div>
```

这个容器将成为决定子类 .bio-box 大小的父类容器，我们将为其设置一个百分比的宽度。添加一个样式声明，将这个新类的宽度设置为 500px，同时将 .bio-box 的宽度从代码清单 7-5 中的 200px 改为 50%，如代码清单 7-7 所示。

代码清单 7-7　改变父类容器的宽度

index.html

```
.bio-wrapper {
  width: 500px;
}
.bio-box {
  border: 1px solid black;
  width: 50%;
}
```

页面显示依旧拥挤（如图 7-10 所示）。

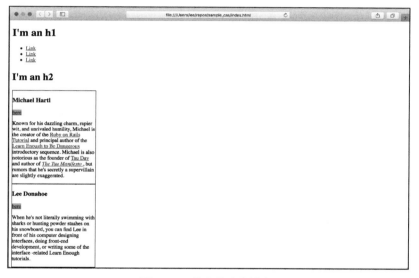

图 7-10　狭窄的方框空间

这些方框空间之所以小，是因为它们的宽度设置为 250px（500px 宽的父级的 50%）。为了让它们在整个页面上舒展，我们需要让它们的父级也在整个页面上伸展。做到这一点的一个方法是删除 .bio-wrapper 的宽度，然后保存并刷新。浏览器会认为 .bio-box 的宽度是基于浏览器的宽度（如代码清单 7-8 所示）。

代码清单 7-8　样式声明可以是空的

index.html

```
.bio-wrapper {
}
```

现在，父级横跨整个窗口，子盒子变大了（如图 7-11 所示）！

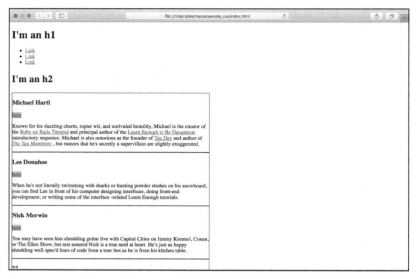

图 7-11　现在，这些盒子占据了浏览器窗口 50% 的宽度

如上所述，百分比单位在宽度等维度上很好，但在高度上表现不太好，而且它们对粗细完全不起作用——这意味着你不能用百分比来做边框。为了让百分比高度产生效果，父级需要设定高度（即使如此，事情也会变得很奇怪）。

那么，如果你想要一个与浏览器窗口一样高的盒子呢？你会认为设置一个样式使其高度为 100% 就可以了，但这并不奏效。为了理解我们的意思，在页面顶部的 h1 上面添加代码清单 7-9 的代码。

代码清单 7-9　为一个快速复杂的示例添加一个测试元素

index.html

```
<div style="border:1px solid #000;width: 50%;height:100%;">I'm a percent test</div>
<h1>I'm an h1</h1>
.
.
.
```

这会为你提供一个宽度为页面一半的盒子，但令人惊讶的是，它的高度仅为 div 中内容的高度（如图 7-12 所示）。

让我们看看，如果我们给页面 body 元素设置一个高度的样式会发生什么，如代码清单 7-10 所示。保存并刷新，你会发现百分比测试框已经变得非常高了（如图 7-13 所示）。

代码清单 7-10　为父元素添加一个绝对高度

index.html

```
/* GLOBAL STYLES */
body {
  height: 800px;
}
```

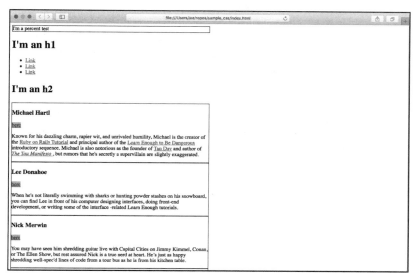

图 7-12　与你所期望的高度（100%）不太一样

图 7-13　一个更有效的高度：100%

这里发生了什么？当你以百分比指定高度时，父容器必须设置了某种高度，以便应用子元素的百分比高度。否则，浏览器就会设置该元素的高度为包含其内容所需的最低高度。

尽管我们让百分比高度生效了，但有时它的行为会与你的期望不同，因为它取决于父容器的最终高度。如果父容器最终很高，你可能会发现百分比高度的子容器在屏幕上显示的高度远远大于你想要的。或者，如果你无意中添加了一个样式，删除了父级的高度设置，那么具有百分比高度的子元素会突然只有它所包含的内容的高度（如图 7-12 所示）。

如果这听起来令人困惑，请不要担心——我们将在本书的后半部分学习让元素占据一定比例空间的其他解决方案，在 7.7 节，我们将介绍用 vh 和 vw 单位使元素与浏览器大小相同的方法，然后在第 11 章，我们将使用 flexbox 方法来设置占据父元素任意大小的高度。

同时，你应该删除代码清单 7-9 中的百分比测试 div，并确保同时删除代码清单 7-10 中的样式。

百分比字体

你可以使用百分比来设置文本大小，但有一点你必须考虑。如果你使用百分比设置文本大小，那么产生的字体大小不是基于容器的像素尺寸，而是基于该容器所继承的字体大小样式。所以，盒子本身可能有 1000px 高，但如果它继承了 16px 的字体大小，而你把一个子元素的字体大小设置为 50%，你将得到一个 8px 的字体（16px 的 50%），而不是你可能认为的 500px 的字体。

　　事实上，百分比尺寸使用不同的来源来调整盒子的高度和宽度（基于元素的实际像素尺寸），而不是调整文本大小（基于继承的字体大小），这就是它很少用于调整文本大小的原因。大多数人发现，用百分比的方法调整盒子类型元素的大小，用相对大小的方法调整字体的大小，更容易一些。

　　再次强调，如果这一切听起来令人困惑，不要担心——7.5 节将使用 em 单位更详细地解释此类设置，em 单位的运作原理与百分比相似。然而，与百分比不同的是，em 经常被用来设置文本的大小，而较少被用来设置盒子的大小（预警：这是另一个不同观点的交锋）。

练习

　　1 尝试给 .bio-box 设置 10% 的外边距。这将使所有盒子远离它的邻居，距离为父容器的10%，垂直边距也一样。眼尖的读者可能会注意到垂直边距的一些奇怪之处，我们将在 8.6 节讨论。

　　2. 为了了解百分比字体大小的累积方式，将 .bio-box 的字体大小设置为 150%，然后将 .bio-copy 的字体大小也设置为 150%。最终的结果将是 16px（页面基本字体大小）的 150% 的 150%，即以像素为单位……

7.5　em

　　em 是一个相对大小的单位，通常用于设置文本的大小（大多数人认为这是首选方法）。这个名字来自字母 m 的近似宽度。在 CSS 中，一个 em 代表一个像素数，等于给定元素的父容器的当前字体大小。如果没有继承的字体大小，那么就会使用默认的页面字体大小。

　　对于纯文本（也就是说，不是像 h1 标题那样的东西），默认大小是 16px，所以一个 em 的默认大小也是 16px。em 的几分之一代表整个字体大小的几分之一，例如，如果字体大小是 16px，0.5em 的单位就是 16 的 50%，即 8px，2.25em 就是 16 的 225%，即 36px。

　　与像素相比，em 的作用之一是，它们会根据它们所继承的父级对象的字体大小自动改变数值。这意味着，如果你在整个网站上使用 em，你可以通过改变一个基础字体的大小来修改整个网站的文本，即所有子容器中的字体都会根据这个新声明的字体大小按正确的比例调整。如果你使用像素，就必须手动更改每一处声明中的字体大小。

　　例如，假设我们将 .bio-copy 中的字体大小设置为 0.5em，如代码清单 7-11 所示。因为整个页面的默认基本字体大小是 16px，所以浏览器中的结果是很小的 8px 文本，如图 7-14 所示。

代码清单 7-11　改变 .bio-copy 中的字体大小

index.html

```
/* BIO STYLES*/
.
.
.
.bio-copy {
  font-size: 0.5em;
}
```

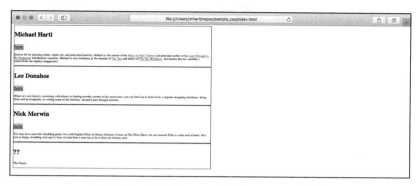

图 7-14 缩小到 0.5em 后的 .bio-copy 文本

现在让我们看看改变父元素的字体大小的效果。在代码清单 7-6 中，我们添加了一个 .bio-wrapper div 来包裹简介盒子，所以我们可以通过添加一个 CSS 规则来重新设置基础字体的大小，如代码清单 7-12 所示。代码清单 7-12 中的新规则将字体大小从默认的 16px 改为 24px，因此 .bio-box 中 0.5em 的字体大小现在是 24 的 50%，即 12px。

代码清单 7-12 设置新的基础字体大小

index.html

```
.bio-wrapper {
  font-size: 24px;
}
```

为了确定实际字体大小，浏览器会按照父元素与子元素的树状关系向上检索，直到找到一个字体大小设置为绝对值的父元素，然后再沿着树状关系向下计算来设置字体大小。如上所述，如果没有这样的绝对值，页面的默认值就是 16px，但是通过将父级 div 改为 24px，我们成功改变了所有子元素的默认值。

因此，0.5em 的字体大小不再是 16 的 50%，而是 24 的 50%，即 12px。简介盒子中的字体大小自动从图 7-14 中的 8px 增加到 12px，如图 7-15 所示。

em 单位的一个重要属性是：它们是累积的。如果一个字体大小为 0.5em 的元素出现在一个字体大小也是 0.5em 的元素里面，那么这个底部子元素的

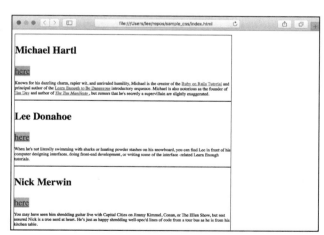

图 7-15 .bio-box 中的 .bio-copy 字体已自动加大

字体大小就是 $0.5 \times 0.5 = 0.25$em。如果基础大小是 24px，这意味着嵌套最深的元素是 24px 的 25%，即 6px。你必须注意这种累积效应，它可能是有帮助的，也可能会导致无意的显示错误。

在结构上，我们当前的页面由嵌套的 div 组成，.bio-copy 嵌套在 .bio-box 里面，.bio-box 嵌

套在 .bio-wrapper 里面。我们已经将 .bio-copy 的字体大小改为 0.5em（如代码清单 7-11 所示），如果我们将 .bio-box 的字体大小也改为 0.5em（如代码清单 7-13 所示），结果将是 24 的 50% 的 50%，即 6px。

代码清单 7-13　为 .bio-box 添加相对字体大小

index.html

```
.bio-box {
  border: 1px solid black;
  font-size: 0.5em;
  width: 50%;
}
.bio-copy {
  font-size: 0.5em;
}
```

看看生成的极小的字体（如图 7-16 所示）。

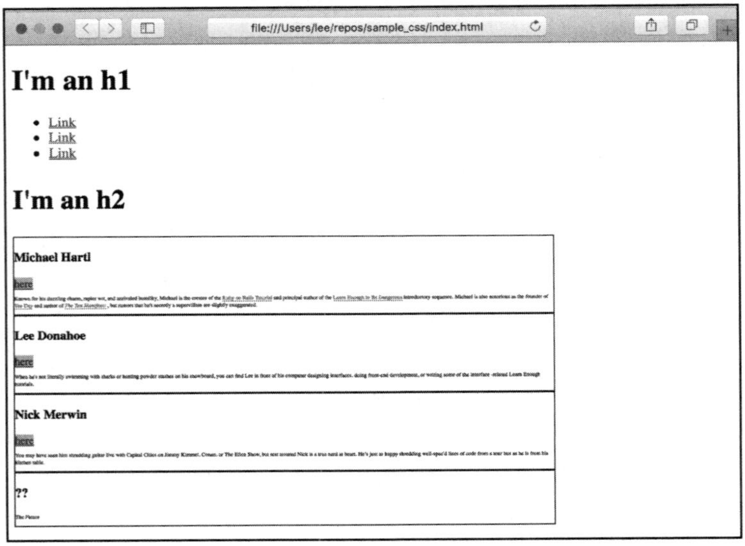

图 7-16　字体小得无法看清

如上所述，发生这种情况的原因是："从 .bio-copy 开始，浏览器向上一级到父级，得到一个字体大小的设置，于是认为字体应该是这个父级大小的一半，但是 .bio-box 的大小也是相对的，所以我们再向上检索，直到找到一个绝对的字体大小。"再向上一级，浏览器发现 .bio-wrapper 声明将字体设置为 24px，所以现在它可以向下进行设置，将 .bio-box 设置为 12px，然后将 .bio-copy 里面的内容设置为 6px。

还有另外一种方式。如果我们把 .bio-box 和 .bio-copy 的字体大小都设置为 1.5em，我们最终会得到一个相当于 54px（24px × 1.5 × 1.5 = 54px）的巨大字体，如图 7-17 所示。

现在我们已经看到了一些非常古怪的数值，让我们把简介改成使用更合理的字体大小 1em（如代码清单 7-14 所示）。

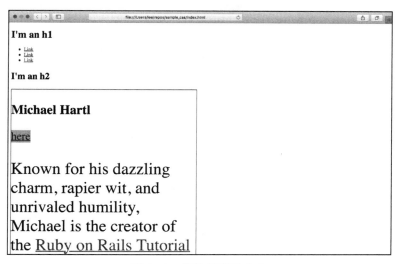

图 7-17　字体又变得太大

代码清单 7-14　给简介设置合理的字体大小

index.html

```
.bio-box {
  border: 1px solid black;
  font-size: 1em;
  width: 50%;
}
.bio-copy {
  font-size: 1em;
}
```

　　到目前为止，我们只把 em 用于字体，但 em 单位也可以用于诸如 margin、padding 和 width（第 8 章）。在这些情况下，你必须记住：em 的大小是基于本地字体大小的，所以如果你用 em 为一个对象设置宽度，它的大小将基于该元素内的字体大小。例如，如果一个元素计算出的字体大小最终是 16px，而你将 padding 设置为 1.5em，那么 padding 最终将被设置为 $1.5 \times 16px = 24px$。

　　听起来很困惑？图 7-18 展示了一个快速图解说明。

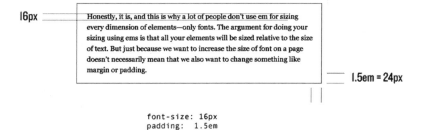

图 7-18　根据字体大小计算框内尺寸

使用 em 来确定大小的理由是，你的所有元素，以及它们的属性，如 padding 和 margin，都将基于文本的大小。但是，有时我们想增加页面上的字体大小，并不一定意味着我们也想改变 padding 和 margin。有时你想让容器保持不变，而只让里面的内容发生变化，所以根据一个容器内的文本来确定其他尺寸可能会很不方便。因此，在本书中，我们将主要在字体中使用 em 单位，但偶尔也会在 padding 或 margin 中使用它，因为这对设置尺寸有所帮助。

预警：由于主观判断的差异，这也是交锋极其激烈的领域。

练习

1. 给 .bio-box 类一个 2.5em 的 padding，看看在小尺寸时，padding 看起来多合适。

2. 将 .bio-box 的字体大小设置为 48px，看看现在方框中的 padding 在整个浏览器宽度中的占比情况。

3. 将 .bio-box 的 padding 设置为 20px，看看这如何使空间大小与内容大小分离。

7.6　rem

em 单元的累积效应（7.5 节）有时会使布局设计变得困难，因为它使我们很难将页面的各个部分放入其他部分，并确保不会出现一些奇怪的累积尺寸问题（回顾 6.4 节的目标，使我们的标签尽可能地模块化，并像乐高积木一样）。在 CSS 发布后的几年里，浏览器实现了一个新的相对单位，它允许我们创建模块化的部分，这些部分可以放在页面上而不存在尺寸的不确定性，即 rem（全称 root em）。

rem 单位的工作原理与 em 类似，即它是绝对字体大小的一个百分比，但 rem 单元不是基于整个父子树状关系的累积大小，而是始终参照 HTML 标签的字体大小——换句话说，它始终参照整个页面最基本的字体大小。如 7.5 节所述，这个默认大小是 16px。

实际上，rem 单位类似整个文档的设置，所以你既可以设置方框等元素的大小，也可以设置字体大小，并且让它们都绑定到同一个值上：HTML 元素的字体大小。如果你想让所有东西都变大或变小，你可以只改变这一个字体大小，页面上的所有东西都会以一种可控的方式调整。

在开发模块时，rem 与 em 结合使用十分高效。最好的做法是用 rem 为模块容器设置一个字体大小，然后用 em 设置里面的字体样式。因为 rem 的值是绝对值（与页面字体大小有关），你不需要担心 em 的累积性质会一直向上检索并继承字体大小，导致框内的所有东西都变得很小或很大（7.5 节）。这种样式设计允许你创建可以安全地放入页面任何部分的模块，同时保持使用相对字体大小的优势。

为了展示，让我们把 .bio-box 的大小设置为 1rem，然后添加一个新的声明，把标题 h3 设置为 1.5em，把 .bio-copy 设置为 1em。

代码清单 7-15 展示了整个 CSS 块——如果你没有同步，可以复制粘贴。注意代码清单 7-15 删除了代码清单 7-5 中的 h2 规则。

代码清单 7-15　到目前为止，带有新字体大小的 CSS 部分

index.html

```
<style>

  /* GLOBAL STYLES */
  a {
    color: #f00;
  }

  /* SOCIAL STYLES */
  .social-link {
    background: rgba(150, 150, 150, 0.5);
    color: blue;
  }

  /* BIO STYLES */
  .bio-wrapper {
    font-size: 24px;
  }
  .bio-box {
    border: 1px solid black;
    font-size: 1rem;
    width: 50%;
  }
  .bio-box h3 {
    font-size: 1.5em;
  }
  .bio-copy {
    font-size: 1em;
  }
  .bio-copy a {
    color: green;
  }
</style>
```

现在，整个页面将被设置为与 HTML 默认字体大小 16px 相同的大小，而简介中的标题将始终是该大小的 1.5 倍，即使 .bio-wrapper 被设置为一个非常大的 24px。同时，简介副本将保持页面的默认大小。如果我们决定要让网站上所有的副本都变大，我们可以很容易地用一个规则来重新设置默认大小，例如：

```
html {
  font-size: 18px;
}
```

通过代码清单 7-15 中的改变，方框中的所有副本都会调整大小，但会保持一定的比例，没有任何累积效应（如图 7-19 所示）。当你需要设计一个在不同设备上都显示良好的网站时，比如台式计算机和移动电话，所有这些便利就变得很重要了。我们将在第 13 章进一步讨论这个重要问题。如果你在 HTML 元素上添加了 18px 字体大小的样式，现在就去把它删除吧。

练习

1. 复制第一个 .bio-box 里的所有内容，并将其粘贴到 h1 里面。你应该了解到：rem 的大小允许整个部分是模块化的，并保留设定的样式。

2. 在 CSS 中，将 .bio-box 的字体大小从 1rem 改为 1em，并查看修改后效果。

7.7　vh，vw：新时代的产物

说到移动端比较友好的单位，我们现在有两个新的尺寸单位，它们对响应式（移动设备）布局非常有用：窗口高度（vh）和窗口宽度（vw）。这些单位允许我们根据浏览器窗口或移动设备屏幕的实际尺寸来确定页面上元素的大小。每一个 vh 或 vw 是相应屏幕尺寸的 1%，所以 3vh 等于屏幕高度的 3%，100vw 等于宽度的 100%。

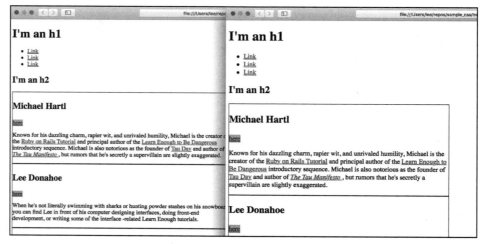

图 7-19　16px 的基本字体大小在左边；18px 的大小在右边，两者都按比例缩放

vh 和 vw 都不受父元素的影响，也没有任何奇怪的累积继承问题——一切都由浏览器窗口或设备屏幕的尺寸决定。直到最近，这些单位还没有被所有的浏览器可靠地支持，但只要你的大部分用户不是使用非常老的浏览器，你就可以放心地使用 vh 和 vw 来做一些有趣的事情，比如你可以设计一些无论窗口大小如何，都充满浏览器窗口的内容。

我们将使用窗口单位为我们的网站添加 hero 部分，这包括在页面的顶部添加一个引人注意的区域，其中包含一个醒目的图片、一个行动口号等。我们首先将测试页面的顶部部分包裹在一个新的 div 中，该 div 有两个类：.full-hero 和 .hero-home（如代码清单 7-16 所示）。我们将在 8.3 节开始使用 .full-hero，在第 10 章开始使用 .hero-home。

代码清单 7-16　在内容周围添加一个容器，并赋予其类名

index.html

```
<div class="full-hero hero-home">
  <h1>I'm an h1</h1>
  <ul>
    <li>
      <a href="https://example.com/" class="social-link">Link</a>
    </li>
    <li>
      <a href="https://example.com/" class="social-link">Link</a>
    </li>
    <li>
      <a href="https://example.com/" class="social-link">Link</a>
```

```
      </li>
    </ul>
  </div>
```

请注意，代码清单 7-16 也包括了 7.1 节中的练习结果，即给每个 li 里面的链接添加 .social-link 类。

有了代码清单 7-16 中定义的类，我们就可以开始给 hero 部分添加一些样式。如代码清单 7-17 所示，我们首先添加一个背景颜色，并使用 50vh 添加一个等于视口 50% 的高度。

代码清单 7-17　根据浏览器的大小添加一个高度

index.html

```
/* HERO STYLES */
.full-hero {
  background-color: #c7dbfc;
  height: 50vh;
}
```

请注意，这个方框并没有完全置顶，而是在顶部、右侧和左侧还有额外的空间（如图 7-20 所示）。

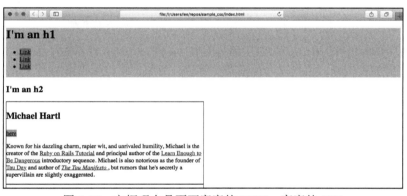

图 7-20　方框现在是页面宽度的 100%，高度的 50%

图 7-20 中的额外空间是浏览器在 html 和 body 标签上添加的默认外边距造成的，这是一种我们在 4.3 节中简单提到过的间距，在第 8 章中会有更多的介绍。h1 周围的间距也有个问题，其单独默认的外边距由于称为外边距折叠（将在 8.2 节进一步解释）的东西而穿透到了父标签 .full-hero 的边界中。

解决办法是用 CSS 来重置默认样式。我们将在 9.6 节中实现完整的 CSS 重置，但现在让我们通过添加代码清单 7-18 中的样式来进行快速修复。

代码清单 7-18　重置默认的 margin 和 padding

index.html

```
/* GLOBAL STYLES */
.
.
html, body {
  margin: 0;
  padding: 0;
```

```
}
h1 {
  margin-top: 0;
}
```

现在，hero 区域占据了网站的整个顶部部分（如图 7-21 所示）

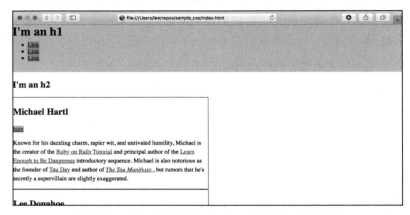

图 7-21　去除页面周围的空白会让网页显示更美观

如果你曾经访问过有一张占满页面顶部的大图片的网站，那么他们很可能就是这么做的。

和其他所有的值一样，窗口尺寸也适用于字体。例如，我们可以用 7vw（如代码清单 7-19 所示）来设置 h1 的字体大小，使其等于浏览器窗口宽度的 7%。

代码清单 7-19　定义一个相对于浏览器宽度的字体大小

index.html

```
h1 {
  font-size: 7vw;
  margin-top: 0;
}
```

图 7-22 展示了一个可能的结果，但如果你调整浏览器的大小，你会发现字体大小的变化。

图 7-22　更大的字体使网页更易读

尽管窗口尺寸很有用，但如果我们把它们用于一切，我们的网站在移动端或桌面端上就会看起来很糟糕（取决于你设计页面时使用的平台）。桌面窗口比移动窗口大得多，所以为移动屏幕设计的元素在桌面端上会非常大，而为桌面屏幕设计的元素在移动端上看起来非常小。

解决方案是使用媒体查询，它允许我们根据用户浏览器窗口大小为元素设置不同的样式。我们将在第 13 章介绍这一重要技术。

练习

1. 我们只在一个字体上使用了 vw 单位，当然它也适用于元素的宽度。使用 vw 单位，将 .full-hero 类设置为占窗口宽度的 75%。

2. 猜猜还可以用 vw 做什么？我们将再次让你大开眼界……你可以用 vw 来设置高度，用 vh 来设置宽度。在你想做一个响应式正方形（所以你需要高度和宽度相同）的时候，这点非常有用。尝试一下，将 .full-hero 的高度和宽度都设置为 50vw。

7.8　使网页美观

在结束对 CSS 尺寸的讨论前，我们将对如何选择美观的文本样式（例如，字体大小）做一些说明。

在选择字体大小时，我们的目标应该是使页面上的文字可读。漂亮的文本高度应该在 14px 和 18px 之间。

默认的 16px 正好在 14～18px 的中间，但如果你使用 1.33em 这样的小数尺寸，基本单位 1em 等于 16px 会使数学计算变得有些困难。如果出于某种原因，你关心精确的像素尺寸，有一种方法可以用来把 em 和像素精度结合起来——给 body 设置一个 62.5% 的字体尺寸，这使得页面上其他地方的 1em 等于 10px（16px 的 62.5%）。在网页设计界，这有时被称为 "62.5% 技巧"。

尽管我们欢迎你使用 62.5% 技巧，但我们认为，当涉及字体时，最好不要用绝对像素来思考——你没有理由需要精确的尺寸，因为在显示同一个元素时，不同的浏览器会有差异。另外，尽管 62.5% 技巧给了你精确的字体大小，但你也把所有内容的默认尺寸都设置为了非常小的字体——对于大多数人来说，10px 基本上是不可读的。

总结一下我们的建议：对文本使用相对单位，不要使用 62.5% 技巧，并且简单地选择一个数字，使字体大小与你的设计要求相近（请牢记）。

重要的是最终产品外观以及不同元素之间的关系。在 Web 上，试图达到像素级的完美就是一个不合理的目标，而像素级的大小实际上只是过去在 Photoshop 中做设计时的一个遗留物，在那里，元素的高度和宽度都是以像素为单位设置的。

请接受这种不确定性吧（如图 7-23 所示）！

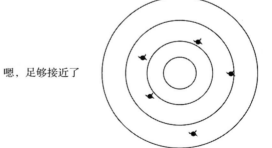

嗯，足够接近了

图 7-23　确保与预期效果相差不大

练习

1. 让我们试试 62.5% 技巧。将你测试页面的 body 设置为 62.5% 的字体大小。请注意，大多数文本都变小了，但 .bio-box 除外，由于 rem 的存在，它们的大小仍然是根据 html 字体大小来确定的。

2. 将 h1 的字体大小改为 20px，然后，在看到它的样子后，将它改为 2em，应该没有任何变化。

3. 删除类 .bio-wrapper 上的字体大小，然后将 .bio-box 的字体大小设置为 1em，观察新的默认字体大小。

第 8 章　*Chapter 8*

盒子模型

在第 7 章中，我们了解了如何设置尺寸，在本章，我们将把这种尺寸调整应用于网页设计中最重要的概念之一：盒子模型。

你可能还记得 4.3 节，在渲染 HTML 时，浏览器将页面视为包含不同内容的方框的集合。除了高度和宽度之外，方框还可以设置边框（围绕方框的一条线）、外边距（与其他方框的距离）和内边距（方框内部的内容与边框的距离）。

CSS 盒子模型是应用于元素的高度、宽度、边距、填充和边框等所有规则的统称。图 8-1 所示是默认的 HTML 盒子模型，盒子模型的元素之间的相互作用、样式应用，以及样式书写方式，都将在本章介绍，并学习一些让盒子彼此相邻的方法，并为从第 9 章开始的将盒子模型应用到整个网站奠定必要的基础。

图 8-1　默认的 HTML 盒子模型

8.1　内联元素与块级元素

我们将通过讨论间距和边框对内联元素和块级元素的不同影响来开始对盒子模型的介绍。我们在方框 3-1 中讨论过这两种元素，它们在盒子模型中的表现不同，所以在一开始就澄清这些差异很重要。

内联元素，如 span 或 a，只可以在左边和右边应用外边距和内边距（顶部或底部不可以），而且它们不能通过 CSS 设置宽度和高度。而块级元素没有这些限制。

令人困惑的是，一些样式会使内联元素转换为块级元素，如 4.2 节中让链接围绕封面图片浮动。浮动元素就变成了块级元素，可以有上下外边距和内边距，以及以前不能使用的高度和宽度等维度。改变元素在页面上的位置，也可以把它从内联元素变成块级元素（将在 9.8 节进一步讨论）。

不过，你不必依赖这种奇怪的方式将元素从内联元素变成块级元素，你可以用 CSS 直接强制改变。实际上，display 的很多属性值会影响元素的绘制方式，而且还在不断地增加。不过，在本书中，我们只考虑其中最重要的五个。让我们一起来看看吧！

8.1.1　display: none

display: none 样式可以防止该元素在页面上显示。例如，尝试给 .social-link 类的规则添加 display:none，如代码清单 8-1 所示。

代码清单 8-1　从页面中删除元素

index.html

```
.social-link {
  background: rgba(150, 150, 150, 0.5);
  color: blue;
  display: none;
}
```

保存并刷新，你会看到所有社交账号的链接都消失了。这种样式通常用于隐藏交互式网站中的元素，特别是与 JavaScript 结合使用时。这里设置 display: none 只是为了演示，所以你应该在后续操作之前撤销代码清单 8-1 中的修改。

要恢复已隐藏元素的显示，只需将 display 属性设置为"none"以外的任何值，例如 initial 或 block。

8.1.2　display: block

display: block 会强制元素变成块级元素，无论它之前是什么。如果你将元素设置为 display: block 后没有设置尺寸，它就会像普通块级元素一样，占据其父元素的整个宽度。

如上所述，内联元素（如链接和 span）不能有宽度或高度，但一旦改变了 display 属性，就可以应用尺寸样式了。为了了解这是如何工作的，首先，我们给 .social-link 添加一个高度（如代码清单 8-2 所示）。

代码清单 8-2　给内联元素添加尺寸没有任何效果

index.html

```
.social-link {
  background: rgba(150, 150, 150, 0.5);
  color: blue;
  height: 36px;
}
```

保存并刷新，你会发现没有任何变化——这是因为 .social-link 是内联元素。现在添加神奇的 display: block（如代码清单 8-3 所示）并保存。

代码清单 8-3　改变 display 属性可以应用尺寸样式

index.html

```
.social-link {
  background: rgba(150, 150, 150, 0.5);
  color: blue;
  display: block;
  height: 36px;
}
```

刷新浏览器，你会看到社交账号的链接现在是 36px 高的块级元素，并贯穿其父元素（如图 8-2 所示）。

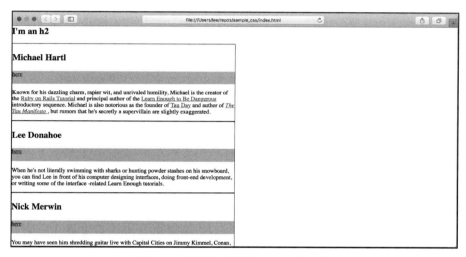

图 8-2　看看这些漂亮的灰色大矩形

8.1.3　display: inline

display:inline 会将块级元素转换为内联元素（基本上与 display:block 属性相反）。任何不适用于内联元素的样式都将不再适用（如宽度和高度、上边距和内边距）。此外，该元素将不再单独占据一行，而是像其他内联元素一样与文本一起流动。

8.1.4　display: inline-block

display:inline-block 属性是 inline 和 block 属性的混合，是一种有用的显示设置，因为它允许将通常只适用于块级元素的样式设计应用于特定元素（例如宽度和高度、上边距和内边距）。同时，它还允许元素作为一个整体充当内联元素。这意味着文本仍会围绕它流动，并且它只会占用里边内容所需的水平空间（而不是像块级元素那样横跨整个页面，除非你给它们设置宽度）。

要了解它是如何工作的，请将首页中 .social-link 的 display 设置为 inline-block（如代码清单 8-4 所示）。

代码清单 8-4　将社交账号链接的 display 设置为 inline-block

index.html

```
.social-link {
  background: rgba(150, 150, 150, 0.5);
  color: blue;
  display: inline-block;
  height: 36px;
}
```

保存并刷新，你会看到链接的高度样式生效了，但它们的宽度仅与内容等宽（如图 8-3 所示）。

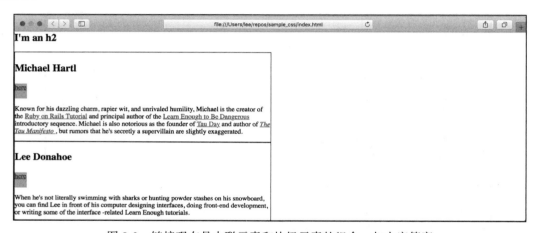

图 8-3　链接现在是内联元素和块级元素的组合，与内容等宽

最后，在 14.1 节，我们将为不同的社交媒体网站添加图标，我们希望无论这些链接里面的内容是什么，它们都有相同的尺寸。为了确保它们的大小完全相同，我们还要为社交账号的链接添加一个 width 属性（如代码清单 8-5 所示）。

代码清单 8-5　inline-block 允许给内联元素添加宽度

index.html

```
.social-link {
  background: rgba(150, 150, 150, 0.5);
  color: blue;
  display: inline-block;
  height: 36px;
  width: 36px;
}
```

现在，社交账号链接是漂亮的灰色小方块，如图 8-4 所示。

那么，网站哪些地方需要使用这种 CSS 样式呢？ inline-block 声明在制作网站导航，以及设置一组并排元素的样式时，特别有用。我们将在 8.5 节进一步讨论 inline-block 的这一方面，然后在 9.6 节制作页面导航时再次讨论。

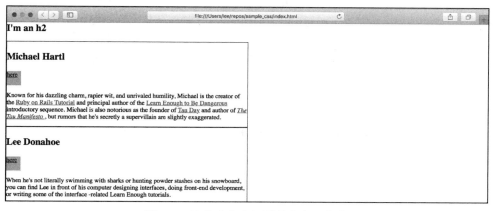

图 8-4　链接现在有相同的宽度和高度

8.1.5　display: flex

display: flex 是一个强大的 display 属性，它可以强制所有的子元素填充整个父元素，并且高度可以自定义，以实现难以置信的布局效果。flex 属性解决了 Web 布局中一些长期存在的难题。

我们不打算在这里讨论 display: flex，因为要正确理解它，确实需要一个完整的章节，我们将在第 11 章完成这项任务。

练习

1. 在类 social-link 后面，在 CSS 中添加一个名为 show 的新类，并将它的 display 设置为 block。再次将 .social-link 的 display 属性设置为 none，保存并刷新页面，所有的链接都会消失。现在选取其中一个链接，添加第二个类 show，发生了什么？

2. 再次将 .social-link 的 display 属性设置为 inline-block。现在，让我们试着将一个块级元素改为内联元素，使用 CSS 指向在 .full-hero 里面的 li，并将它们的 display 属性设置为 inline。

8.2　外边距、内边距和边框

开发人员与盒子模型交互最常见的方式是为页面上的元素添加外边距、内边距和边框，外边距和内边距属性控制元素周围或内部的空间，边框属性则指定盒子边界的外观。在这一节中，我们将首先看看这些样式是如何影响盒子模型的（其中包括一些惊喜），然后在 8.6 节我们将详细了解 margin、padding 和 border 样式在实践中是如何使用的。

我们将首先研究内边距和边框，它们在一个关键方面与外边距不同：如果你指定了一个块级元素的宽度，如 div 或 p，然后给它应用一个边框或内边距，则边框和内边距会超出内容部分，这意味着你最终会得到一个大于指定的尺寸的元素。你可能会认为，如果你指定某个元素是 200px 宽，它就会一直是 200px 宽……但是，当你为一个元素设置尺寸时，CSS 默认你只是在设置元素的内容部分（如图 8-5 所示），这往往会给学习 CSS 的人带来很多困惑，因为他们会认为元素和内容是一回事。让我们看一个例子。

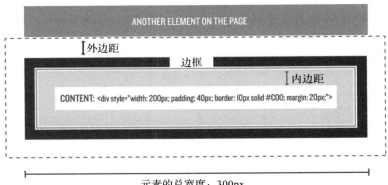

图 8-5 再次显示默认的 HTML 盒子模型

假设你创建了一个 div 并应用了以下样式：

```
width: 200px;
padding: 40px;
border: 10px solid #c00;
```

在这种情况下，整个元素的宽度最终会达到 300px，内容为 200px，左右内边距各为 40px，左右边框各为 10px（200+40×2+10×2=300px）。这就是盒子模型的原始图（如图 8-1 所示）中所示的场景，如图 8-5 所示。

也可以固定盒子的总宽度，并强迫边框和内边距被包含在里面。实现这一点的方法是使用 box-sizing 声明。为了了解它，让我们在页面上添加一些一次性元素和样式（你可以在了解 box-sizing 后删除它们）。

首先，将代码清单 8-6 中的 HTML 粘贴到测试页面的 h2 下面。

代码清单 8-6 在页面上添加一些测试元素，以展示盒子模型的属性

index.html

```
<h2>I'm an h2</h2>

<div class="test-box">
  200px wide
</div>
<div class="test-box test-box-nosizing">
  200px wide + border + padding = 300px
</div>
<div class="test-box test-box-nosizing test-box-sizing">
  200px wide + border + padding + box-sizing: border-box = 200px
</div>
```

然后，将代码清单 8-7 中的样式添加到样式块的底部（这些样式我们也会删除）。

代码清单 8-7 为测试元素添加类和样式

index.html

```
.test-box {
```

```
    background: #9db6dd;
    width: 200px;
  }
  .test-box-nosizing {
    border: 10px solid #000;
    padding: 40px;
  }
  .test-box-sizing {
    box-sizing: border-box;
  }
</style>
```

保存并刷新浏览器，你会看到各种不同宽度的盒子（如图 8-6 所示）。请注意 .test-box-sizing 类是如何迫使 div 总宽 200px 的。border-box 属性使浏览器在定义的宽度内绘制边框和内边距。

奇怪的外边距

我们已经讨论了盒子模型在涉及边框和内边距时的表现如何出人意料，那么外边距呢？你可能会认为，当两个都有外边距的元素彼此相邻时，它们的外边距总是生效。例如，如果两个元素都有 20px 的外边距，你可能会认为这两个元素最终总是相距 20+20=40px，但并不一定是这样的。

一位智者（虽然不够谨慎）曾说过

图 8-6　虽然所有的元素都被设置为 200px 宽，但结果还是不同

"经验是一切的老师"，我们将本着这种精神对页面进行修改，来展示如图 8-7 所示的两种情况。

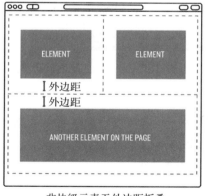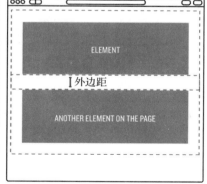

图 8-7　盒子模型如何处理块级元素和非块级元素之间的边距

首先，我们创造一种情况，使外边距确实以直观预期的方式表现出来。我们将通过改变代

码清单 8-6 中引入的测试盒子来实现这一目标，如代码清单 8-8 所示。

代码清单 8-8　改变我们的测试盒子以显示预期的外边距行为

index.html

```
.test-box {
  background: #9db6dd;
  display: inline-block;
  margin: 50px;
  width: 200px;
}
.test-box-nosizing {
  border: 10px solid #000;
  padding: 40px;
}
.test-box-sizing {
  box-sizing: border-box;
  display: block;
  width: auto;
}
```

保存并刷新浏览器，你会看到图 8-6 中的盒子都相互隔开 50px（如图 8-8 所示）。

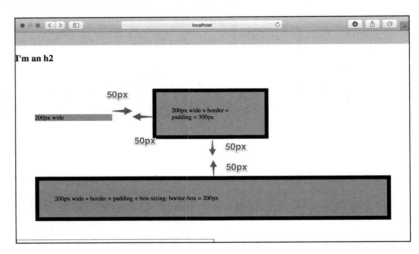

图 8-8　相信我们，它们之间的距离都是一样的

现在，我们删除 display 属性，这样代码清单 8-6 中引入的所有 div 都被还原为其默认（块级）样式，同时删除宽度样式，如代码清单 8-9 所示。

代码清单 8-9　折叠外边距

index.html

```
.test-box {
  background: #9db6dd;
  margin: 50px;
}
```

```
.test-box-nosizing {
  border: 10px solid #000;
  padding: 40px;
}
.test-box-sizing {
  box-sizing: border-box;
}
```

其结果是，很神奇地，外边距折叠了：现在所有的盒子在垂直方向上只间隔 50px，如图 8-9 所示。

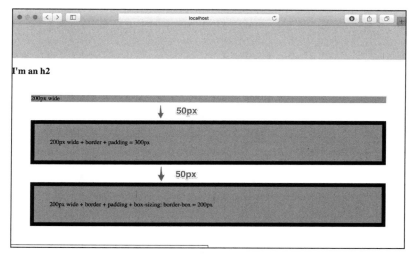

图 8-9　由于外边距折叠，距离变小了

第一个例子之所以能按预期展示，是因为前两个元素不是块级元素，所以浏览器完全遵守它们设置的外边距。但是，一旦它们成为块级元素，浏览器就只允许应用其中一个边距。

这种情况出现的原因，要追溯到 HTML 的早期（5.2.2 节），当时大多数网站对所有元素都使用浏览器的默认值（因为当时没有 CSS）。一些块级元素（如段落 p）有默认的上下边距，以使文本远离其他元素，以提高可读性，如果没有外边距折叠，那么一旦你把两个这样的元素放在一起，它们之间的空间就会很大。因此，在早期的某个时候，我们决定，当两个有外边距的块级元素彼此相邻时，其中一个顶部或底部的边距会被抵消掉。

在接下来的几节中，我们将研究如何并排放置盒子。如果你要做练习，请保存测试代码和样式，练习完成后，删除本节中的 HTML 和 CSS 样式。

练习

1. 让我们看看元素的宽度是否会影响外边距折叠。通过添加样式来改变前两个块级元素的大小：将 .test-box 的宽度设置为 200px，并将 .test-box-sizing 的宽度设置为 auto 以取消之前设置的宽度值。

2. 浏览器是如何决定使用哪个外边距值的？试着在 .test-box-sizing 类上添加一个样式，设置上边距为 100px。

8.3 浮动元素

现在我们已经了解了盒子模型中的注意事项，让我们开始使用它来设计我们的示例网站吧。设计网站时，经常需要让不同的元素在页面上彼此相邻，而新的开发者经常会遇到这样的问题：盒子模型是如何影响这项工作的。毫无疑问，使用 CSS 有很多不同的方法可以做到这一点，它们各有优缺点。没有任何一种技术可以用于整个网站，所以让我们从学习浮动元素开始。

在 4.2 节，我们使用了一个 float 属性值将图像移动到文本的左侧。其思想是，当你把一个元素设置为向左或向右浮动时（没有 float:center），它周围的所有内联内容都会像水一样围绕着浮动元素流动。只要有水平空间，浮动元素将始终位于同一行。如果元素太宽，它们会移动到下一行。

让我们看看这一点。在 .bio-box 类中添加 float:left，并添加内边距和新的（更窄的）宽度。代码清单 8-10 有新的样式。提醒：在此之前，删除 8.2 节的 HTML 和 CSS。

代码清单 8-10　目前为止首页添加的所有内容

index.html

```
.bio-box {
  border: 1px solid black;
  float: left;
  font-size: 1rem;
  padding: 2%;
  width: 25%;
}
```

保存并刷新浏览器，结果应该如图 8-10 所示。

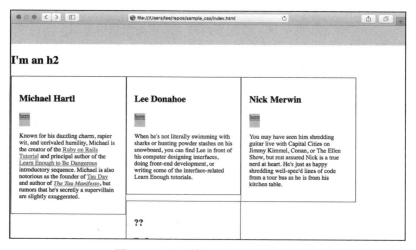

图 8-10　盒子挨在一起，但不合适

现在所有的盒子都排成一排，但为什么最后一个盒子会溢出到下一行？

这是因为 8.2 节中的盒子模型的尺寸问题！左右边框以及左右内边距被添加到每个 div 的宽度上，使每个 div 的宽度为 25% + 1px 左边框 + 1px 右边框 + 2% 左内边距 + 2% 右内边距，即每个 div 的总尺寸为（29% + 2px）乘以 4，得出 116%+8px，大于 100%。

让我们通过给 div 添加 box-sizing: border-box 样式来解决这个问题，以强制边框和内边距被包含在 div 设置的宽度内（如代码清单 8-11 所示）。

代码清单 8-11　给 .bio-box 类添加 border-box

index.html

```
.bio-box {
  border: 1px solid black;
  box-sizing: border-box;
  float: left;
  font-size: 1rem;
  padding: 2%;
  width: 25%;
}
```

现在，保存并刷新，四个盒子将连成一排，填满页面（如图 8-11 所示）！

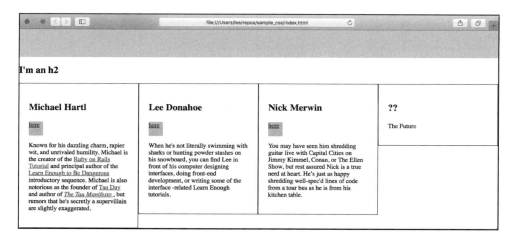

图 8-11　box-sizing 拯救了我们，现在我们的浮动盒子合适了

清除浮动

那么，为什么开发者不想总是使用浮动来让元素并排呢？

首先，浮动只有两个选项：float: left 和 float: right，但没有 float:center。这很烦人，但可以处理。更大的问题是，浏览器有时不知道应该在哪里结束浮动。当你浮动元素时，你是在告诉浏览器，你希望该元素显示在合理的"浮动"位置，但在这个起始位置之后，你希望页面的其他内容能围绕浮动元素流动。这可能会打乱盒子的有序排列，并导致一些奇怪的布局。

为了理解我们的意思，请将代码清单 8-12 中的段落添加到测试页面 .bio-wrapper 的结束标签 </div> 下面。

代码清单 8-12　在简介下面添加文本

index.html

```
<div class="bio-wrapper">
  .
  .
  .
</div>
<p>
  Learn Enough to Be Dangerous is a leader in the movement to teach the
  world <em>technical sophistication</em>, which includes both "hard
  skills" like coding, command lines, and version control, and "soft
   skills" like guessing keyboard shortcuts, Googling error messages, and
  knowing when to just reboot the darn thing.
</p>
<p>
  We believe there are <strong>at least a billion people</strong> who can
  benefit from learning technical sophistication, probably more. To join
  our movement,
  <a href="https://learnenough.com/#email_list">sign up for our official
  email list</a> now.
</p>
<h3>Background</h3>
<p>
  Learn Enough to Be Dangerous is an outgrowth of the
  <a href="https://www.railstutorial.org/">Ruby on Rails Tutorial</a> and the
  <a href="https://www.softcover.io/">Softcover publishing platform</a>.
  This page is part of the sample site for
  <a href="https://learnenough.com/css-tutorial"><em>Learn Enough CSS and
  Layout to Be Dangerous</em></a>, which teaches the basics of
  <strong>C</strong>ascading <strong>S</strong>tyle
  <strong>S</strong>heets, the language that allows web pages to be styled.
  Other related tutorials can be found at
  <a href="https://learnenough.com/">learnenough.com</a>.
</p>
```

保存并刷新页面，你会看到浮动元素使我们刚刚添加的文本从最右边的浮动元素下开始，而不是从新的一行开始（如图 8-12 所示）。

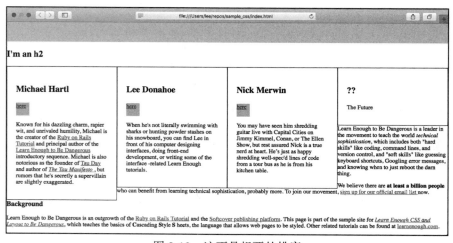

图 8-12　这不是想要的排序

在一个理想的世界里，这些段落应该延伸到整个页面，因为它们是块状元素。让它回到预期结果的一个方法是使用 CSS clear 规则，它被用来让浏览器知道要结束浮动。在这种情况下，我们可以在第一段加入 clear: left。

你可以添加一个内联样式试试（如代码清单 8-13 所示）。

代码清单 8-13　一个用于清除浮动的简单内联样式

index.html

```
<p style="clear: left;">
  Learn Enough to Be Dangerous is a leader in the movement to teach the
```

这将迫使该段处于浮动元素下面的新行中，并将阻止它后面的所有其他元素被浮动改变（如图 8-13 所示）。

如果使用了 float:right 将元素向右浮动，则需要使用 clear:right 来清除它们的浮动状态，或者（为了保险起见）可以使用 clear:both 清除两种类型的浮动。

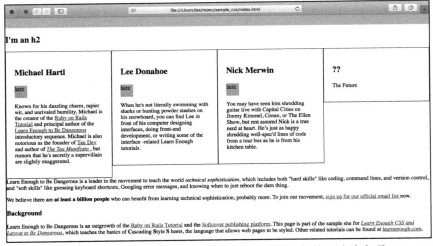

图 8-13　这很有效，但你不希望在所有元素上都管理清除事项

如果你在测试页面使用内联样式来清除浮动，你应该从 p 标签中删除该样式——仅仅是因为内联样式让人很不舒服（但有时它们在快速测试样式方面很方便）。

必须在浮动元素之后给元素添加清除样式（无论是内联样式，还是样式表）是一种痛苦，尤其是在动态网站上，该网站可能会引入一些代码片段来构建页面。你并不会总是知道哪些元素会在浮动元素之后。

一个更好的清除浮动的方法是，使用一个规则来清除容器内的所有浮动，比如代码清单 7-6 中添加的 .bio-wrapper。这个想法的目的是让 .bio-wrapper 元素和其中的所有元素，像积木一样安全地四处移动，而不需要担心未清除的浮动会破坏布局。

有两种方法可以清除容器内的浮动：overflow 和 :after。我们在此简单了解一下这两种方法，并在后续章节对 overflow 属性（8.4 节）和 :after 声明（10.3.1 节）进行更深入的介绍。

要了解 overflow 的作用，请将代码清单 8-14 中的样式添加到 .bio-wrapper 中。

代码清单 8-14　当 overflow 被设置为 hidden 时，浮动被清除

index.html

```
/* BIO STYLES */
.bio-wrapper {
  font-size: 24px;
  overflow: hidden;
}
```

保存并刷新，没有使用内联样式，也没有使用清除属性的文本段落将安全地位于浮动元素的下方（如图 8-14 所示）。

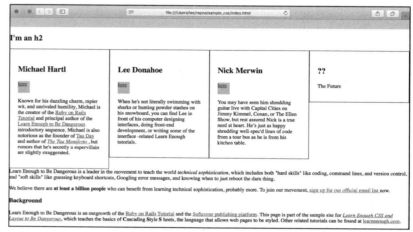

图 8-14　同样的结果，但自成一体，不需要内联样式

这种方法的问题是，如果你需要在设置了 overflow: hidden 的元素上设置高度或宽度，里面的内容可能会被截断。常见的场景是，网站导航中的下拉菜单使用了 overflow 方法清除浮动，同时也给它设置了高度。图 8-15 显示了 Amazon.com 主页的下拉菜单，如果同时设置 overflow: hidden，会是什么样子[⊖]。

图 8-15　改变元素的 overflow 会截断本应显示的部分

⊖　可以使用 Web 检查器在浏览器中动态编辑网站的 CSS，然后对结果进行截图，从而更改 Amazon 主页。

因此，如果你需要清除浮动，但又担心由于在容器上设置高度会导致内容被截断，那么可以使用 :after 方法。

让我们看看它是如何工作的。从 .bio-wrapper 类中删除 overflow: hidden，并加入代码清单 8-15 中的所有新声明。

代码清单 8-15　更复杂的 :after 方法

index.html

```
.bio-wrapper {
  font-size: 24px;
}
.bio-wrapper:after {
  visibility: hidden;
  display: block;
  font-size: 0;
  content: " ";
  clear: both;
  height: 0;
}
```

这里面有很多新东西，但不用担心。我们将在 10.3.1 节中更详细地讨论 :after。现在重要的是，:after 在 bio-wrapper 的末尾创建了一个伪元素——一种可以添加样式的伪元素。在该元素上设置 clear:both 可以清除浮动，并可以让后面的内容按预期显示。保存修改并刷新浏览器，文本仍然处于浮动元素的下面，如图 8-13 和图 8-14 所示。

练习

1. 让我们试着将一些内容浮动到另一侧，看看浮动如何改变内容的顺序。将 .bio-box 中的 float 属性改为向右浮动。请注意观察，现在哪个盒子在左侧。在浏览器中查看变化后，将 float 属性改回 left。

2. 将 :after 样式中的 clear 属性更改为清除右浮动。你应该看到，容器中的内容不再被清除浮动。你需要确保将 float 与 clear 匹配，或者使用 clear:both！

8.4　关于 overflow 样式的更多信息

在 8.3 节，我们用 overflow 来清除浮动，你可能想知道这个方法为什么有效……还有，overflow 最初是做什么的？

CSS overflow 属性告诉浏览器，如果容器设置了高度或宽度，应该如何处理里面的内容。如果容器中的内容没有填满盒子，那么 overflow 就没有任何作用，但当内容超过显示空间时，overflow 就发挥作用了。因为这个属性可以用来清除浮动，控制内容的显示方式，所以值得详细探讨。

overflow 的样式可以设置为：visible，即显示所有内容；hidden，即在容器的边界处切断内容；或者 scroll，即增加滚动条，让你可以上下或左右滚动，查看所有内容⊖。如果你曾在网站上

⊖　Mozilla Developer Network 页面（https://developer.mozilla.org/en-US/docs/Web/CSS/overflow）中有 CSS 的 overflow 属性的所有可能值列表。

的某个盒子内部滚动而不滚动整个页面，你就会看到这一点（如图 8-16 所示）。

overflow: hidden 用于清除浮动，是因为它使浏览器试图将内容完全包含在容器内。如果没有给容器设置尺寸，浏览器就会扩大容器的边界至浮动元素的末尾，然后让后面的元素在页面上正常显示。

图 8-17 展示了包含浮动元素时可能出现的一些不同溢出情况的示意图，以及为溢出设置为隐藏的元素添加高度时必须小心的原因。

图 8-16　在页面上的盒子内滚动，而不滚动页面

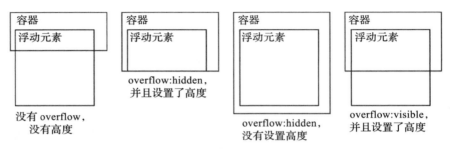

图 8-17　overflow 与容器的一些示例

为了看看不同的设置在实践中会发生什么，让我们从 overflow: hidden 开始，同时给 .bio-wrapper 设置一个背景色和高度（如代码清单 8-16 所示）。

代码清单 8-16　overflow 设置为 hidden，并给容器设置高度

index.html

```
.bio-wrapper {
  background-color: #c0e0c3;
  font-size: 24px;
  height: 300px;
  overflow: hidden;
}
```

如图 8-18 所示，所有高出容器的内容都会被截断。现在我们来试试 overflow: visible（如代码清单 8-17 所示）。

代码清单 8-17　overflow 设置为可见，并且给容器设置高度

index.html

```
.bio-wrapper {
  background-color: #c0e0c3;
  font-size: 24px;
  height: 300px;
  overflow: visible;
}
```

可以看到，内容延伸到了 .bio-wrapper 的边界外（如图 8-19 所示）。

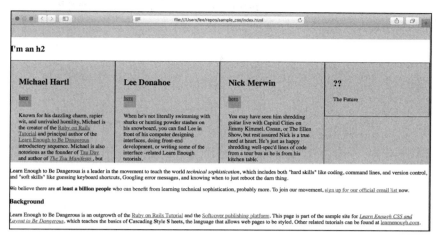

图 8-18　将 overflow 设置为 hidden，并添加高度来截断内容

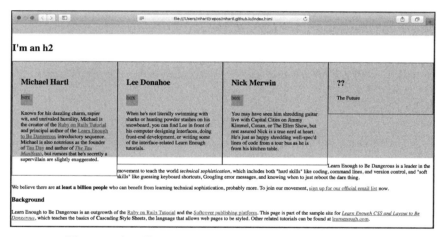

图 8-19　由于设置了 overflow: visible，内容延伸到了框外

最后，让我们尝试把值设置为 scroll（如代码清单 8-18 所示）。将 overflow 设置为 scroll，并给容器设置高度，会使内容都处于容器内部，但可以通过滚动来查看。

代码清单 8-18　将 overflow 设置为 scroll

index.html

```
.bio-wrapper {
  background-color: #c0e0c3;
  font-size: 24px;
  height: 300px;
  overflow: scroll;
}
```

现在，内容被截断了，但把光标放在绿框中，用鼠标或触控板向上或向下滚动，就能看到隐藏的内容（如图 8-20 所示）。

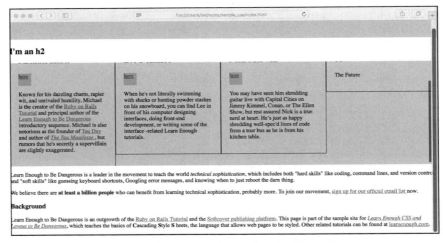

图 8-20　右边出现一个滚动条，仅适用于框内

如果你在测试页面上尝试了这些样式，请将 .bio-wrapper 恢复为代码清单 8-19 中的样式。

代码清单 8-19　将 .bio-wrapper 恢复为 overflow: hidden

index.html

```
.bio-wrapper {
  font-size: 24px;
  overflow: hidden;
}
```

8.5　内联块

让元素相邻的第二个方法是将元素设置为 display:inline-block（8.1.4 节）。这允许它们保持块级样式（所以它们可以有高度、上 / 下外边距和内边距），同时也允许我们做一些事情，比如通过在容器上设置 text-align 样式来控制元素在文本行中的位置，如使所有内容都向左、向右或向中间对齐。

在本示例中，我们要给测试页面顶部 .full-hero 中包含 .social-link 的 li 标签设置样式。首先让我们给无序列表标签 ul 一个名为 .social-list 的类（如代码清单 8-20 所示）。

代码清单 8-20　给无序列表添加一个类名

index.html

```
<ul class="social-list">
  <li>
    <a href="https://example.com/"
      class="social-link">Link</a>
  </li>
  <li>
    <a href="https://example.com/"
      class="social-link">Link</a>
```

```
    </li>
    <li>
      <a href="https://example.com/"
         class="social-link">Link</a>
    </li>
  </ul>
```

默认情况下，li 标签会生成自占一行的块级元素，同时，在每项元素的内容前面都有一个圆点⊖。为什么我们要用这样的列表来显示一个人的社交账号链接？

因为我们可以取消列表的样式，并随心所欲地使用它（去掉圆点，使其成为内联元素而不是块级元素，等等）。让 ul 标签包裹导航、菜单等内容的链接集已经成为一种惯例，因为它可以将内容分组，作为设计师，它给我们的工作提供了一个很好的结构。

所以，首先我们取消列表样式，然后给 .social-list 中的 li 添加一个声明，将它们变为 display: inline-block（如代码清单 8-21 所示）。顺便说一下，代码清单 8-21 中第 9 行的右尖括号 > 是一种更高级的选择器，称为子选择器，在方框 8-1（本节后面）中进行了简要讨论，并会在 9.7.3 节更深入地介绍。

代码清单 8-21　取消列表样式并使 li 变为 inline-block

index.html

```
/* SOCIAL LINKS */
.
.
.
.social-list {
  list-style: none;
  padding: 0;
}
.social-list > li {
  display: inline-block;
}
```

嘿，看这些元素都在同一行（如图 8-21 所示）！

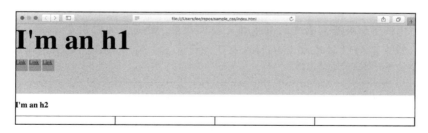

图 8-21　我们的 li 元素都在同一行，并且没有圆点了

请注意，图 8-21 中的元素之间有一些空格。这是使用这种技术的一个缺点，它是由浏览器对待 inline-block 元素的方式导致的，浏览器会把他们看做句子中的单词。有很多方法可以消除

⊖　回顾一下 3.4 节，li 标签的结果取决于父列表类型。特别是，被包裹在有序列表标签 ol 内部时，列表元素会是数字而不是圆点。

这些空间，但我们不打算在这里讨论这些问题。相反，我们打算忽略它们，因为在我们的示例中，元素之间有一点空隙是很好的。顺便说一下，当你用浮动的方式来获得彼此相邻的元素时，它们之间根本就没有空隙。

方框 8-1：高级选择器简介

如果你认为这就是选择器的所有内容了，那你错了。我们只是略知皮毛！我们将在本书的后面（9.7.3 节）详细介绍它们，但现在我们想介绍一下子选择器。

再看一下代码清单 8-21 中声明的样式：

```css
.social-list > li {
  display: inline-block;
}
```

这表示只选择父元素 .social-list 下的直接子元素，并将它设置为 inline-block。请记住，当你设置页面样式时，目标之一是只为需要的元素设计样式，而不要连带修改其他元素的样式，以至于以后需要取消这些样式。当你使用高级选择器时，可以让你的声明更具针对性。

比如，假设我们在其中一个 li 中有第二个嵌套的无序列表，如下所示：

```html
<ul class="social-list">
  <li>
    <a href="https://example.com/"
      class="social-link">Link</a>
  </li>
  <li>
    <a href="https://example.com/"
      class="social-link">Link</a>
    <ul>
      <li>Item 1</li>
      <li>Item 2</li>
    </ul>
  </li>
  <li>
    <a href="https://example.com/"
      class="social-link">Link</a>
  </li>
</ul>
```

在这种情况下，嵌套列表中的 li 依然为块级元素。这是因为它们是普通 ul 元素的子元素，而 CSS 规则只针对父元素 social-list 类下的子元素。你可以在测试页面上测试该示例（完成后删除它）。

现在让我们把链接居中（如代码清单 8-22 所示）。

代码清单 8-22　将 inline-block 元素居中

index.html

```css
.social-list {
  list-style: none;
  padding: 0;
  text-align: center;
}
```

你不知道在 inline-block 技术出现之前，我们实现图 8-22 中的效果有多么困难。在早期糟糕的网络时代，我们不得不使用表格来处理所有的事，让工作正常进行是一件非常痛苦的事，但现在，它就像刚才我们看到的那样简单。我们可以让链接左对齐或右对齐，所有的内容都被很好地包含在 ul 里面，不需要清除浮动。

图 8-22　简单的 text-align: center 就可以将盒子放在正中间

练习

1. 在链接文本的末尾添加一个数字，使其变为 Link1、Link2 等。现在，将 .social-list 的文本对齐属性改为 right，使 .social-link 右对齐。注意，与我们将元素向右浮动时不同，元素顺序并没有改变。

2. 创建一个新的样式声明，来测试一下子选择器，该声明仅将 .bio-box 的直接子链接颜色改为 #c68bf9。你会看到这个声明有很高的特异性，会覆盖 .social-link 类中设置的颜色。

8.6　盒子外边距

现在我们已经掌握了排列盒子的方法，接下来，让我们详细了解一下 margin、padding 和 borders。这些样式可以让开发人员控制盒子之间的间距（使用本节中的 margin），盒子内部的间距（使用 8.7 节中的 padding），以及盒子边缘的大小和外观（使用 8.8 节中的 border）。

我们将从最简单的 margin 声明开始，把它添加到页面底部的 .bio-box 中，如代码清单 8-23 所示。

代码清单 8-23　添加一个 margin 声明

index.html

```
.bio-box {
  border: 1px solid black;
  box-sizing: border-box;
  float: left;
  font-size: 1rem;
  margin: 20px;
  padding: 2%;
  width: 25%;
}
```

刷新测试页面，你会看到所有容器在各个方向上都远离其他元素 20px（如图 8-23 所示）。

你可能会问的下一个问题是："为什么这些盒子又分布在两行上？我以为我们已经用 box-sizing: border-box 解决了这个问题？"

答案是，在盒子模型中，外边距总是应用于元素之外。因此，尽管我们已经将 box-sizing

设置为 border-box，但底部的四个 div 现在占用了 100% 加上 8×20px，这比 100% 要宽。

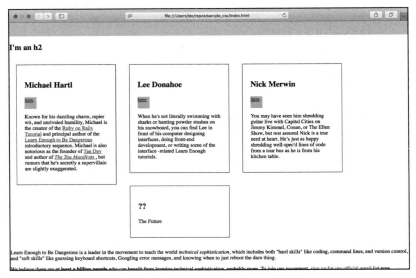

图 8-23　盒子增加了一些额外空间，又变成了两行

那么，我们如何让一切恢复正常呢？为了更容易做到这一点，首先我们要改用相同的单位（都使用百分比），而且我们要做一点数学运算。

首先让我们把外边距都设为百分比，如代码清单 8-24 所示。

代码清单 8-24　将外边距由像素改为百分比

index.html

```
.bio-box {
  border: 1px solid black;
  box-sizing: border-box;
  float: left;
  font-size: 1rem;
  margin: 3%;
  padding: 2%;
  width: 25%;
}
```

根据结果（如图 8-24 所示），这看起来是一个合理的间距。

现在让我们来算一下。如果我们的左右边距为 3%，这意味着我们需要将每个容器的尺寸减少 3% + 3% = 6%，以使所有容器都适合。因为原来的宽度是 25%，所以新的宽度应该是 25% − 6% = 19%，如代码清单 8-25 所示。

代码清单 8-25　改变宽度以适应外边距

index.html

```
.bio-box {
  border: 1px solid black;
  box-sizing: border-box;
  float: left;
```

```
    font-size: 1rem;
    margin: 3%;
    padding: 2%;
    width: 19%;
}
```

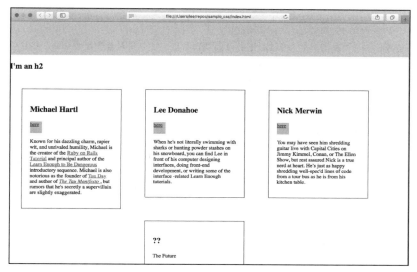

图 8-24　完美的外边距尺寸

它又变得合适了（如图 8-25 所示）。

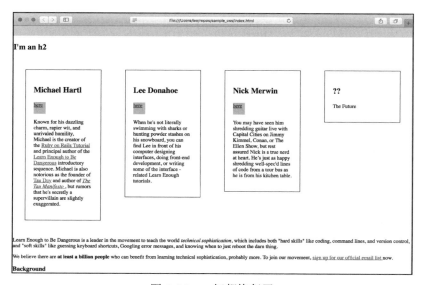

图 8-25　一切都恢复了

现在，让我们看一下实际的样式声明，以便深入了解一下它是如何工作的。当我们写

margin: 3% 时，我们在盒子周围的所有方向上都应用了外边距，这相当于一次性应用这四个样式：

```
margin-top: 3%;
margin-right: 3%;
margin-bottom: 3%;
margin-left: 3%;
```

我们使用的 margin 声明是一个简写版本，它将所有方向的外边距合并到一行，margin: 3% 相当于这样写：

```
margin: 3% 3% 3% 3%;
```

你可能还记得 4.3 节提到过，这里的顺序是上、右、下、左，如图 8-26 所示。

如果你真的只想在 div 的某些方向上设置边距，那该怎么办？例如，为了将上边距设为 40px，左边距设为 30px，我们可以使用代码清单 8-26 中所示的更具体的声明。

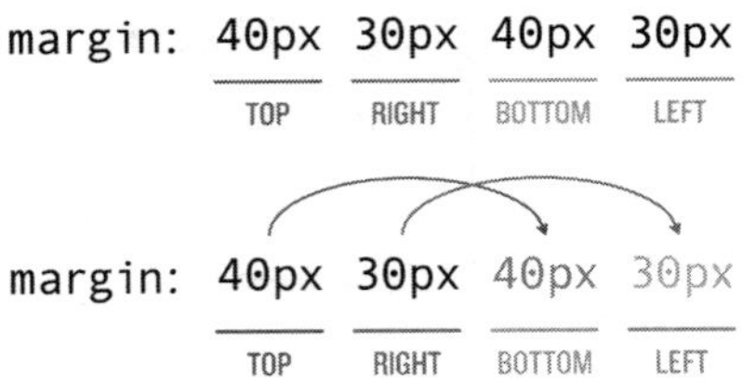

margin: 40px 30px 40px 30px
TOP RIGHT BOTTOM LEFT

margin: 40px 30px 40px 30px
TOP RIGHT BOTTOM LEFT

图 8-26 这四个值是从顶部开始按顺时针方向排列的

代码清单 8-26 改变宽度以适应外边距

index.html

```
.bio-box {
  border: 1px solid black;
  box-sizing: border-box;
  float: left;
  font-size: 1rem;
  margin-top: 40px;
  margin-left: 30px;
  padding: 2%;
  width: 19%;
}
```

这将很好地工作，但如果必须为每个方向都定义一个声明的话，我们的代码就会变得杂乱无章。控制外边距更好的方法是使用图 8-26 中的简写法，使其只有一个外边距属性。要想使 div 有 40、30、40 和 30 像素的外边距（从顶部顺时针方向），我们可以这样设置 margin 样式：

```
margin: 40px 30px 40px 30px;
```

但你猜怎么着？除了简写方式 margin:40px（使用单个数字）外，如果顶部和底部的值相同，并且左侧和右侧的值也相同（但与顶部和底部不同），如图 8-26 所示，则可以只包含两个数值：

```
margin: 40px 30px;
```

这种简写法也适用于只有三个值的情况，比如 margin: 20px 10px 40px。这缺少了最后一个值，即左边距（如图 8-26 所示），它将自动填入盒子对面方向的值（在本例中是 10px）。

对于测试页面，我们设置 40px 的上外边距和 1% 的左右外边距，并将每个容器的大小增加到 23%，以使整行填满可用空间（如代码清单 8-27 所示）。

代码清单 8-27 添加 margin 声明

index.html

```
.bio-box {
```

```
    border: 1px solid black;
    box-sizing: border-box;
    float: left;
    font-size: 1rem;
    margin: 40px 1% 0;
    padding: 2%;
    width: 23%;
}
```

保存并刷新浏览器，你会看到带链接的 div 上面向下移动了 40px，左右移动了 1%（如图 8-27 所示）。

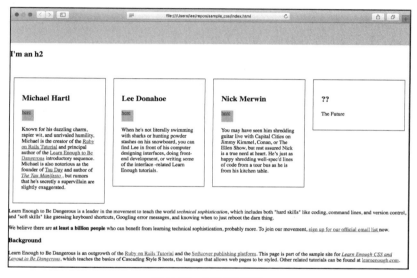

图 8-27 更好的间距

看起来很棒！

如果你注意到盒子之间的距离与两端不同，那是因为它被加倍了（因为左右两边都有相同的间距）。我们稍后将在 9.7.3 节中使用高级选择器来解决这类问题。

8.6.1 一种例外情况：margin: auto

你现在可能已经习惯了，但还有一个神奇的地方你应该注意：margin: auto。

如果你有一个块级元素，比如 div、p 或 ul，通过样式给其设置了宽度，则可以通过将左右外边距设置为 auto，使该元素在其父容器内水平居中[○]。

为了学习 margin: auto 的作用，让我们更改 .bio-wrapper 的样式（如代码清单 8-28 所示），给它一个 max-width，然后设置 margin 为 auto。max-width 是一种 CSS 样式，允许元素调整至自适应宽度（最多到指定值）；还有一个 min-width，它的作用正好相反。当设计在移动端和桌面

[○] 但是，margin: auto 技巧对顶部和底部外边距没有任何作用。垂直居中是一个更难解决的问题。我们将从 9.8 节开始学习它，并且在 11.2 节中介绍一种更强大的方法——flexbox。

端上都好看的网站时，这两种样式都很有帮助，因为在小屏幕上，你希望内容充满浏览器，但在大屏幕上这可能看起来很邋遢。

代码清单 8-28　应用 margin: auto

index.html

```
.bio-wrapper {
  font-size: 24px;
  margin: auto;
  max-width: 960px;
  overflow: hidden;
}
```

保存并刷新，盒子神奇地居中了（如图 8-28 所示）。

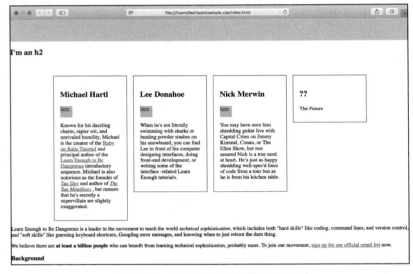

图 8-28　这是盒子，在页面的中间

8.6.2　另一种例外情况：负的外边距

你猜怎么着？也可以将元素的外边距设为负值。这会让元素脱离正常位置向上或向外绘制，并将其覆盖在通常它无法影响的内容上。

要看到这个动作，首先让我们在 .bio-box 中添加一些图片（你可以从总是很有趣的 placekitten（https://placekitten.com/）网站上抓取照片）。如代码清单 8-29 所示，在每个 .bio-box 的 h3 上方放置一张图片。

代码清单 8-29　给每个 .bio-box 添加一张图片

index.html

```
<div class="bio-box">
  <img src="https://placekitten.com/g/400/400">
```

```
  <h3>Michael Hartl</h3>
    .
    .
    .
</div>
<div class="bio-box">
  <img src="https://placekitten.com/g/400/400">
  <h3>Lee Donahoe</h3>
    .
    .
    .
</div>
<div class="bio-box">
  <img src="https://placekitten.com/g/400/400">
  <h3>Nick Merwin</h3>
    .
    .
    .
</div>
<div class="bio-box">
  <img src="https://placekitten.com/g/400/400">
  <h3>??</h3>
    .
    .
    .
</div>
```

然后添加一些 CSS 来调整图片的大小，如代码清单 8-30 所示。

代码清单 8-30　一个用于控制我们添加的图片大小的样式

index.html

```
/* BIO STYLES */
    .
    .
    .
.bio-box img {
  width: 100%;
}
    .
    .
    .
```

这样，图片就很好地填满了空间（如图 8-29 所示）。

现在我们将为 .bio-box 的 h3 添加一个负的上外边距（将 margin-top 改为 8.6 节中提到的 margin 三值简写），以及一些额外的文本样式（如代码清单 8-31 所示）。

代码清单 8-31　负的外边距会使元素脱离其自然位置

index.html

```
.bio-box h3 {
  color: #fff;
  font-size: 1.5em;
  margin: -40px 0 1em;
  text-align: center;
}
```

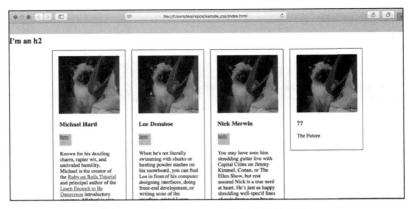

图 8-29　现在 .bio-box 看起来更宽松了

新样式使标题文本从它的正常位置移动出去了，而且把它绘制在了图片上面（如图 8-30 所示）。

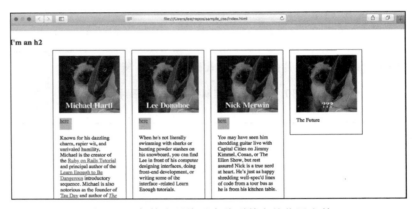

图 8-30　负外边距将元素移到其自然位置之外

负外边距可能看起来是个奇怪的属性，但实际上有时它们很有用。负外边距还允许我们将一些内容向上扩展超出盒子，并将这些内容重叠到一个通常无法定位的空间中，同时保持其作为普通块级元素的属性。

练习

1. 用我们学到的关于 margin 的简写方法，给 .bio-wrapper 的底部添加一些间距，同时使用 CSS 简写方法，保持顶部的 margin 为零，左右为自动。

2. 尝试使用将 margin 设置为 auto 的方式，将位于 .bio-box 内的 .social-link 居中。为什么即使这些元素设置了宽度，还是不起作用？

8.7　内边距

正如我们在 8.2 节开头所看到的一样，内边距与外边距类似，只是它不是把元素外部的东西推开，而是把元素内部的内容从元素的边缘推开。当你想让一个含有文本的盒子有背景色或边框，但又不希望文本撞到容器边缘时，这是理想的选择。

内边距声明的使用与外边距语法相同，包括图 8-26 中的简写。让我们尝试一下，删除 bio-box 中的上内边距，如代码清单 8-32 所示。

代码清单 8-32　内边距的简写方式和外边距的简写方式一样

index.html

```
.bio-box {
  border: 1px solid black;
  box-sizing: border-box;
  float: left;
  font-size: 1rem;
  margin: 40px 1% 0;
  padding: 0 2% 2%;
  width: 23%;
}
```

代码清单 8-32 的结果如图 8-31 所示（我们将在 8.8 节恢复这个样式）。

padding 是比较容易理解的 CSS 属性之一，因为它没有很多奇怪的例外情况。

图 8-31　没有上内边距

练习

给 .bio-copy 内的链接添加 20px 的内边距。你会看到上下内边距不能应用于内联元素，但仍然会添加左右内边距。

8.8　边框的乐趣

你可能一直想知道 border: 1px solid black 在 div 上的样式。你可能已经猜到了，这个样式声明也是类似于 margin 和 padding 的简写方式，但略有不同的是，它是三个完全不同的样式声明浓缩在一起（而不是像 margin 和 padding 那样只是不同的方向）[注]。最常见的用法是给元素的所

[注]　我没有猜到这一点。——Michael

有边添加边框，如下所示：

```
border: 1px solid black;
```

这实际上是以下规则的浓缩版本：

```
border-width: 1px;
border-style: solid;
border-color: black;
```

这些样式的行为都类似于 margin 和 padding，它们是方向性的简写，将样式应用于顶部、右侧、底部和左侧，如下所示：

```
border-width: 1px 1px 1px 1px;
border-style: solid solid solid solid;
border-color: black black black black;
```

请注意，border-style 的声明不是一个数字，它可以采用以下值：none、hidden、dotted、dashed、solid、double、groove、ridge、inset 和 outset。

你可能会问，好吧，这很好，但如果我不想让所有的边框都一样呢？这个简写方式似乎并没有涵盖这一点。如果想做一个 1px 的边框，三面都是黑色的，但一面是红色（比方说底面），实现这种外观最有效的方法是什么？一个方法是将简写浓缩的所有子声明分开，像这样：

```
border-width: 1px;
border-style: solid;
border-color: black black red;
```

或者，你可以用一种更简洁的方式，利用类似声明，靠后的规则具有优先权的事实（6.3节），如代码清单 8-33 所示。

代码清单 8-33　设计一个边框样式，使其在不同边上有不同的颜色

index.html

```
.bio-box {
  border: 1px solid black;
  border-color: black black red;
  box-sizing: border-box;
  float: left;
  font-size: 1rem;
  margin: 40px 1% 0;
  padding: 0 2% 2%;
  width: 23%;
}
```

代码清单 8-33 先在整个元素周围设置了一个边框，然后改变其中一个边的颜色。第二个声明并没有覆盖整个边框声明，相反，它只对与边框颜色有关的部分有影响。因此，通过从一个比较通用的样式开始，然后添加另一个改变某些特定元素的样式，通常只需几行 CSS 就可以完成大量工作（如图 8-32 所示）。

在继续之前，让我们去掉红色边框并撤销代码清单 8-32 中关于内边距的修改。结果如代码清单 8-34 所示。

代码清单 8-34　恢复 .bio-box 的样式

index.html

```
.bio-box {
  border: 1px solid black;
  box-sizing: border-box;
  float: left;
  font-size: 1rem;
  margin: 40px 1% 0;
  padding: 2%;
  width: 23%;
}
```

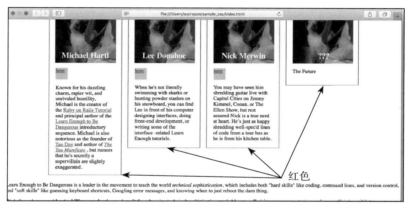

图 8-32　现在底部边框是红色了

8.8.1　边框半径

边框也可以设置半径，这样就可以创建一个带有圆角的盒子。要了解这是如何工作的，请将代码清单 8-35 中的 CSS 添加到测试页面社交账号链接的样式中。

代码清单 8-35　给对象添加 border-radius 来制作圆角

index.html

```
.social-link {
  background: rgba(150, 150, 150, 0.5);
  border-radius: 10px;
  color: blue;
  display: inline-block;
  height: 36px;
  width: 36px;
}
```

盒子现在应该有圆角了（如图 8-33 所示）。

8.8.2　制作圆形

想看看如何只用 HTML 和 CSS 来制作圆形吗？诀窍是给元素设定一个宽度和高度，然后使 border-radius 大于元素的宽度，同时确保元素

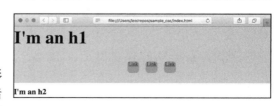

图 8-33　社交账号链接上的圆角

的高度和宽度相等（这样盒子就是一个完美的正方形）。让我们增加代码清单 8-35 中的 border-radius，同时给 .social-list 中的 li 一些外边距（如代码清单 8-36 所示）。

代码清单 8-36　一个非常大的 border-radius 值会形成一个圆形

index.html

```
/* SOCIAL STYLES */
.social-link {
  background: rgba(150, 150, 150, 0.5);
  border-radius: 99px;
  .
  .
  .
}
.social-list {
  list-style: none;
  padding: 0;
  text-align: center;
}
.social-list > li {
  display: inline-block;
  margin: 0 0.5em;
}
```

看看这些圆（如图 8-34 所示）。

不过这些链接看起来有点奇怪，所以让我们把 hero 和 .bio-box 中的链接文字改为更简洁的 Fb、Tw 和 Gh（分别代表 Facebook、Twitter 和 GitHub）。我们会在第 14 章用好看的图标替换它们，结果如代码清单 8-37 所示。

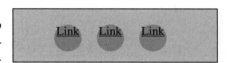

图 8-34　圆角盒子变成了圆形！

代码清单 8-37　将社交账号链接中的文本缩短一点

index.html

```
<ul class="social-list">
  <li>
   <a href="https://example.com/" class="social-link">Fb</a>
  </li>
  <li>
    <a href="https://example.com/" class="social-link">Tw</a>
  </li>
  <li>
    <a href="https://example.com/" class="social-link">Gh</a>
  </li>
</ul>
.
.
.
<a href="https://twitter.com/mhartl" class="social-link">Tw</a>
.
.
.
<a href="https://twitter.com/leedonahoe" class="social-link">Tw</a>
.
.
.
<a href="https://twitter.com/nickmerwin" class="social-link">Tw</a>
```

保存并刷新，你的链接应该如图 8-35 所示。

嗯…它看起来还是有点奇怪，文本在顶部，而下面的文本甚至都没有居中（在 .full-hero 容器中的文本继承了 text-align: center 样式）。让我们清理一下外观，确保它在任何情况下都能保持不变。

图 8-35　更好一点了

我们将添加内边距，你可能还记得在 8.2 节，我们要添加一个 box-sizing: border-box 以确保内边距不会改变元素的尺寸：

```
box-sizing: border-box;
padding-top: 0.85em;
```

让我们也改变下文本颜色和字体，使字体加粗、居中对齐，并使用一个名为 text-decoration 的新样式去除下划线（设置为 none 以去除链接的默认下划线）：

```
color: #fff;
font-family: helvetica, arial, sans;
font-weight: bold;
text-align: center;
text-decoration: none;
```

最后，我们使用 em 值来设置字体大小（这样它的大小在本地环境中才有意义），添加相等的高度和宽度，并设置行高，稍后我们会详细讨论这个问题（8.8.3 节）：

```
font-size: 1em;
height: 2.5em;
line-height: 1;
width: 2.5em;
```

相等的高度和宽度使该元素成为正方形，因此当应用 border-radius 时，它会成为圆形。

总的来说，这些变化（加上一些其他的）显示在代码清单 8-38 中。要想知道这些附加规则的效果，请使用方框 5-1 中提到的注释技巧。

代码清单 8-38　几乎对社交账号链接上的所有属性都进行了修改

index.html

```
.social-link {
  background: rgba(150, 150, 150, 0.5);
  border-radius: 99px;
  box-sizing: border-box;
  color: #fff;
  display: inline-block;
  font-family: helvetica, arial, sans;
  font-size: 1rem;
  font-weight: bold;
  height: 2.5em;
  line-height: 1;
  padding-top: 0.85em;
  text-align: center;
  text-decoration: none;
  vertical-align: middle;
  width: 2.5em;
}
```

那些圆形的、样式化的链接看起来非常棒（如图 8-36 所示）！

在我们使用的所有新样式中，最可能令人困惑的是 font-family 和 vertical-align。

回顾代码清单 8-38，你可能会认为 vertical-align 可以将元素定位在其他元素的中间，但实际上它只对 inline 元素或 inline block 元素有影响，而且它只对文本行进行居中。我们将多次讨论垂直对齐问题——在 9.8 节中使用定位，在第 11 章中使用一种称为 flexbox 的现代方法。

代码清单 8-38 中 font-family 的修改涉及定义所谓的 fontstack，这是浏览器使用的字体选项列表：

图 8-36　好多了

```
font-family: helvetica, arial, sans;
```

有时字体无法通过网络加载，或者用户计算机上的字体不可用，你就可以把你想要的字体放在第一位，然后再添加备用字体名（用逗号分隔）。默认情况下，不同的计算机安装了不同的字体，用户也可以添加自己的字体。

例如，苹果电脑上有一种叫做 Helvetica 的经典字体（"经典"是因为它设计于 1957 年，甚至有一部关于它的纪录片）。Windows 有一种名为 Arial 的字体，它是 Helvetica 的山寨版（设计师们都讨厌它）。这两者的对比情况如图 8-37 所示[⊖]。

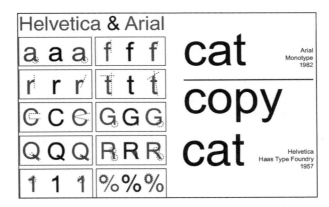

图 8-37　Arial 被认为是 Helvetica 的廉价山寨版，你不应该使用它

要了解哪些常用字体在哪些操作系统上可用，你应该查阅 CSS Fonts（https://www.cssfontstack.com/）等资源。也可以将你的自定义字体加载到用户计算机上，这是添加网站独特视觉品牌的好方法。我们将在 14.1 节介绍自定义字体的加载。

8.8.3　行高

正如代码清单 8-38 所示，文本设计的另一个方面是行高，它定义了文本距离其他内联元素的上下空间。网站上的所有多行文本都应该添加行高，以便于阅读。理想的行高是 140% 到

⊖　"Arial vs. Helvetica，你能发现它们之间的差异吗"中的字体对比图。

170% 左右，这取决于字体。

line-height 属性的工作原理与 em 类似，即 1 等于 100%，但没有像 em、px 等那样的单位。例如，为了使 .bio-copy 的行高等于基本字体大小的 150%，我们可以将 line-height 设为 1.5，如代码清单 8-39 所示。

代码清单 8-39　改变 .bio-copy 的行高

index.html

```
.bio-copy {
  font-size: 1em;
  line-height: 1.5;
}
```

现在行与行之间的间距增加了，在某些情况下，这可以使副本更容易阅读（如图 8-38 所示）。

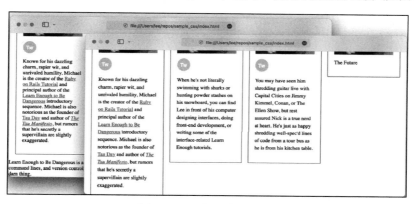

图 8-38　增加行高的结果

8.8.4　同步代码

在学习第 9 章之前，你可以使用代码清单 8-40 中的代码来同步索引页。

代码清单 8-40　目前的索引页

index.html

```
<!DOCTYPE html>
<html>
  <head>
    <title>Test Page: Don't Panic</title>
    <meta charset="utf-8">
    <style>
    /* GLOBAL STYLES */
    html, body {
      margin: 0;
      padding: 0;
    }
    h1 {
      font-size: 7vw;
      margin-top: 0;
    }
```

```
a {
  color: #f00;
}

/* HERO STYLES */
.full-hero {
  background-color: #c7dbfc;
  height: 50vh;
}

/* SOCIAL STYLES */
.social-link {
  background: rgba(150, 150, 150, 0.5);
  border-radius: 99px;
  box-sizing: border-box;
  color: #fff;
  display: inline-block;
  font-family: helvetica, arial, sans;
  font-size: 1rem;
  font-weight: bold;
  height: 2.5em;
  line-height: 1;
  padding-top: 0.85em;
  text-align: center;
  text-decoration: none;
  vertical-align: middle;
  width: 2.5em;
}
.social-list {
  list-style: none;
  padding: 0;
  text-align: center;
}
.social-list > li {
  display: inline-block;
  margin: 0 0.5em;
}

/* BIO STYLES */
.bio-wrapper {
  font-size: 24px;
  margin: auto;
  max-width: 960px;
  overflow: hidden;
}
.bio-box {
  border: 1px solid black;
  border-color: black black red;
  box-sizing: border-box;
  float: left;
  font-size: 1rem;
  margin: 40px 1% 0;
  padding: 0 2% 2%;
  width: 23%;
}
.bio-box h3 {
  color: #fff;
  font-size: 1.5em;
  margin: -40px 0 1em;
  text-align: center;
}
.bio-box img {
  width: 100%;
```

```
  }
  .bio-copy {
    font-size: 1em;
    line-height: 1.5;
  }
  .bio-copy a {
    color: green;
    }
  </style>
</head>
<body>
  <div class="full-hero hero-home">
    <h1>I'm an h1</h1>
    <ul class="social-list">
      <li>
        <a href="https://example.com/" class="social-link">Fb</a>
      </li>
      <li>
        <a href="https://example.com/" class="social-link">Tw</a>
      </li>
      <li>
        <a href="https://example.com/" class="social-link">Gh</a>
      </li>
    </ul>
  </div>
  <h2>I'm an h2</h2>
  <div class="bio-wrapper">
    <div class="bio-box">
      <img src="https://placekitten.com/g/400/400">
      <h3>Michael Hartl</h3>
      <a href="https://twitter.com/mhartl" class="social-link">Tw</a>
      <div class="bio-copy">
        <p>
          Known for his dazzling charm, rapier wit, and unrivaled humility,
          Michael is the creator of the
          <a href="https://www.railstutorial.org/">Ruby on Rails
          Tutorial</a> and principal author of the
          <a href="https://learnenough.com/">
          Learn Enough to Be Dangerous</a> introductory sequence.
        </p>

        <p>
          Michael is also notorious as the founder of
          <a href="http://tauday.com/">Tau Day</a> and author of
          <a href="http://tauday.com/tau-manifesto"><em>The Tau
          Manifesto</em></a>, but rumors that he's secretly a supervillain
          are slightly exaggerated.
        </p>
      </div>
    </div>
    <div class="bio-box">
      <img src="https://placekitten.com/g/400/400">
      <h3>Lee Donahoe</h3>
      <a href="https://twitter.com/leedonahoe" class="social-link">Tw</a>
      <div class="bio-copy">
        <p>
          When he's not literally swimming with sharks or hunting powder
        stashes on his snowboard, you can find Lee in front of his computer
        designing interfaces, doing front-end development, or writing some of
        the interface-related Learn Enough tutorials.
        </p>
      </div>
  </div>
```

```
    </div>
    <div class="bio-box">
      <img src="https://placekitten.com/g/400/400">
      <h3>Nick Merwin</h3>
      <a href="https://twitter.com/nickmerwin" class="social-link">Tw</a>
      <div class="bio-copy">
        <p>
          You may have seen him shredding guitar live with Capital Cities on
          Jimmy Kimmel, Conan, or The Ellen Show, but rest assured Nick is a
          true nerd at heart. He's just as happy shredding well-spec'd lines
          of code from a tour bus as he is from his kitchen table.
        </p>
      </div>
    </div>
    <div class="bio-box">
      <img src="https://placekitten.com/g/400/400">
      <h3>??</h3>
      <p>
        The Future
      </p>
    </div>
  </div>
  <p>
    Learn Enough to Be Dangerous is a leader in the movement to teach the
    world <em>technical sophistication</em>, which includes both "hard
    skills" like coding, command lines, and version control, and "soft
    skills" like guessing keyboard shortcuts, Googling error messages, and
    knowing when to just reboot the darn thing.
  </p>
  <p>
    We believe there are <strong>at least a billion people</strong> who can
    benefit from learning technical sophistication, probably more. To join
    our movement,
    <a href="https://learnenough.com/#email_list">sign up for our official
    email list</a> now.
  </p>
  <h3>Background</h3>
  <p>
    Learn Enough to Be Dangerous is an outgrowth of the
    <a href="https://www.railstutorial.org/">Ruby on Rails Tutorial</a> and the
    <a href="https://www.softcover.io/">Softcover publishing platform</a>.
    This page is part of the sample site for
    <a href="https://learnenough.com/css-tutorial"><em>Learn Enough CSS and
    Layout to Be Dangerous</em></a>, which teaches the basics of
    <strong>C</strong>ascading <strong>S</strong>tyle

      <strong>S</strong>heets, the language that allows web pages to be styled.
      Other related tutorials can be found at
      <a href="https://learnenough.com/">learnenough.com</a>.
    </p>
  </body>
</html>
```

练习

1. 将 .bio-box 的边框样式从 solid 改为 dashed，然后改为 dotted。

2. 使用 border-color 属性的简写法，用 transparent 或 rgba(0, 0, 0, 0) 将 .bio-box 的顶部和左侧设置为不可见，右侧和底部设置为黑色。

第 9 章 *Chapter 9*

布　　局

现在我们的 CSS 知识基础已经很好了，是时候学习如何将所有知识整合到真正的网站中了。这一章和下一章是我们真正进入高潮的地方，你不可能在其他任何 CSS 教程中看到这些材料。首先，我们将以前的工作转换为一种更易于管理的模板和 Web 布局，以便重复使用和更新（根据 DRY 原则（方框 5-2））。

在此过程中，我们将添加更多样式，以学习更复杂的 CSS，同时改进我们的设计，使其更适合于个人或企业网站。结合第 10 章，我们会得到一个专业示例，展示现代网站设计的各个方面。

9.1　布局基础知识

有无数种方法可以用来进行网站布局设计，但多年来，某些约定已经成为网站的通用做法，如图 9-1 所示。这些包括：包含网站导航和 logo（通常链接到主页）的标题元素；主图部分；带有可选旁白的段落样式，以及页脚，其中包含一些与页眉重复的元素，以及"关于"或"联系"页面的链接、隐私政策等。这些共性是多年试错的结果，通过将这些熟悉的元素融入我们的网站，可以帮助新访问者定位并找到他们想要的东西。

你可能会注意到，图 9-1 中许多元素在网站的每页中都是相同的（或几乎相同），如页眉和页脚。如果我们手动制作每个页面，这将使我们的标记重复得令人发指——如果我们想做一个改变，更新所有这些页面将是一场噩梦。

这是我们在第一部分一直面临的问题，我们只是简单地将导航链接等常见元素复制粘贴到每个单独的页面。这样的重复违反了 DRY 原则（方框 5-2），在方框 3-2 中，我们承诺会教你使用模板系统来解决这个问题。在本章，我们将通过安装和使用 Jekyll 静态站点生成器来实现这一承诺，以消除布局中的重复。

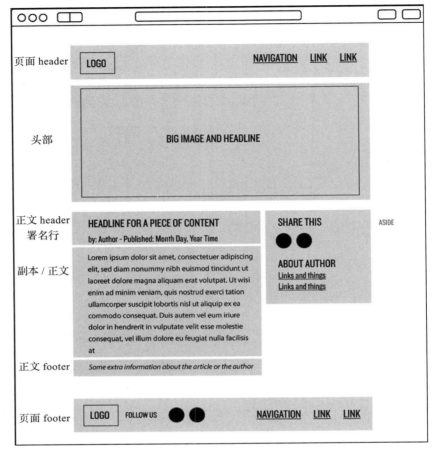

图 9-1　一个典型的网页要素

9.2　Jekyll

　　在构建专业级网站时，必须使用能够支持模板的系统来消除重复。为了实现这一点，我们将使用 Jekyll(https://jekyllrb.com/)（如图 9-2[⊖]所示）——一个免费的开源程序，用于生成静态网站（即每次访问内容不会改变）[⊜]。

图 9-2　静态站点生成器 Jekyll!

　　通过学习 Jekyll，你将培养出开发和部署一个真正网站所需的技能——这些技能同样可以应用到其他静态网站生成器（如 Middleman 和 Hugo）和成熟的网络框架（如 Ruby on Rails(https://www.railstutorial.

⊖　图片由 BFA/Alamy Stock Photo 提供。
⊜　制作允许用户注册、登录、输入等的动态网站需要使用完整的 Web 应用程序框架。

org/))。学习 Jekyll 使用的模板语言（称为 Liquid）本身也是一项有价值的技能，因为 Liquid 被广泛用于 Shopify 电子商务平台等系统中[⊖]。

除了支持模板之外，Jekyll 还包括一系列其他实用功能：

❏ 在文本编辑器中用 Markdown（我们在《完美软件开发之开发工具》第 6 章中首次讨论的轻量级标记语言）编写内容；

❏ 在本地开发环境中编写和预览网站内容；

❏ 通过 Git 发布更改（也提供离线自动备份）；

❏ 在 GitHub Pages 上免费托管网站；

❏ 无数据库管理。

Jekyll 最初由 GitHub 联合创始人 Tom Preston-Werner 开发，全世界有数百万人在使用，是创建静态网站的工业级工具。例如，美国总统奥巴马 2012 年连任竞选的筹款平台，处理了 81548259 次页面浏览，筹集了超过 2.5 亿美元的资金，该平台就是用 Jekyll 建立的：

通过使用 Jekyll，我们设法避免了大多数 CMS（数据库、服务器配置）带来的复杂性，而能够专注于优化 UI 和提供更好的用户体验等事情。要在这种环境下工作，前端工程师最需要学习的就是 Jekyll 使用的 Liquid 模板语言，就是这么简单[⊖]。

安装和运行 Jekyll

Jekyll 是用 Ruby 编程语言编写的，并作为 Ruby gem 或 Ruby 独立包发布。因此，只要你有一个正确配置的 Ruby 开发环境，安装 Jekyll 是很容易的。

一旦你有了一个可用的开发环境，就可以用 Bundler 安装 Jekyll 了，Bundler 是一个 Ruby gem 的管理器。我们可以用 Ruby 自带的 gem 命令来安装 Bundler：

```
$ gem install bundler -v 2.3.14
```

接下来，我们需要创建一个 Gemfile 来指定 Jekyll gem：

```
$ touch Gemfile
```

然后用文本编辑器将代码清单 9-1 中的内容写入 Gemfile 中。

代码清单 9-1　添加 Jekyll gem

Gemfile

```
source 'https://rubygems.org'

gem 'jekyll', '4.2.2'
gem 'webrick', '1.7.0'
```

如果你遇到任何麻烦，请前往 https://github.com/mhartl/mhartl.github.io 检查 Gemfile 是否已被更新。

最后，我们可以使用 bundle install 来安装 jekyll gem（需要一些额外代码来确保我们使用的

⊖　事实上，正如 9.3 节所述，Liquid 最初是由 Shopify 的联合创始人 Tobi Lütke 开发的。

⊖　原文发表于 http://kylerush.net/blog/meet-the-Obama-campaigns-250-million-fundraisingplatform/（已删除）。引用的片段进行了简单注释和编辑。

是正确版本的 Bundler）：

```
$ bundle _2.3.14_ install
```

尽管 Jekyll 被设计为使用模板系统（9.3 节），但实际上它可以使用单个文件，比如我们目前的 index.html。为了了解它是如何工作的，我们可以在项目目录中运行 Jekyll 服务器（使用 bundle exec 来确保运行的 Jekyll 版本正确）：

```
$ bundle _2.3.14_ exec jekyll serve
```

如果你正在本地系统或虚拟机上工作（而不是云 IDE），此时应该可以在 URL http:// localhost:4000 上使用 Jekyll 应用程序，其中 localhost 是本地计算机的地址，4000 是端口号（方框 9-1）。

结果如图 9-3 所示。

图 9-3　不再指向文件的 URL——你现在是在服务器上运行了

方框 9-1：服务器端口

看一下 Jekyll 网站的 URL，就会发现它以 "：4000" 结尾，那是服务器的端口。如果你用冒号和数字结束 URL，你就是在告诉浏览器连接到服务器的那个端口上……这意味着什么？

你可以把服务器端口看作计算机上运行不同服务的电话号码。万维网的默认端口号是 80 端口，所以 http://www.learnenough.com:80 和 http://www.learnenough.com 是一样的，而安全连接的默认端口是 443，所以 https://learnenough.com:443 和 https://learnenough.com 是一样的（用 https 代替了 http）。其他常见的端口号包括 21（ftp）、22（ssh）和 23（telnet）。

在服务器上开发应用程序时，使用端口号能够解决同时运行两个或多个应用程序的问题。例如，假设我们想在服务器上运行两个不同的 Jekyll 网站。默认情况下，这两个网站都位于 localhost:4000，但这会导致冲突，因为浏览器在访问该地址时无法知道要为哪个网站服务。解决办法是增加一条额外的信息，即端口号，以帮助计算机区分，例如，应用程序 #1 运行在 localhost:4000 上，应用程序 #2 运行在 localhost:4001 上。

如上所述，Jekyll 的默认服务器端口是 4000，但我们可以使用 --port 命令行选项设置不同的端口号，如下所示：

```
$ bundle _2.3.14_ exec jekyll serve --port 4001
```

要连接到这个服务器，我们可以在浏览器的地址栏中输入 localhost:4001。

如果你使用的是云 IDE (https://www.learnenough.com/dev-environment-tutorial#sec-cloud_ide)，那么在运行 jekyll 命令时，必须使用端口号（方框 9-1）和主机 IP：

```
$ bundle _2.3.14_ exec jekyll serve --port $PORT --host $IP
```

这里应该按字面意思输入 $PORT 和 $IP；它们是云 ID 集成的环境变量，可以使开发网站通过外部 URL 访问。服务器运行后，你可以通过选择 Share，然后单击服务器 URL 来访问它，如图 9-4 所示。除了 URL 外，结果应与图 9-3 所示的本地系统相同。为简单起见，在下文中我们有时会提到 localhost:4000，但使用云 IDE 的用户应对应使用其个人 URL。

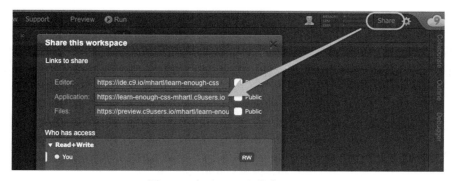

图 9-4　在云 IDE 上分享 URL

启动 Jekyll 服务器后，你会在项目中找到一个名为 _site 的新文件夹（有一个前下划线）：

```
$ ls
_site        index.html
```

这个文件夹包含了 Jekyll 服务器通过源文件（目前只有 index.html）构建网站时的输出。

每次保存文件时，Jekyll 都会重新生成 _site 目录及其所有内容，无论你在 _site 文件中做了什么改动，它们都会被自动覆盖。因此，你不应该对 _site 文件做任何修改——它们会被 Jekyll 覆盖。没有什么比在自动生成的文件夹中进行修改，却被静态网站生成器覆盖更令人沮丧的了。

因为它的所有内容都是由 Jekyll 生成的，所以最好把 _site 目录添加到 .gitignore 文件中，以忽略它，还有一个名 .bundle 的 Bundler 配置目录，也应该被忽略：

```
$ echo _site/ >> .gitignore
$ echo .bundle >> .gitignore
$ git add .gitignore
$ git commit -m "Ignore the generated site and Bundler directories"
```

你还应该把 Gemfile（以及自动生成的相关文件 Gemfile.lockfile）添加到版本库中：

```
$ git add -A
$ git commit -m "Add a Gemfile"
```

练习

尝试在一个非标准端口上启动 Jekyll，如端口 1234。

9.3　布局、includes 和页面

Jekyll 最强大的功能之一是它能够将网站分解成可重复使用的部分。为了实现这一点，Jekyll 使用了一个文件夹系统，并依照惯例命名其中的文件，使用一种名为 Liquid 的迷你语言。Liquid 由电商巨头 Shopify 的联合创始人 Tobi Lütke 开发[⊖]，它是一个使用简易计算机程序向网站添加内容的系统。

Jekyll 引擎用自动化的方式构建网站时，主要有四种可以使用的对象 / 文件：

❏　布局 / 布局模板

　　⊖　Tobi 也是 Rails 核心团队的队员。

❑ includes
❑ 页面 / 页面模板
❑ Posts

我们将简要介绍每种对象 / 文件，以供参考，但它们的确切用途要通过 9.4 节开始的一些具体的示例才能讲解清楚。

9.3.1　布局 / 布局模板

_layouts 是个特殊的目录（将在 9.4 节创建），这里面的所有东西都有 Jekyll 功能，即这些文件会被引擎读取，并寻找 Liquid 标签和其他 Jekyll 格式标签。

Jekyll 页面的关键部分之一是 frontmatter，它位于 HTML 文件顶部的 metadata 中（YAML 格式），用于识别要使用的布局类型、页面标题等。下面是一个相当复杂的示例，其中两个三点划线（---）之间的所有内容都是 frontmatter：

```
---
layout: post
title: This is the title of the post
postHero: images/shark.jpg
author: Me, Myself, and I
authorTwitter: https://twitter.com/mhartl
gravatar: https://gravatar.com/avatar/ffda7d145b83c4b118f982401f962ca6?s=150
postFooter: Additional information, and maybe a <a href="#">link or two</a>
---

<div>
  <p>Lorem ipsum dolor sit paragraph.</p>
<div>
```

下面是一个常用的简易示例，frontmatter 只标识了渲染页面时要用的布局模板：

```
---
layout: default
---

<div>
  <p>Lorem ipsum dolor sit paragraph.</p>
<div>
```

我们将从 9.4 节开始看到这些代码的效果。

如果一个布局文件中没有 frontmatter，那么它是一个真正的布局文件，它需要有完整的 HTML 结构。如果有 frontmatter，那么它就是一个布局模板，可以内置到其他布局中，且不需要有完整的 HTML 结构。

布局通常是最基础的对象，它用 DOCTYPE、html/head/body 标签、meta 标签、样式表链接、JavaScript 等来定义标准页面，且通常会插入页眉页脚等片段。通常只有网站需要默认布局，但你也可以为博客等使用布局模板（12.3 节）。

布局通过使用 Liquid 标签可以拥有加载内容（如 post）的特殊的能力，如：{{content}}。我们将在 9.6 节的练习中看到一个简短的示例，并在第 10 章中将其应用于整个网站。

9.3.2　includes

_includes 文件夹中的文件有 Jekyll 功能，即它们不需要 frontmatter，而且这些文件总会被提前构建到其他文件中。includes 往往是网站的一些小部位，会在许多页面上重复出现，如页眉和页脚（如图 9-1 所示）或一组社交媒体链接。我们将在 9.6 节介绍 includes。

9.3.3　页面 / 页面模板

项目目录中的所有其他 HTML 文件都是一个页面。如果文件中没有 frontmatter，它就是一个静态页面，Jekyll 功能将无法工作（Liquid 标签不被处理）。但是，如果页面有 frontmatter，给它指定一个布局，所有的 Jekyll 功能就都可以使用了。我们将在第 10 章详细介绍。

9.3.4　Posts 和 Post 类型文件

Posts 是独立的内容部分，如博客文章或产品描述，这些内容存储在 _posts 目录下的文件中。某些形式的内容（如博客文章）通常是按日期组织的，而其他内容（如产品描述）则是根据其他属性组织到集合中的。我们将在第 12 章进一步讨论 posts。集合超出了本书的范围，但你可以在 Jekyll 关于集合的文档（https://jekyllrb.com/docs/collections/）中了解它们。

9.4　布局文件

让我们开始使用 Jekyll 布局把我们的网站改成框架。本节的最终结果是一个看起来和当前 index.html 完全一样的页面，但它的创建方式会给我们带来更多的灵活性。在这里会第一次体验模板和 frontmatte（我们将在 10 章深入介绍这些内容）。

如果你是从零开始的，通常不会用这种方式创建网站。布局文件通常是非常简单的（正如我们将在 10.1 节中看到的那样），所以我们通常使用 jekyll new 命令创建一个简易布局，然后在页面和 includes 中进行真正的工作。在示例中，我们已经在单个 index.html 文件中做了很多工作，使用它作为初始布局，意味着随着对 Jekyll 的学习，我们可以从布局中提取需要的部分，从而展示整个网站是如何被分割和重组的。

如 9.3 节所述，Jekyll 规定要将这些布局文件放在一个名为 _layouts 的目录下（有一个前下划线），因此你应该在程序根目录（repos/<username>.github.io）中创建该目录：

```
$ mkdir _layouts
```

_layouts 目录下的所有 HTML 文件都可以作为布局文件，所以，首先我们将现有的 index.html 复制到 _layouts 目录中，以创建一个默认布局：

```
$ cp index.html _layouts/default.html
```

在这些操作后，你的项目文件应如图 9-5 所示。

为了使我们的网站恢复可见，用代码清单 9-2 中的代码替换 index.html 的全部内容。

代码清单 9-2　网站首页与 Jekyll frontmatter

index.html

```
---
layout: default
---
```

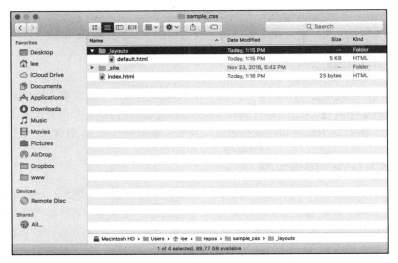

图 9-5　你的文件和目录应该这样

如 9.3 节所述，代码清单 9-2 中的内容被称为 Jekyll frontmatter，通过把它添加到 index.html 文件中，我们把一个静态页面变成了 Jekyll 页面模板。

frontmatter 会告诉 Jekyll 它需要阅读一个 HTML 页面，以确认应该处理哪些内容。通过指定 layout: default，我们安排 Jekyll 使用 default.html 作为 Web 布局。因为 default.html 目前是一个完全独立的页面，所以访问 http://localhost:4000 的结果是渲染整个测试页面（如图 9-3 所示）。换句话说，Jekyll 只是把 default.html 的内容插入到了 index.html 中。

如 5.4 节所述，这种改变底层代码而不改变结果的转变，被称为重构。看起来我们什么都没做，但在 9.6 节中，我们会看到这种新结构如何让我们把网站分割成可重用的部分。

练习

1. 为了了解 frontmatter 是如何影响页面构建的，请删除 index.html 中的 frontmatter，然后写上"Hello world"。保存并刷新页面。

2. 恢复你在练习 1 中的修改，并将布局名改为 test。然后在 _layouts 目录下创建一个名为 test.html 的新文件，并加入一些文本，如"Hello again, world."。

3. 在项目根目录下，创建一个名为 tested.html 的新文件，并在其中添加一些文本，如"For the third time, hello world!"现在，让浏览器跳转到 http://localhost:4000/tested.html，看看会发生什么。

9.5　CSS 文件和重置

现在我们已经将测试页面重构为一个布局模板（default.html）和一个页面模板（index.html），我们开始将单一的 HTML/CSS 文件分解为不同的组成部分。第一步，创建一个独立的 CSS 文件，并重置浏览器默认的外边距、内边距等（代码清单 7-18）。然后，将测试网站样式块中所有的 CSS 提取出来，放入同一个外部文件中。

　　首先，在项目目录下创建一个名为 css 的文件夹，然后在该目录下创建一个名为 main.css 的文件，可以像代码清单 9-3 中那样使用终端添加文件夹和文件，也可以直接在文件管理器中添加。

代码清单 9-3　在终端创建一个新的 CSS 文件夹和空白文档

```
$ mkdir css
$ touch css/main.css
```

　　你必须将目录命名为 css，因为 Jekyll 会自动在这个文件夹里寻找 CSS 文件，但你可以给 CSS 文件任意命名。

　　在创建了代码清单 9-3 中的文件夹和文件后，你的项目目录应该如图 9-6 所示。

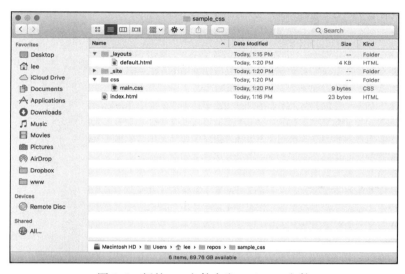

图 9-6　新的 css 文件夹和 main.css 文件

　　回想一下 7.5 节和 7.7 节中的讨论，浏览器为许多常见元素内置了默认样式。这些默认样式可能因浏览器而异，如果它们继续存在，就意味着页面上的许多元素不会按照我们规定的样式渲染。没有哪个开发人员愿意让浏览器制造商决定重要元素的外观，所以我们将使用一段完整的 CSS 重置代码，为我们的设计制造空间。

　　回想一下，我们在代码清单 7-18 中使用了一段迷你版的 CSS 重置代码，我们重置了 html 和 body 标签的外边距和内边距。现在是时候使用工业级重置代码来升级我们的网站了。由此生成的 CSS 可能看起来很吓人，但不要担心——我们把它放在了代码清单 9-4 中，正是为了让你可以复制粘贴而不必了解细节。

代码清单 9-4　一个标准的 CSS 重置

css/main.css

```
html, body, div, span, applet, object, iframe,
h1, h2, h3, h4, h5, h6, p, blockquote, pre,
a, abbr, acronym, address, big, cite, code,
```

```css
del, dfn, em, img, ins, kbd, q, s, samp,
small, strike, strong, sub, sup, tt, var,
b, u, i, center, dl, dt, dd, ol, ul, li,
fieldset, form, label, legend, table, caption,
tbody, tfoot, thead, tr, th, td, article, aside,
canvas, details, embed, figure, figcaption, footer,
header, hgroup, menu, nav, output, ruby, section,
summary, time, mark, audio, video {
  margin: 0;
  padding: 0;
  border: 0;
  font: inherit;
  vertical-align: baseline;
}
/* HTML5 display-role reset for older browsers */
article, aside, details, figcaption, figure,
footer, header, hgroup, menu, nav, section {
  display: block;
}
body {
  line-height: 1;
}
blockquote, q {
  quotes: none;
}
blockquote:before, blockquote:after,
q:before, q:after {
  content: '';
  content: none;
}
table {
  border-collapse: collapse;
  border-spacing: 0;
}
strong, b {
  font-weight: bold;
}
em, i {
  font-style: italic;
}
a img {
  border: none;
}
/* END RESET*/
```

请注意，代码清单 9-4 中的 CSS 不需要像 HTML 文件中的样式那样，用 style 标签包裹，正如我们将在代码清单 9-7 中看到的那样，浏览器会通过链接知道文件中的所有内容都是 CSS。

如代码清单 9-4 所示，大多数的标准 HTML 元素都被应用了某种样式。顶部的那一大块选择器几乎包含了规范中的所有 HTML 元素，强制将这些元素的外边距、内边距和边框设置为零，并继承字体样式。这似乎有点极端，但我们制作自定义网站时，没有理由保留 margin、padding 和 border 之类的默认样式——否则，可能会导致我们不得不撤销所有样式。因此，最好是在一开始就撤销默认样式，然后再添加好的样式。

另外，不要认为上面的重置样式是一成不变的。如果你在后面的开发中，发现自己在网站的每个（比如说）table 标签上都添加了相同的样式，那么最好把它添加到重置样式中。像往常一样，DRY 原则同样适用（方框 5-2）。

在添加了重置代码后，可以将本书中所有的自定义 CSS 样式移到 main.css 中了。首先打开 default.html，剪切 style 标签内的所有 CSS，使标签为空，如代码清单 9-5 所示。

代码清单 9-5　剪切 CSS 后的默认布局

_layouts/default.html

```html
<!DOCTYPE html>
<html>
  <head>
    <title>Test Page: Don't Panic</title>
    <meta charset="utf-8">
    <style>
    </style>
  </head>
  <body>
    .
    .
    .
  </body>
</html>
```

接下来，将 CSS 粘贴到 main.css 中（可以使用 Shift-Command-V 之类的东西，它可以在粘贴时有适当的缩进），然后删除之前添加的仅针对 html、body 的迷你版重置代码，因为现在它是多余的了。结果如代码清单 9-6 所示。

代码清单 9-6　目前为止整个 CSS 文件

css/main.css

```css
html, body, div, span, applet, object, iframe,
h1, h2, h3, h4, h5, h6, p, blockquote, pre,
a, abbr, acronym, address, big, cite, code,
del, dfn, em, img, ins, kbd, q, s, samp,
small, strike, strong, sub, sup, tt, var,
b, u, i, center, dl, dt, dd, ol, ul, li,
fieldset, form, label, legend, table, caption,
tbody, tfoot, thead, tr, th, td, article, aside,
canvas, details, embed, figure, figcaption, footer,
header, hgroup, menu, nav, output, ruby, section,
summary, time, mark, audio, video {
  margin: 0;
  padding: 0;
  border: 0;
  font: inherit;
  vertical-align: baseline;
}
/* HTML5 display-role reset for older browsers */
article, aside, details, figcaption, figure,
footer, header, hgroup, menu, nav, section {
  display: block;
}
body {
  line-height: 1;
}
blockquote, q {
  quotes: none;
}
blockquote:before, blockquote:after,
```

```css
q:before, q:after {
  content: '';
  content: none;
}
table {
  border-collapse: collapse;
  border-spacing: 0;
}
strong, b {
  font-weight: bold;
}
em, i {
  font-style: italic;
}
a img {
  border: none;
}
/* END RESET*/

/* GLOBAL STYLES */
h1 {
  font-size: 7vw;
  margin-top: 0;
}
a {
  color: #f00;
}

/* HERO STYLES */
.full-hero {
  background-color: #c7dbfc;
  height: 50vh;
}

/* SOCIAL STYLES */
.social-link {
  background: rgba(150, 150, 150, 0.5);
  border-radius: 99px;
  box-sizing: border-box;
  color: #fff;
  display: inline-block;
  font-family: helvetica, arial, sans;
  font-size: 1rem;
  font-weight: bold;
  height: 2.5em;
  line-height: 1;
  padding-top: 0.85em;
  text-align: center;
  text-decoration: none;
  vertical-align: middle;
  width: 2.5em;
}
.social-list {
  list-style: none;
  padding: 0;
  text-align: center;
}
.social-list > li {
  display: inline-block;
  margin: 0 0.5em;
}
```

```
/* BIO STYLES */
.bio-wrapper {
  font-size: 24px;
  margin: auto;
  max-width: 960px;
  overflow: hidden;
}
.bio-box {
  border: 1px solid black;
  box-sizing: border-box;
  float: left;
  font-size: 1rem;
  margin: 40px 1% 0;
  padding: 2%;
  width: 23%;
}
.bio-box h3 {
  color: #fff;
  font-size: 1.5em;
  margin: -40px 0 1em;
  text-align: center;
}
.bio-box img {
  width: 100%;
}
.bio-copy {
  font-size: 1em;
  line-height: 1.5;
}
.bio-copy a {
  color: green;
}
```

现在，该页面已经完全没有样式了（如图 9-7 所示），你可以通过刷新浏览器来验证这点。

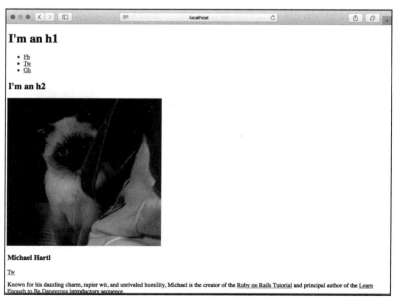

图 9-7　我们的网站已经很久没有如此"简陋"了

为了恢复样式，我们需要告诉布局页面关于 main.css 的信息。方法是用一个指向样式表的链接替换 head 中的 style 标签，如代码清单 9-7 所示。

代码清单 9-7　使用链接标签来加载 main.css

_layouts/default.html

```
<!DOCTYPE html>
<html>
  <head>
    <title>Test Page: Don't panic</title>
    <meta charset="utf-8">
    <link rel="stylesheet" href="/css/main.css">
  </head>
    .
    .
    .
```

代码清单 9-7 中的 link 标签告诉浏览器，它将加载一个样式表（rel 是 relationship 的缩写），然后指定一个指向该文件的 URL（本例中是一个绝对 URL，以斜线开头的 URL 指向网站的根目录⊖）。

重要的是要明白，使用 link 标签加载外部样式表与 Jekyll 无关，这是一种通用技术，它适用于所有网站，即使是未使用任何网站生成器的手工构建的网站。实际上，样式表不是必须为本地文件——理论上，它也可以是在线文件——但为了便于修改，我们希望使用本地文件。

现在，刷新浏览器，样式应该已被正确应用，而且页面看起来和我们重构前差不多，尽管有些地方会因为 CSS 重置看起来不对劲（如图 9-8 所示）。

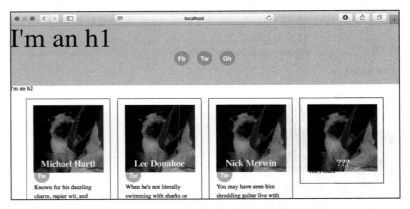

图 9-8　同样的页面，但存在细微的不同之处

在继续之前，让我们做一些小改动，以证明我们知道如何通过 CSS 文件更新样式。从我们开始使用这个页面以来，字体看起来有点……老派。让我们给页面 body 添加一个通用样式，这个样式将级联到页面上的每个元素，将所有文字变为漂亮、干净的 sans-serif 字体，如代码清单 9-8 所示。

⊖　回顾一下 2.4 节，路径可以是相对路径（相对于提供文件的计算机）或绝对路径（通过完整的 URL 访问）。例如，路径 css/main.css 是相对路径，而 /css/main.css 是绝对路径。

代码清单 9.8　CSS 文件的 GLOBAL STYLES 部分是一个好位置

css/main.css

```
/* GLOBAL STYLES */
body {
  font-family: helvetica, arial, sans;
}
```

保存并刷新浏览器，一切都跟以前一样，但页面上有全新的字体（如图 9-9 所示）。

图 9-9　同样的页面，全新的字体

最后，为了避免简介和社交账号链接之间有重叠，我们将后者的 CSS 改为 display: block，并添加外边距，如代码清单 9-9 所示。

代码清单 9-9　修正社交账号链接的间距

index.html

```
.bio-box img {
  width: 100%;
}
.bio-box .social-link {
  display: block;
  margin: 2em 0 1em;
}
.bio-copy {
  font-size: 1em;
}
```

结果如图 9-10 所示。

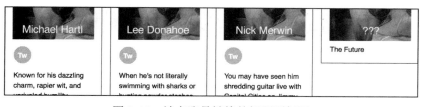

图 9-10　社交账号链接的间距更好了

练习

1. 在 css 文件夹中创建第二个 CSS 文件，并在文档的头部添加另一个指向此新 CSS 文件的链接（确保这个链接在原始 CSS 链接之后）。在新 CSS 文件中添加一个样式，以将 .full-hero 的背景颜色改为你选择的颜色。这表明，样式表的加载顺序会影响样式的优先级。

2. 将新 CSS 重命名为 reset.css，并将样式表链接移动到 main.css 链接的上方。现在将 main.css 中的所有重置代码剪切并粘贴到新 CSS 文件中（覆盖练习 1 中添加的样式）。保存所有修改，确保测试页面在浏览器中看起来是一样的。你已经使你的重置代码可移动了！

9.6 includes 介绍：Head 和 Header

现在我们已经将 CSS 分解到了一个单独文件中（并添加了 CSS 重置代码），是时候将默认页面分割成可重用的部分了。如 9.3 节所述，Jekyll 提供了 includes 来帮助我们完成这项重要任务。注意：在这里，"include" 被用作名词，这不是标准的英语，但在静态网站生成器的世界里是标准的。它的用途不同发音不同：用作动词时是 "in-CLUDE"，用作名词时是 "IN-clude"[⊖]。

includes 应该是网站中最小／最可重用的代码片段。它们通常被加载到布局或模板中，但事实上可以在网站的任何地方使用它们，你甚至可以让一个 includes 调用其他 includes（如图 9-11[⊖] 所示）。由于这些代码片段几乎要被放到网站的任何地方，所以你应该确保创建的所有 includes 代码都是可移植的、独立的。

让我们把一些 INCLUDE 放到 INCLUDES 中

你可以引用任何你想引用的东西！

图 9-11　你可以把一些 include 放在 includes 内，就像套娃一样

Jekyll 的 includes 位于一个名为 _includes 的专用文件夹中（与 _layouts 一样，下划线很重要）。现在，创建该文件夹以及一个名为 head.html 的文件（如代码清单 9-10 所示）。

代码清单 9-10　创建 includes 文件夹并添加一个新文件

```
$ mkdir _includes
$ touch _includes/head.html
```

此时，你的项目文件夹应该如图 9-12 所示。

你可能已经猜到，我们要用 head.html 来保存 head 标签中的内容。为此，首先从 default.html 中剪切这些内容，然后将其粘贴到 head.html 中（可以使用 Shift-Command-V 以适当的缩进方式粘贴），如代码清单 9-11 所示。

⊖ 这种区别存在于许多其他英语单词中，例如 AT-tri-bute（名词）/at-TRI-bute（动词）和 CON-flict（名词）/con-FLICT（动词）。

⊖ 图片由 vividpixels/123RF 提供。

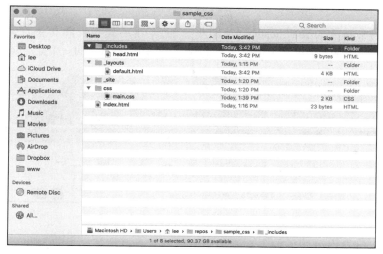

图 9-12　在项目目录中添加了 includes

代码清单 9-11　将 head 移到自己的文件中

_includes/head.html

```
<head>
  <title>Test Page: Don't Panic</title>
  <meta charset="utf-8">
  <link rel="stylesheet" href="/css/main.css">
</head>
```

为了将 head.html 中的内容重新纳入 default.html 布局中，我们将使用 9.3 节提到的 Liquid 语言的第一个示例，如下：

```
{% include head.html %}
```

这里的 include 是一个 Liquid 命令，用来引用相关文件（本例中是 head.html）。特殊的语法 {% ... %} 告诉 Jekyll 用内部代码的解析结果来替换该行内容。因为 Jekyll 会自动在 _includes 目录中查找，所以结果将是将 head.html 中的内容插入。

用对应的 Liquid 片段替换原来的 head 部分，就可以得到代码清单 9-12 中的代码。

代码清单 9-12　使用 Liquid 引入网站 head

_layouts/default.html

```
<!DOCTYPE html>
<html>
  {% include head.html %}
  <body>
```

做完这些更改后，刷新浏览器，以确认该页面仍然正常工作。

9.6.1　页面 Header：顶部

在典型网页的顶部，你通常会发现网站级导航（它把用户从网站的一个页面带到另一个页面）和网站商标。

这一部分通常被称为页面 header（如图 9-13 所示）（不要与 head 标签混淆，head 标签是 HTML header）。在全站范围内实现这样的 header 是 Jekyll includes 的一个完美应用。

图 9-13　流行网站上的网页 header

首先，在 default.html 文件的顶部添加一个新的 Liquid 标签，指向 header.html（稍后会创建），如代码清单 9-13 所示。

代码清单 9-13　引入 header 的 HTML

_layouts/default.html

```
<!DOCTYPE html>
<html>
  {% include head.html %}
  <body>
    {% include header.html %}
    <div class="full-hero hero-home">
      <h1>I'm an h1</h1>
      <ul class="social-list">
```

接下来，在 _includes 文件夹中创建一个名为 header.html 的空白文件○：

```
$ touch _includes/header.html
```

header 本身将使用两个语义元素（即有意义的元素）：header 元素中包含 header，nav 元素中包含导航链接，这些链接（与 8.5 节中的社交账号链接一样）被组织成一个无序列表 ul。我们还将使用类 header 和 header-nav，以便在各种浏览器中应用样式（方框 9-2）。结果代码如代码清单 9-14 所示。

代码清单 9-14　网页 header 的基本结构

_includes/header.html

```
<header class="header">
  <nav>
    <ul class="header-nav">
      <li><a href="/">Home</a></li>
      <li><a href="#">Nav 1</a></li>
      <li><a href="#">Nav 2</a></li>
      <li><a href="#">Nav 3</a></li>
    </ul>
```

───────────

○　当然，你也可以使用文本编辑器创建文件，而不使用 touch。

```
  </nav>
  <a href="/" class="header-logo">Logo</a>
</header>
```

保存并刷新浏览器，你会看到新的网页 header（如图 9-14 所示）（我们将在 9.6.2 节中解释放置的 logo）。

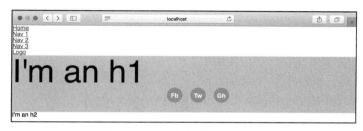

图 9-14　不太好看的 header

方框 9-2：样式说明：用类为 HTML5 的元素设计样式

　　为了确保最大限度的兼容性，直接使用较新的 HTML5 语义元素（如 header 和 nav）并不是一个好主意。因为不可避免地会有一些用户使用不支持这些语义元素的旧浏览器访问网站——尽管这种情况在逐年减少。

　　当旧浏览器遇到新的 HTML 标签时，它会把它们看作是普通的 div，任何针对这些标签的样式都会被忽略。为了避免这种情况，最好是给这些元素加上类，然后再针对这些类设置样式。

　　例如，我们要避免直接给 header 设置样式：

```
header {
  background: #000;
}
```

　　相反，我们将给 header 标签一个类 header（如代码清单 9-14 所示），然后以该类为目标（注意前面的点）：

```
.header {
  background: #000;
}
```

　　这样，即使在旧浏览器中我们的样式也能正常显示。

9.6.2　导航和导航内容

　　现在，让我们设计一下那个难看的 header 吧！

　　我们设计的目标是创建一个传统的 header：左边有一个 logo，将用户带回首页；右上方有一个网站导航。最后，我们将改变 header 的位置，使其位于下方内容之上。

　　我们要做的第一件事是将导航移到右边，并将 li 的 display 属性设置为 inline-block，将它们放入同一行中。

　　我们建议在 global styles 之后插入样式，结果如代码清单 9-15 所示。

代码清单 9-15　添加 header 样式

css/main.css

```
/* HEADER STYLES */
.header-nav {
  float: right;
}
.header-nav > li {
  display: inline-block;
}
```

注意，在代码清单 9-15 中，我们使用了更高级的子项选择器 > 来定位 li（如之前方框 8-1 中所述）。这是为了确保如果我们想在菜单中放入二级链接，只有直接的子链接才是 inline-block（事实上，我们将在 13.4 节中这样做）。

图 9-15　导航向右移动，并且保持在同一行

保存并刷新后，你会看到菜单移动了（如图 9-15 所示）。

你可能想知道，代码清单 9-14 中，虽然从左到右看 header 时，logo 处于第一位，但是为什么 logo 会在导航列表的下面。原因是我们要把导航浮动在屏幕的右侧，如果在 HTML 顺序中，logo 出现在导航前面，那么导航菜单将从 logo 的底部开始。这是因为即使是浮动元素，也会遵守它前面的块级元素或内联元素的行高和位置，在这种情况下，会导致 logo 周围出现不需要的空间。你可以自己切换 logo 和导航链接的位置来检验这一点，你会看到菜单开始的位置降低（如图 9-16 所示）。

图 9-16　将 logo 换到前面，会增加不必要的空间

现在，让我们在列表项上添加一些内边距，使这些链接更好看。我们将添加一些内边距，使导航远离页面边缘：

```
padding: 5.5vh 60px 0 0;
```

我们还将给导航中的每个 li 留出一点左外边距，这样它就不会撞到邻居：

```
margin-left: 1em;
```

对于链接本身，我们将改变颜色和大小，使字体变粗以便于阅读，去掉链接默认的下划线（大约 99% 的网页 header 都是这样做的），将文本自动转化为大写字母：

```
color: #000;
font-size: 0.8rem;
font-weight: bold;
text-decoration: none;
text-transform: uppercase;
```

在添加适当的选择器之后，样式的更改如代码清单 9-16 所示。

代码清单 9-16　设计导航链接的样式

css/main.css

```
.header-nav {
  float: right;
  padding: 5.5vh 60px 0 0;
}
.header-nav > li {
  display: inline-block;
  margin-left: 1em;
}
.header-nav a {
  color: #000;
  font-size: 0.8rem;
  font-weight: bold;
  text-decoration: none;
  text-transform: uppercase;
}
```

现在页面导航应该如图 9-17 所示。

那么，我们是如何得出这些样式的呢？
先添加一些样式规则，然后调整属性值的数
字，直到看起来还不错。设计不是一个一成
不变的过程——通常你只需要改变数字，直
到得到你喜欢的样式。在设计网站时，往往
会有一段较长的实验期，所以即使你在工作
时需要花很多时间才能把事情做好，也不用担心！

图 9-17　导航链接现在更美观了

练习

你可以将动态文本加载到 include 中。要尝试这一点，请在 header.html 的某个地方添加代码 {{include.content }}，然后在布局中把 include 标签改为 {% include header.html content="This is my sample note." %}。

9.7　高级选择器

为了给网页 header 增加一些修饰，我们将引入一些更高级的 CSS 选择器，继续为页面的其他部分添加更多的样式设计。这些高级选择器包括伪类选择器、first-child/last-child 和兄弟选择器。

9.7.1　伪类

当用户移动到链接上时，让链接有一些反应是很好的，特别是当我们把代码清单 9-16 中链接上的下划线去掉后。链接上的下划线被称为交互提示设计，它们的存在是为了给用户提示：如果把光标移到链接上并单击，就会发生一些事情。

有些人可能会说，网站上的所有链接都应该有交互提示，或者用下划线，或者使它们看起来像按钮一样，以将它们清楚地标记为可单击内容（神圣的说法！！）。不过，现在大多数互联网用户已经习惯了在 header 中放置没有下划线（或其他特殊样式）的文本链接。你只需要知道页面顶部的内容是可单击的。

不过，在没有下划线或其他交互提示的情况下，用户光标滚动到链接上时给用户响应是很重要的（包括在移动端（方框 9-3））。你肯定希望人们明白他们正在与一个元素互动，即他们执行操作后这个元素会有所响应。

方框 9-3：样式说明：移动端在悬停方面的考虑

移动端用户看不到悬停状态，所以你要始终确保设计的样式对移动端和桌面端用户都有意义。实现这点的一个方法是进行一些样式设计，以便链接被单击时会发生变化。

你可能认为这些变化会自动发生，但实际上，如果你对浏览器默认样式做了任何改变，你都需要使用 :active 伪类来定义链接与人交互时的样式。

如果你最终删除了桌面网站所有的可单击提示，你可能要考虑使用媒体查询来添加一些针对移动用户的提示。我们将在第 13 章的媒体查询中进一步讨论这一点。

所有的 HTML 链接都有一组伪类，它可以让开发者给链接设置不同的交互样式：

❑ :hover: 设置用户滚动到链接上时的样式（适用于任何元素，不仅仅是链接）；
❑ :active: 设置用户单击链接时的样式；
❑ :visited: 设置用户访问过链接页面后的样式。

给样式声明添加伪类的方法是将元素或类名与伪类结合，像这样：

```
.header-nav a:hover {
  color: #ed6e2f;
}
```

对伪类 :hover 的使用可以使用户鼠标悬停在链接上时改变链接颜色（现在我们只是随机选了橙色，它在蓝色背景下会很显眼）。

我们还将添加第二个更改，即使用 opacity 属性使 logo 在悬停时部分透明。结果如代码清单 9-17 所示。

代码清单 9-17　为导航链接添加悬停状态

css/main.css

```
.header-nav a:hover,
.header-nav a:active {
  color: #ed6e2f;
}
.header-logo:hover,
.header-logo:active {
  opacity: 0.5;
}
```

注意，为了给移动用户提供反馈，我们给伪类 :active 也添加了同样的样式（如方框 9-3 所述）。

保存并刷新，现在悬停在导航链接上时它会变成橙色，logo 会变成 50% 的透明（opacity 样式的工作方式类似于十进制百分比），如图 9-18 所示。

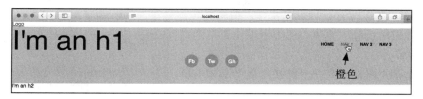

图 9-18 更美观了

还有很多其他非常有用的伪类经常被用于布局设计。我们将在本节剩余部分讨论其中的一些伪类，并在 13.5 节看到更多的示例。

练习 1

1. 现在你已经了解如何设计悬停样式了，请尝试设计 .social-link 的悬停状态，使其改变背景颜色。

2. 正如本节所述，像 :hover 这样的伪类不仅仅适用于链接。尝试添加一个能改变 .full-hero 元素背景颜色的悬停状态。

9.7.2　first-child

为了表明导航菜单中的首页链接特别重要，让我们设置它的颜色与其他链接不同。我们可以用一个单独的类来实现这一点，但由于首页总是菜单中的第一个链接，我们也可以用伪类 first-child 来实现。这个伪类只对父元素的第一个子元素应用样式。还有一个伪类 last-child ，以及许多其他超出本书范围的类。

我们让首页链接样式与其他链接样式相反，将它默认为橙色，悬停时为黑色。为了使用伪类 first-child，我们要确保要锁定的元素包含在一个容器中，并且这个容器中没有其他类型的元素。这意味着，当你使用 child 伪类时，你需要让元素处于其他 HTML 元素里面。

如果在父元素的第一个子元素和你试图指向的元素之间有任何元素，比如文本，或者不同类型的 HTML 元素，那么伪类 first-child 将不起作用。但是，我们要指向的是 .header-nav 中的第一个 li（如代码清单 9-18 所示），带有类 .header-nav 的 ul 是我们的包容器，而 li 都是可以被指向的子元素。

代码清单 9-18　只改变第一个链接的外观

css/main.css

```
.header-logo:hover,
.header-logo:active {
  opacity: 0.5;
}
.header-nav > li:first-child a {
  color: #ed6e2f;
}
.header-nav > li:first-child a:hover {
  color: #000;
}
```

请注意代码清单 9-18 有多么具体：我们使用的子选择器只指向类 .header-nav 的直接子元素

li。从技术上讲，你不需要这样的精确度，但稍后我们将在页眉中添加一个下拉菜单（13.4 节），如果我们的目标样式过于笼统，那会使下拉菜单的样式设计变得困难。

现在，保存并刷新，第一个链接应该看起来有所不同（如图 9-19 所示）。

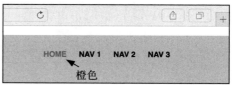

图 9-19　使第一个导航链接变成橙色

练习 2

我们提到还有其他类型的子选择器。试试用 :last-child 改变页面 header 中最后一个 li 中的链接颜色。

9.7.3　兄弟选择器

让我们来看看另外两个高级选择器，在了解它们的工作原理之后，我们将使用其中一个选择器为我们的网站导航添加一个小样式。CSS 支持两个兄弟选择器，这两个选择器在声明时都与子选择器 > 一样：

❑ 相邻兄弟选择器 + ：如果声明主元素后面有一个紧邻元素，则选择该元素。例如，h2 + p，如果 h2 标签后面有一个紧邻 p 标签，则选择该 p 标签。

❑ 通用兄弟选择器 ~ ：如果声明主元素后面有该类型元素，则选择所有这些元素。例如，h2 ~ p 适用于 h2 标签后面的所有 p 标签。

让我们暂停处理 header ，创建一个使用兄弟选择器的示例。用代码清单 9-19 中的 HTML 替换 default.html 文件中的 h2 标签。

代码清单 9-19　替换 h2 并添加一些文本

_layouts/default.html

```
<h2>THE FOUNDERS</h2>
<p>
  Learn Enough to Be Dangerous was founded in 2015 by Michael Hartl, Lee Donahoe,
  and Nick Merwin. We believe that the kind of technical sophistication taught by
  the Learn Enough tutorials can benefit at least a billion people, and probably
  more.
</p>
<p>Test paragraph</p>
```

我们可以用代码清单 9-20 中的内容来指向紧跟在 h2 后面的段落。

代码清单 9-20　添加一个相邻兄弟选择器

css/main.css

```
h2 + p {
  font-size: 0.8em;
  font-style: italic;
  margin: 1em auto 0;
  max-width: 70%;
  text-align: center;
}
```

请注意，只有第一段有样式（如图 9-20 所示）。

图 9-20　只有紧跟在 h2 后面的 p 有样式

现在，如果我们改用代码清单 9-21 中的通用兄弟选择器 ~，则两个段落都会有样式（如图 9-21 所示）

代码清单 9-21　通用选择器指向指定元素后面的所有元素

css/main.css

```css
h2 ~ p {
  font-size: 0.8em;
  font-style: italic;
  margin: 1em auto 0;
  max-width: 70%;
  text-align: center;
}
```

图 9-21　现在 h2 后面的所有 p 标签样式都一样了

你可能已经注意到，图 9-21 中下面的 .bio-box 中的 p 并没有样式。这是因为兄弟选择器不会将样式传递给被包裹在其他元素内的元素。它们只对同一父元素内的元素起作用。

回到 header，我们可以在网页 header 的导航中使用兄弟选择器，以第一个 li 之后的所有 li 为目标，并使用代码清单 9-22 中的样式在视觉上区分这些链接。你可能在网上看到过这样的东西：在导航链接之间有一条小的垂直线，以将它们与列表中的其他链接分开。让我们使用兄弟选择器来添加一些分隔线。

代码清单 9-22　使用通用兄弟选择器来给 header 导航添加样式

css/main.css

```css
.header-nav > li {
  display: inline-block;
  margin-left: 1em;
}
.header-nav > li ~ li {
  border-left: 1px solid rgba(0, 0, 0, 0.3);
  padding-left: 1em;
}
```

代码清单 9-22 中的 .header-nav > li ~ li 表示将后续规则应用于类 .header-nav 中初始 li 元素后的所有 li 元素——换句话说，就是菜单中第一个 li 之后的每个 li。这样，分隔线就会出现在除第一项以外的所有菜单项前面（如图 9-22 所示）。

现在，导航已经很美观了，让我们把注意力转移到 logo 上，这将给我们一个学习 CSS 定位的机会。

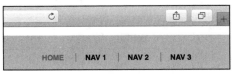

练习 3

如果你不使用代码清单 9-22 中的 ~，而是使用相邻兄弟选择器，会怎么样？

图 9-22 菜单分隔线

9.8 定位

本节我们将聚焦在网站 logo 上，学习 CSS 定位的工作原理，然后 header 的设计就完成了。CSS 定位可能有点棘手，老实说，有些一直在使用 CSS 的人，也经常为如何正确定位感到困惑。所以，如果这一节很长，而且有很多示例，那么请耐心全部看完——你会发现，理解 CSS 定位是一项基本技能。

当你设计元素的位置时，有两种可能性：

1. 让浏览器在文档流的自然位置绘制该元素。

2. 将目标从文档流中移除，并使用方向样式 left、right、top、bottom 和附加维度样式 z-index，将其显示在不同位置。

当一个元素被用方向样式移动到自然位置之外时，它不会影响文档中的其他元素——它要么覆盖其他元素，要么隐藏在它们后面。它就像一艘漂泊的船，从页面的停泊区挣脱出来。

虽然向左、右、上、下移动元素位置是简明易懂的，但你可能并不熟悉 z-index 的概念。z-index 属性（通常是一个非负数，默认为 0——负数会将元素放在所有元素的后面）决定了一个元素是显示在其他元素的上方还是下方，即从浏览者的角度看，是更"进入"屏幕还是更"远离"屏幕。它决定元素的 3D 位置。

你可以把这想成俯视一堆纸——z-index 数字越大，该元素在这堆纸上的位置就越靠上。z-index 为 0 时，就是最底层的那张纸。我们将在 9.9 节看到一个关于 z-index 的具体示例。

为了改变方向样式，我们首先需要改变元素的 position 属性。CSS 中的 position 样式可以被赋予五个不同的值（尽管其中一个并没有真正使用）。我们将从最常见的一个开始：static。

❑ position: static（如图 9-23 所示）
　　❍ 这是文档流中元素的默认定位方式。
　　❍ 一个没有设置 position 或者设置了 position: static 的元素，将忽略 left，right，top 和 bottom 等方向样式。

❑ position: absolute（如图 9-24 所示）
　　❍ 通过将元素从文档流中脱离出来，来将其定位在指定位置，它需要父级容器的 position: 属性值不是 static，或者（如果它没有父级容器）放在浏览器窗口中的指定位置。它仍然是页面内容的一部分，这意味着当你滚动页面时，它与内容一起移动。
　　❍ 允许定义 z-index 属性。

○ 由于该元素已脱离文档流中，所以其宽度或高度是通过收缩到里面的内容或在 CSS 中设置尺寸来确定的。它的行为有点像设置为 inline-block 的元素。

○ 使对象上设置的所有浮动都被忽略，所以如果一个元素上同时具有这两种样式，那不妨删除浮动。

图 9-23　position: static 如何影响元素

图 9-24　position: absolute 如何影响元素

❑ position: relative（如图 9-25 所示）

○ 它与 static 一样，遵守元素在文档流中的原始位置，但它允许应用方向样式，使元素远离其他元素的边界。

○ 它允许包含绝对定位元素，就如相对定位元素是一个画布一样。换句话说，如果一个绝对定位元素位于一个相对定位元素内部，则样式 top: 0 会使绝对定位元素被绘制在相对定位元素的顶部，而不是页面的顶部。

○ 也允许改变元素的 z-index。

❑ position: fixed（如图 9-26 所示）

○ 将元素放置在浏览器窗口中的指定位置，与页面内容完全分离。当你滚动页面时，它不会移动。

○ 可以设置 z-index。

○ 同 position: absolute 一样，需要设置尺寸；否则，它与内部内容的尺寸一致。

○ 也会忽略浮动。

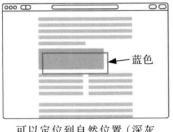
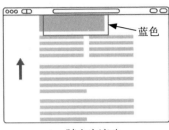

遵守文档流　可以定位到自然位置（深灰　随内容滚动
　　　　　　色长方块）之外，新位置（蓝
　　　　　　色边框色）相对于自然位置

图 9-25　position: relative 如何影响元素

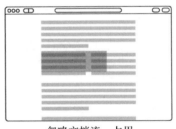
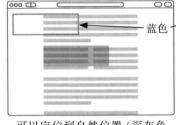

忽略文档流，占用　可以定位到自然位置（深灰色　不会随内容滚动
的页面空间为零　　长方块）之外，新位置（蓝色边
　　　　　　　　　框色）相对于浏览器窗口

图 9-26　position: fixed 如何影响元素

❑ position: inherit

○ 它使元素继承父元素的位置，这个用法不是很常见，所以我们不打算深入讨论它。

让我们用一些示例来说明一下。首先，让我们为 header 添加一些样式，以便更好地看到边界并给它设置尺寸（如代码清单 9-23 所示）。

代码清单 9-23　为类 .header 添加样式

css/main.css

```
/* HEADER STYLES */
.header {
  background-color: #aaa;
  height: 300px;
  width: 100%;
}
```

现在让我们对 .header-logo 进行绝对定位，并将其设置为距底部 50px（如代码清单 9-24 所示）。

代码清单 9-24　为 logo 添加 position: absolute

css/main.css

```
.header-nav > li:first-child a:hover {
  color: #fff;
}
.header-logo {
  bottom: 50px;
  position: absolute;
}
```

保存并刷新，logo 去哪儿了（如图 9-27 所示）？

图 9-27　父容器没有设置 position 样式

logo 链接位于底部，是因为包裹 .header-logo 的父元素没有应用任何 position 样式。另外，如果你上下滚动页面，你会发现 .header-logo 仍会随页面移动。让我们通过添加一个 position 属性来让 logo 留在 header 内，如代码清单 9-25 所示。

代码清单 9-25　在容器上设置一个值非 static 的 position

css/main.css

```
.header {
  background-color: #aaa;
  height: 300px;
  position: relative;
  width: 100%;
}
```

使用了代码清单 9-25 中的 position 规则后，.header-logo 将距离灰色标题框的底部 50px，并且我们给 .header-logo 设置的位置都将以 .header 容器的边界为基准（如图 9-28 所示）。当我们将父级容器设置为 position: relative 时，它就像一个独立的画布——里面所有的绝对定位元素都基于父级边界来定位。

这里要注意，当一个元素被设置为绝对定位时，方向性的样式并不会增加或减少距离，即 bottom: 50px 并不是向上或向下移动它，而是把位置设置在离底部 50px 的地方。所以，right: 50px 将把元素放在离右边缘 50px 的地方。

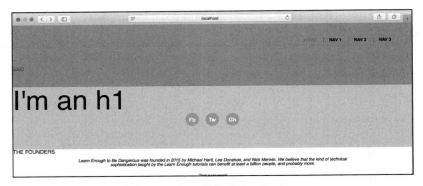

图 9-28　绝对定位的 .header-logo

只要父级容器的 overflow 没有设置为 hidden，位置为负值也可以起作用，绝对定位元素就会被放置在父级容器的边界之外（如代码清单 9-26 所示）。

代码清单 9-26　试试定位为负值

css/main.css

```
.header-logo {
  bottom: -50px;
  position: absolute;
  right: 50px;
}
```

添加该样式并刷新浏览器，logo 的位置应如图 9-29 所示。

图 9-29　将 logo 定位在右侧

你可能会问，那么，如果我同时设置了 top 和 bottom，或者同时设置了 left 和 right，会发生什么？答案是，无论何时，top 和 left 属性将被优先考虑，bottom 和 right 属性将被忽略。

另一件需要考虑的事情是，当你设置 position 属性时，你正在操纵元素并扰乱正常文档流，这意味着可能会导致错位。因此，如果你在 .header 上添加 left: 200px，该元素的宽度（100%）并不会重新计算，相反，整个 .header 框会被（向左）推动 200px，导致浏览器窗口出现水平滚动条，页面支离破碎（如图 9-30 所示）。

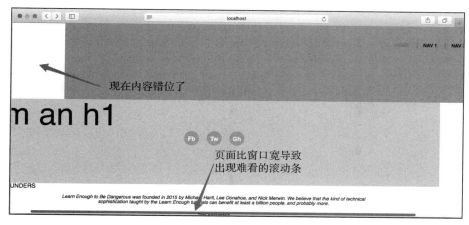

现在内容错位了

页面比窗口宽导致
出现难看的滚动条

图 9-30　看起来很凌乱

你必须小心！

虽然我们只是在学习定位知识，但我们也应该学习一下如何处理在 CSS 定位时出现的问题：如何使一个绝对定位元素无论自身尺寸多大、父容器尺寸多大，都能水平居中和垂直居中？

让我们先看一个老方法。先给居中对象设置高度和宽度——居中这种元素很容易。将 logo 的定位删除并添加一个宽度和高度，并改变背景以更容易查看它（如代码清单 9-27 所示）。

代码清单 9-27　给 logo 添加高度和宽度

css/main.css

```
.header-logo {
  background-color: #000;
  height: 110px;
  position: absolute;
  width: 110px;
}
```

现在，我们把它居中。

你可能会认为，让元素居中很简单，只要给类 .header-logo 的样式添加 left:50% 和 top:50%——这样就可以把它水平居中和垂直居中，对吗（如代码清单 9-28 所示）？

代码清单 9-28　将 .header-logo 居中

css/main.css

```
.header-logo {
  background-color: #000;
  height: 110px;
  left: 50%;
  position: absolute;
  top: 50%;
  width: 110px;
}
```

哦，不，这个方法不奏效的原因是，浏览器定位对象时，它基于同名的边缘来计算距离——所以当你使用 top:50% 时，它使 .header-logo 的上边缘（而不是中心点）距离 .header 的顶部 50%；同样，使用 left: 50% 时，浏览器使左边缘距离 .header 的左边 50%。结果是，我们要定位的对象偏离了其宽度和高度一半的距离（如图 9-31 所示）。

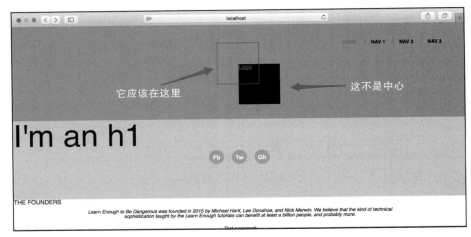

图 9-31　如果垂直居中并水平居中，预期位置是红色方框处

我们如何解决这个问题，让对象处于真正的中心位置？上面提到的老方法是使用负的外边距（8.6.2 节）来向上和向左移动对象。但只有在知道对象大小时才有效，因为百分比之类的东西会根据父对象的大小来移动对象（回忆 7.4 节，百分比的值基于父对象的尺寸）。因为盒子的高度和宽度都是 110px，所以一半是 55px（如代码清单 9-29 所示）。

代码清单 9-29　添加负的外边距，将黑框置于正确位置

css/main.css

```
.header-logo {
  background-color: #000;
  height: 110px;
  left: 50%;
  margin: -55px 0 0 -55px;
  position: absolute;
  top: 50%;
  width: 110px;
}
```

这很好，但只限制在对有固定尺寸的对象进行居中处理（如图 9-32 所示）。

如果你想让一个稍大（或稍小）的对象居中，你必须重新计算尺寸和边距，然后对 CSS 进行修改。这样做的工作量太大，而且对于动态尺寸的元素它就没法使用了。值得庆幸的是，有一种更好的、相对较新的 CSS 样式——transform，可以帮助我们。transform 属性允许开发人员做各种令人惊叹的事情，比如移动对象、旋转对象，以及模拟三维运动。

上面这种新的居中对象的方法，会根据对象本身来计算所有这些移动。因此，如果我们使用 transform 将其向左移动 50%，浏览器会查看对象的宽度，然后将其向左移动自身宽度的

50%，而不是父对象的宽度。

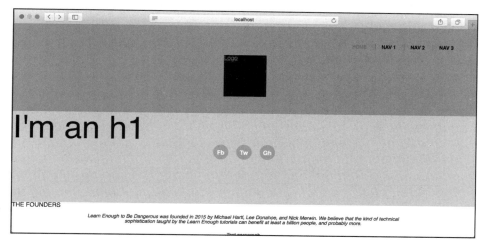

图 9-32　负的外边距起作用了

实际的样式声明是这样的：transform: translate(x, y)——其中，用沿 x 轴方向上的移动距离代替 x（向左为负，向右为正），y 轴也是如此（向上为负，向下为正）。因此，为了将我们的对象向左和向上移动一半的宽度和高度，我们要添加代码清单 9-30 中的 transform 样式（请确保删除在代码清单 9-29 中添加的外边距样式）。

代码清单 9-30　使用 transform 移动对象

css/main.css

```css
.header-logo {
  background-color: #000;
  height: 110px;
  left: 50%;
  position: absolute;
  top: 50%;
  transform: translate(-50%, -50%);
  width: 110px;
}
```

现在，保存并刷新浏览器，你会在灰色 header 的中心看到一个黑框。不管设置 .header-logo 或 .header 的尺寸是多少，它都会垂直和水平居中。要试用它，删除我们给 .header-logo 设置的高度和宽度。

保存并刷新浏览器，变小的盒子仍在垂直和水平方向上居中（如图 9-33 所示）。

一个真正的 logo

好了，定位知识的学习足够了。让我们回到网站，在 .header-logo 中放置一个真正的 logo，使网站看起来更好。在项目目录中，添加一个名为 images 的新文件夹（如图 9-34 所示）：

```
$ mkdir images
```

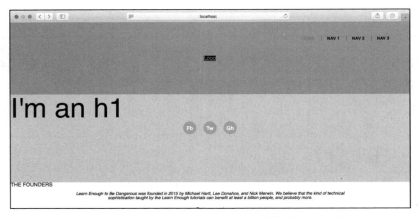

图 9-33 无论对象尺寸多大，它都会保持在正中央

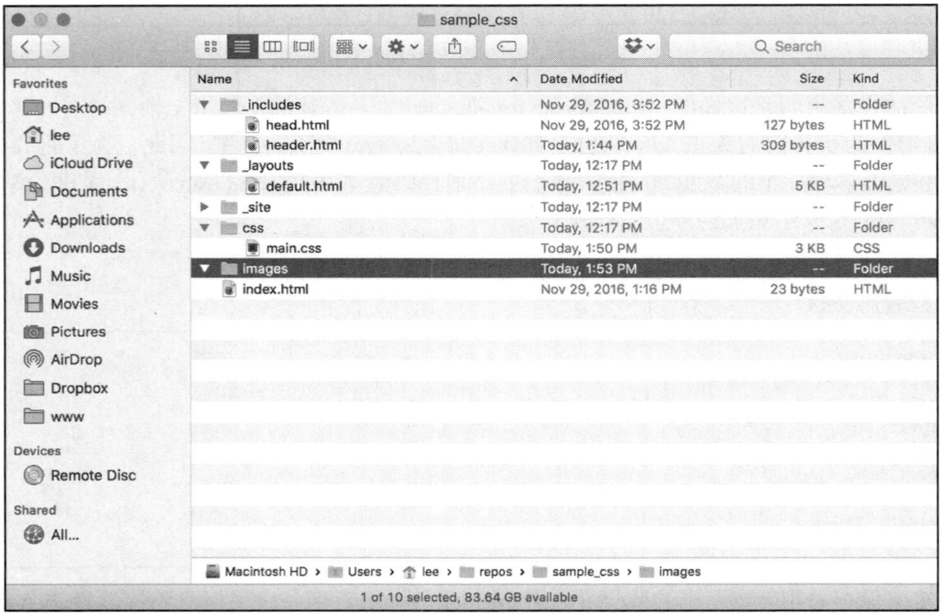

图 9-34 在项目目录中新建 images 文件夹

然后用 curl 命令从 Learn Enough 服务器上获取 logo 图片：

```
$ curl -o images/logo.png -L https://cdn.learnenough.com/le-css/logo.png
```

现在让我们把图片放到 header.html 中（如代码清单 9-31 所示）。结果如图 9-35 所示。

代码清单 9-31 用 logo 图片替换单词"logo"

_includes/header.html

```
<header class="header">
```

```
  <nav>
    <ul class="header-nav">
      <li><a href="/">Home</a></li>
      <li><a href="#">Nav 1</a></li>
      <li><a href="#">Nav 2</a></li>
      <li><a href="#">Nav 3</a></li>
    </ul>
  </nav>
  <a href="/" class="header-logo">
    <img src="/images/logo.png" alt="Learn Enough">
  </a>
</header>
```

图 9-35　页面上的初始（次优）logo

现在，我们要做大量改变，使网站的这部分内容快速成形。我们不会去详细解释选择每个数字的原因，设计网站有时是一个非线性的过程，如果你自己从一张白纸开始做，可能需要做很多实验。

首先，我们将 header 的背景颜色设置为黑色，并将所有文本设置为白色，如下所示：

```
.header {
  background-color: #000;
  color: #fff;
}
```

我们也需要改变链接的颜色，以及导航中第一个子链接的悬停颜色：

```
.header-nav > li:first-child a:hover {
  color: #fff;
}
```

我们还需要改变小分隔线的背景颜色，使其成为部分透明的白色而不是部分透明的黑色：

```
border-left: 1px solid rgba(255, 255, 255, 0.3);
```

然后，我们要把 .header-logo 移到左上方，并把图片缩小一些：

```
.header-logo {
  background-color: #000;
```

```
    box-sizing: border-box;
    display: block;
    height: 10vh;
    padding-top: 10px;
    position: relative;
    text-align: center;
    width: 10vh;
}
.header-logo img {
    width: 4.3vh;
}
```

我们将链接大小设置为 10vh，并将图片宽度设置为容器高度的 4.3%（4.3vh）。我们在尝试了不同的数字后得到了这些值，并确定了这个尺寸，以平衡可读性与不占用太多空间。

你会注意到，大部分的尺寸样式设置在包裹图片的链接上，而不是图片本身。我们这样做的原因是，如果在下载图片时出现问题，或者出现延迟，header 仍然有一个美观的、大的、可单击的链接。

把所有的东西放在一起，我们就得到了代码清单 9-32，包括到目前为止网页 header 的所有样式。

代码清单 9-32　改变 header 和 logo 的样式

css/main.css

```
/* HEADER STYLES */
.header {
  background-color: #000;
  color: #fff;
}
.header-logo {
  background-color: #000;
  box-sizing: border-box;
  display: block;
  height: 10vh;
  padding-top: 10px;
  position: relative;
  text-align: center;
  width: 10vh;
}
.header-logo:hover,
.header-logo:active {
  background-color: #ed6e2f;
}
.header-logo img {
  width: 4.3vh;
}
.header-nav {
  float: right;
  padding: 5.5vh 60px 0 0;
}
.header-nav > li {
  display: inline-block;
  margin-left: 1em;
}
.header-nav > li ~ li {
  border-left: 1px solid rgba(255, 255, 255, 0.3);
  padding-left: 1em;
}
```

```
.header-nav a {
  color: #fff;
  font-size: 0.8rem;
  font-weight: bold;
  text-decoration: none;
  text-transform: uppercase;
}
.header-nav a:hover,
.header-nav a:active {
  color: #ed6e2f;
}
.header-nav > li:first-child a {
  color: #ed6e2f;
}
.header-nav > li:first-child a:hover {
  color: #fff;
}
```

保存并刷新，header 应该如图 9-36 所示。这个 logo 看起来很难看！

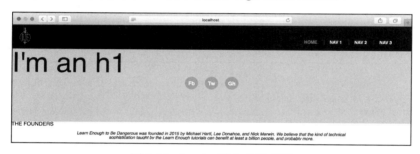

图 9-36　header 现在有样式了

练习

1. 尝试使用你学到的定位规则，将包含社交账号链接的 ul 移到 .full-hero 的左下角。你需要对 .full-hero 做哪些改动才能让社交账号的链接留在里面？

2. 要想知道为什么我们给图片设置尺寸样式和 alt 标签，请尝试删除图片源链接，以模拟浏览器找不到该文件。

9.9　固定 Header

你可能已经注意到了最近的设计趋势，当你向下滚动页面时，header 会粘在屏幕顶部。这就是所谓的固定 header——header 使用 position: fixed 将 header 完全从页面内容中脱离出来，并将其粘在用户的浏览器顶部。如果你的网站需要用户导航到很多不同的部分，固定 header 是一个很好的解决方案，这可以避免他们因为总是必须滚动到顶部才能做一些事情而感到恼火。

实现固定 header 的方法是将 header 的定位改为 fixed，同时为 header 指定一个 z-index。回顾一下 9.8 节的开头，z-index 决定了一个元素是在其他元素的前面还是后面。我们希望给页眉一个大的 z-index 值，以迫使浏览器将该元素绘制在其他元素的上方（如果用纸堆来比喻，就是更接近用户）。

用于改变定位并设置 z-index 的样式如代码清单 9-33 所示。

代码清单 9-33　固定 header 的位置意味着内容将在 header 下面滚动

css/main.css

```
.header {
  background-color: #000;
  color: #fff;
  position: fixed;
  width: 100%;
  z-index: 20;
}
```

当你在浏览器中查看结果时，你会发现 header 现在被钉在屏幕的顶部，当你滚动时，所有内容都会在下面滚动。

顶部的黑条看起来很酷，但如果我们在整个页面周围都设置一个边框呢？在整个网站周围有一个深色区域来框住内容，这看起来很有趣。我们可以用代码清单 9-34 中的样式来进行设置。

代码清单 9-34　让我们在整个网站周围加一个边框，只是为了好玩

css/main.css

```
/* GLOBAL STYLES */
html {
  box-shadow: 0 0 0 30px #000 inset;
  padding: 0 30px;
}
```

代码清单 9-34 引入了 box-shadow 样式，这是一个新 CSS 样式，可以让你给 HTML 元素添加阴影，我们添加的声明是 box-shadow 的简写：x 轴距离、y 轴距离、模糊距离、阴影尺寸、阴影颜色、内部阴影。我们不打算深入研究，但如果你想学习 box-shadow，有很多网站可以让你改变它的设置，比如 CSSmatic box shadow（https://www.cssmatic.com/box-shadow）。

应用代码清单 9-34 中的代码后，你的页面应该如图 9-37 所示。

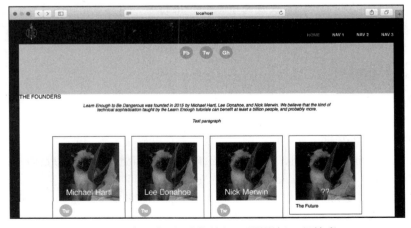

图 9-37　在整个页面周围插入了阴影框，很精彩

保存并刷新，你可能已经注意到，header 中的 logo 现在看起来有点不对劲，因为它已经不在角落里了。这是因为黑框使我们整个网站增加了 30px 的填充。让我们在定位上使用一个负值（−30px）来让它回到原位，如代码清单 9-35 所示。

代码清单 9-35　使用负值将 logo 移回原位

css/main.css

```
.header-logo {
  background-color: #000;
  box-sizing: border-box;
  display: block;
  height: 10vh;
  left: -30px;
  padding-top: 10px;
  position: relative;
  text-align: center;
  width: 10vh;
}
```

固定 header 现在应该如图 9-38 所示（如图所示，鼠标光标位于 logo 上时应该变为橙色）。

图 9-38　一个完整的页头

你可能已经注意到了，在给 header 添加了固定定位后，hero 中的大的 h1 文本被覆盖了。我们将在 10.2 节解决这个问题。

现在，我们已经把 header 整理好了，让我们把注意力转移向网站的末端。

练习

要知道为什么定义标题的 z-index 很重要，可以尝试把 z-index 的值设为 1，然后给 .social-list 类添加样式，并设置 position:relative 和 z-index:40. 然后滚动页面。

9.10　页脚，包含在 includes 中

创建并设计网站 header 之后，下一步自然是设计页面 footer。它是位于网站底部的导航 / 信息部分（如图 9-39 所示）。

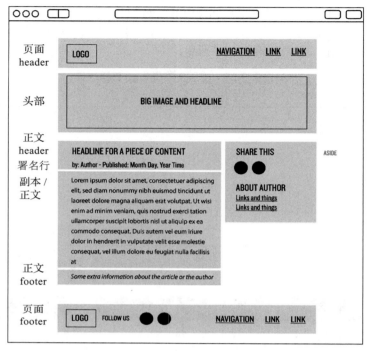

图 9-39　关于典型网页要素的复习，包括页面 footer

通常情况下，footer 是对 header 中导航元素的部分复制（只是样式略有不同），但许多网站会添加很多其他内容——从商店位置、营业时间到其他内容的链接。

由于 footer 位于页面的末尾，包含辅助信息，因此你不需要担心空间问题（底部有足够的空间）。我们的意思是，你可以把 footer 看作是额外的空间，用户并不需要查看里面的所有内容。许多网站，如亚马逊，在页面底部的一个巨大的页脚中设置了很多内容（如图 9-40 所示）。

我们首先在 _includes 文件夹中创建一个新的 footer.html 文件：

```
$ touch _includes/footer.html
```

接下来，我们将添加一些 HTML。我们要用另一个 HTML5 语义标签，即 footer 标签来包裹 footer。与 header 标签一样，这是一个语义元素，其工作方式与标准的 div 一样，但可以让自动网站阅读器（例如网络爬虫和视障人士的屏幕阅读器）更好地了解其内容的用途。我们还将添加一个与 header 类似的 logo 链接，结果如代码清单 9-36 所示。

代码清单 9-36　添加 footer 基本结构

_includes/footer.html

```html
<footer class="footer">
  <a class="footer-logo" href="/">
    <img src="/images/logo.png" alt="Learn Enough"/>
  </a>
  <h3>Learn Enough <span>to Be Dangerous</span></h3>
</footer>
```

这个巨大的 footer 比浏览器窗口还大

这并不完全是费曼所说的"底部有很多空间"的意思，但这句话是事实！网站底部总是有很多空间

图 9-40　一个巨大的页脚

为了在默认布局中包含 footer，我们将遵循代码清单 9-12 中的形式，使用 Liquid 在 default.html 中 body 标签结尾之前插入 footer.html 的内容（如代码清单 9-37 所示）。

代码清单 9-37　在默认布局中加入 Liquid 标签

_layouts/default.html

```
    .
    .
    .
  </p>
  {% include footer.html %}
  </body>
</html>
```

现在让我们添加一些样式。我们会给 footer 一个黑色背景，就像 header 一样，并且我们给它一些内边距。我们将通过使用单位 vh 来确保里面的内容易于阅读，这将使我们的内边距占据屏幕的很大一部分：

```
background-color: #000;
padding: 10vh 0 15vh;
```

我们还将限制 logo 的大小，使它不是一个巨大的图片，并对 h3 和它里面的 span 进行样式设计（只是添加一点设计细节，使一些文本有不同的颜色）。总之，footer 的样式如代码清单 9-38 所示。

代码清单 9-38　footer 的初始样式

css/main.css

```
/* FOOTER STYLES */
```

```
.footer {
  background-color: #000;
  padding: 10vh 0 15vh;
  text-align: center;
}
.footer-logo img {
  width: 50px;
}
.footer h3 {
  color: #fff;
  padding-top: 1.5em;
  text-transform: uppercase;
}
.footer h3 span {
  color: #aaa;
}

/* HERO STYLES */
```

保存并刷新，结果应该如图 9-41 所示。

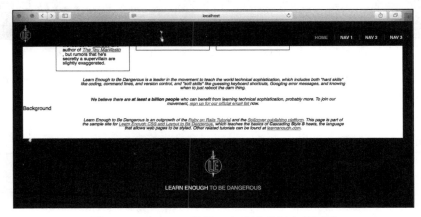

图 9-41　对 footer 的第一次尝试看起来很不错

它看起来……还不错！

但是，让我们把它变得更有用一些，并添加 header 中的导航链接。你可以直接从 header 中复制粘贴 HTML，但如果你添加了一个新页面，就必须在两个地方都对导航进行修改……我们希望这能激发你的编程欲望。由于这些在 header 和 footer 中的导航链接都是一样的，我们可以在 includes 中创建一个新的 include。

我们不想使用代码清单 9-14 中的外层 ul，因为它上面应用了一个 .header-nav 类（好吧，你可以在 include 中加入这个类，然后删除 header 中所有的样式，再重新设计适应 footer 的样式——但这需要做很多不必要的工作）。

因此，我们的新 include 中将只有 li 和链接——换句话说，就是那些肯定会重复的内容。

为了消除链接中的重复内容，让我们在 _includes 目录下创建一个新文件，并命名为 nav-links.html：

```
$ touch _includes/nav-links.html
```

然后把 .header-nav 中的 li 和链接剪切下来，粘贴到新的 include 中，如代码清单 9-39 所示。

代码清单 9-39　我们剪切并粘贴了 li 和链接

_includes/nav-links.html

```
<li><a href="/">Home</a></li>
<li><a href="">Nav 1</a></li>
<li><a href="">Nav 2</a></li>
<li><a href="">Nav 3</a></li>
```

有了代码清单 9-39 中的代码，我们可以用 Liquid 标签替换 header 文件中的链接，如代码清单 9-40 所示。

代码清单 9-40　用 include 和第二个类来更新 header

_includes/header.html

```
<ul class="header-nav nav-links">
  {% include nav-links.html %}
</ul>
```

请注意，我们在代码清单 9-40 中还添加了一个 .nav-links 类，这样我们就可以为 header 和 footer 的共享链接添加样式。之前，我们使用 .header-nav 类（在代码清单 9-14 中介绍）来定位和设置链接的样式，但现在链接将出现在多个地方，这不再是一个可以用来定义 header 和 footer 共同样式的好名字。

现在我们已经将导航链接放入了一个单独的 include 中，让我们把它添加到 footer 的导航部分。为了设置 footer 的特定样式，我们还会添加一个 .footer-nav 类（与 header 的 .header-nav 类相类似），以及代码清单 9-40 中添加的通用类 nav-links。结果如代码清单 9-41 所示。

代码清单 9-41　用于加载 footer 中链接的新 Liquid 标签

_includes/footer.html

```
<footer class="footer">
  <a class="footer-logo" href="/">
    <img src="/images/logo.png" alt="Learn Enough"/>
  </a>
  <nav>
    <ul class="footer-nav nav-links">
      {% include nav-links.html %}
    </ul>
  </nav>
  <h3>Learn Enough <span>to Be Dangerous</span></h3>
</footer>
```

现在让我们添加一些样式。首先，我们应该把之前定义在 .header-nav a 上的一些样式移到 .nav-links a 上，并把针对 :hover 和 :active 状态的类从 .header-nav 改为 .nav-links，如代码清单 9-42 所示。

代码清单 9-42　将链接样式移到新的类 .nav-links 中

css/main.css

```
.header-nav a {
```

```
    color: #fff;
}
.nav-links a {
    font-size: 0.8rem;
    font-weight: bold;
    text-decoration: none;
    text-transform: uppercase;
}
.nav-links a:hover,
.nav-links a:active {
    color: #ed6e2f;
}
```

我们希望在 header 和 footer 中的导航链接相似，然后通过 .header-nav 类或 .footer-nav 对链接进行定位，来实现某一处的特定变化。

最后，我们添加针对 footer 的样式，如代码清单 9-43 所示。

代码清单 9-43　footer 导航和链接的新样式

css/main.css

```
.footer-nav li {
    display: inline-block;
    margin: 2em 1em 0;
}
.footer-nav a {
    color: #ccc;
}
```

保存并刷新，会有一个漂亮的 header 和 footer，它们都是从同一个地方提取导航链接的（如图 9-42 所示）。

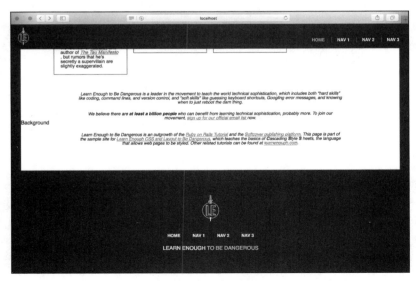

图 9-42　用来自同一个 include 的导航链接对 header 和 footer 进行样式设计

如果你想再次检查并同步所有样式，代码清单 9-44 提供了该网站目前所有的 CSS 声明。

代码清单 9-44 完整的 header 和 footer 样式

css/main.css

```css
html, body, div, span, applet, object, iframe,
h1, h2, h3, h4, h5, h6, p, blockquote, pre,
a, abbr, acronym, address, big, cite, code,
del, dfn, em, img, ins, kbd, q, s, samp,
small, strike, strong, sub, sup, tt, var,
b, u, i, center, dl, dt, dd, ol, ul, li,
fieldset, form, label, legend, table, caption,
tbody, tfoot, thead, tr, th, td, article, aside,
canvas, details, embed, figure, figcaption, footer,
header, hgroup, menu, nav, output, ruby, section,
summary, time, mark, audio, video {
  margin: 0;
  padding: 0;
  border: 0;
  font: inherit;
  vertical-align: baseline;
}
/* HTML5 display-role reset for older browsers */
article, aside, details, figcaption, figure,
footer, header, hgroup, menu, nav, section {
  display: block;
}
body {
  line-height: 1;
}
blockquote, q {
  quotes: none;
}
blockquote:before, blockquote:after,
q:before, q:after {
  content: '';
  content: none;
}
table {
  border-collapse: collapse;
  border-spacing: 0;
}
strong, b {
  font-weight: bold;
}
em, i {
  font-style: italic;
}
a img {
  border: none;
}
/* END RESET*/

/* GLOBAL STYLES */
html {
  box-shadow: 0 0 0 30px #000 inset;
  padding: 0 30px;
}
body {
  font-family: helvetica, arial, sans;
}
h1 {
  font-size: 7vw;
```

```css
  margin-top: 0;
}
a {
  color: #f00;
}
h2 ~ p {
  font-size: 0.8em;
  font-style: italic;
  margin: 1em auto 0;
  max-width: 70%;
  text-align: center;
}

/* HEADER STYLES */
.header {
  background-color: #000;
  color: #fff;
  position: fixed;
  width: 100%;
  z-index: 20;
}
.header-logo {
  background-color: #000;
  box-sizing: border-box;
  display: block;
  height: 10vh;
  left: -30px;
  padding-top: 10px;
  position: relative;
  text-align: center;
  width: 10vh;
}
.header-logo:hover,
.header-logo:active {
  background-color: #ed6e2f;
}
.header-logo img {
  width: 4.3vh;
}
.header-nav {
  float: right;
  padding: 5.5vh 60px 0 0;
}
.header-nav > li {
  display: inline-block;
  margin-left: 1em;
}
.header-nav > li ~ li {
  border-left: 1px solid rgba(255, 255, 255, 0.3);
  padding-left: 1em;
}
.header-nav a {
  color: #fff;
}
.nav-links a {
  font-size: 0.8rem;
  font-weight: bold;
  text-decoration: none;
  text-transform: uppercase;
}
.nav-links a:hover,
.nav-links a:active  {
```

```css
    color: #ed6e2f;
  }
  .header-nav > li:first-child a {
    color: #ed6e2f;
  }
  .header-nav > li:first-child a:hover {
    color: #fff;
  }

  /* FOOTER STYLES */
  .footer {
    background-color: #000;
    padding: 10vh 0 15vh;
    text-align: center;
  }
  .footer-logo img {
    width: 50px;
  }
  .footer h3 {
    color: #fff;
    padding-top: 1.5em;
    text-transform: uppercase;
  }
  .footer h3 span {
    color: #aaa;
  }
  .footer-nav li {
    display: inline-block;
    margin: 2em 1em 0;
  }
  .footer-nav a {
    color: #ccc;
  }

  /* HERO STYLES */
  .full-hero {
    background-color: #c7dbfc;
    height: 50vh;
  }

  /* SOCIAL STYLES */
  .social-list {
    list-style: none;
    padding: 0;
    text-align: center;
  }
  .social-link {
    background: rgba(150, 150, 150, 0.5);
    border-radius: 99px;
    box-sizing: border-box;
    color: #fff;
    display: inline-block;
    font-family: helvetica, arial, sans;
    font-size: 1rem;
    font-weight: bold;
    height: 2.5em;
    line-height: 1;
    padding-top: 0.85em;
    text-align: center;
    text-decoration: none;
    vertical-align: middle;
    width: 2.5em;
```

```
  }
.social-list > li {
  display: inline-block;
  margin: 0 0.5em;
}

/* BIO STYLES */
.bio-wrapper {
  font-size: 24px;
  margin: auto;
  max-width: 960px;
  overflow: hidden;
}
.bio-box {
  border: 1px solid black;
  box-sizing: border-box;
  float: left;
  font-size: 1rem;
  margin: 40px 1% 0;
  padding: 2%;
  width: 23%;
}
.bio-box h3 {
  color: #fff;
  font-size: 1.5em;
  margin: -40px 0 1em;
  text-align: center;
}
.bio-box img {
  width: 100%;
}
.bio-box .social-link {
  display: block;
  margin: 2em 0 1em;
}
.bio-copy {
  font-size: 1em;
}
.bio-copy a {
  color: green;
}
```

最后，如果你还没有进行 Git 提交和部署，现在是个好时机：

```
$ git add -A
$ git commit -m "Finish initial layout"
```

你会发现，GitHub Pages 完全支持 Jekyll，它可以根据仓库的内容自动生成和显示网站——免费的静态网站托管！

练习

（挑战）就像我们刚才将 header 链接模块化的方式一样，首先创建一个新的 include，使 hero 中的社交账号链接成为一个 include，可以插入到网站的其他地方。然后使用正确的 include 标签把它放回原来的位置，同时创建第二个 include，把社交账号链接放到 footer 的一个新的 ul 中。

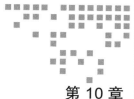

第 10 章　Chapter 10

页面模板和 frontmatter

你可能已经注意到，我们在完成第 9 章时有一个很大的漏洞：默认"布局"default.html 包含了首页所有的正文——这使得它作为一个布局文件实际上是毫无用处的，因为它不能显示其他页面的正文。在这一章中，我们将通过学习如何动态插入内容来解决这个问题，从而使我们的布局成为一个真正可重用的模板。

10.1　模板内容

正如 9.4 节提到的，default.html 的当前状态并不是使用 Jekyll 布局的标准方式。原因是布局应该是模板，提供组装整个页面的指令，而不是包含整个页面的内容本身。目前，default.html 中的正文实际上只是 index.html 的正文。如果我们想用 default.html 作为其他页面的模板，我们需要一些方法来插入这些页面的特定内容。

Jekyll 中做到这一点的方法是用一个特殊的 Liquid 标签替换模板中的内容，该标签可以动态插入内容，这样它就可以为每个页面提供不同的内容。该标签格式如下所示：

```
{{ content }}
```

这个标签告诉 Jekyll 将用户正在加载的页面内容（如首页 index.html）插入到布局文件中。有了这个标签，我们就可以随意创建页面，而且每个页面都可以有自己的内容，这些内容将被构建到最终页面中。所有新页面都会如我们希望的那样，具有相同的 header、footer 和其他结构（从而遵守 DRY 原则（方框 5-2））。

为了使其发挥作用，我们将从重构首页开始，将首页的特定内容从 default.html 移到 index. html，然后在默认模板中动态插入这些内容。第一步是用文本编辑器将 default.html 中位于页眉和页脚之间的内容剪掉，然后用上面的 Liquid 标签替换它，结果如代码清单 10-1 所示。

代码清单 10-1　用 Liquid 标签替换内容

_layouts/default.html

```
<!DOCTYPE html>
<html>
  {% include head.html %}
  <body>
    {% include header.html %}

    {{ content }}

    {% include footer.html %}
  </body>
</html>
```

第二步是将你刚刚从 default.html 中剪切的内容粘贴到 index.html 中（同时保留代码清单 9-2 中 Jekyll 的 frontmatter）。因为这是一次重构，所以当你刷新页面时，内容应该不会变化。如果你觉得可能做错了，不要担心，下一节的代码清单 10-2 列出了完整的代码。

其工作方式是，Jekyll 自动收集 index.html 中的内容（即除 frontmatter 以外的所有内容）到一个名为 content 的特殊变量（方框 10-1）中，然后用代码清单 10-1 中的 Liquid 命令插入通过 layout: default 指定的模板。

方框 10-1：什么是变量

　　如果你以前从未接触过计算机编程，可能对变量这个术语不熟悉，它是计算机科学中的一个基本概念。你可以把变量看作是一个可以容纳不同（或"可变"）内容的命名框。作一个具体的类比，许多小学为学生提供贴有标签的盒子，用来存放衣物、背包、书籍等（如图 10-1⊖所示）。

　　在 Jekyll 模板的上下文中，页面上的内容（如 index.html）会被自动收集到一个名为 content 的变量中，并通过上述特殊命令 {{ content }} 插入到模板中（如代码清单 10-1 所示）。

图 10-1　计算机变量的具体类比形式

　　请注意，{{ content }} 是 Jekyll 插入内容变量的一个通用指令，在这种情况下，插入的是用户访问的任何页面的内容（例如，index.html）。它是一种通配符，与 {% include footer.html %} 这样的 Liquid 标签不同，后者只是引入指定文件的内容，我们将在 12.1 节深入讨论变量。

　　我们将在 10.4 节和 12.1 节充分利用我们灵活的布局模板。不过，首先，我们应该让首页看起来不那么无聊。

练习

1. 在根目录下创建一个名为 test.html 的新文件，在 frontmatter 中指定默认布局，并添加

⊖　图片由 Africa Studio/Shutterstock 提供。

内容 "第四次，我希望也是最后一次，hello world"。在浏览器中访问 http://localhost:4000/test.html，以验证它是否正常显示。

2. 在 _layouts 目录下创建一个新文件，只为其添加一个 {{ content }} 标签。然后改变 index.html 中的 frontmatter，以使用这个新的布局构建页面。在浏览器中访问 http://localhost:4000/，看看结果。

10.2 没有比首页更合适的地方了

我们将从在 7.7 节创建的 hero 部分开始设计首页样式。正如我们在那里提到的，你可能已经看到很多网站在页面顶部都有漂亮的大图片，这些部分名字不同——hero、广告牌、色块等——但是，无论叫什么名字，它们的目标都是一样的：在页面中添加一个醒目的、有吸引力的图形元素，以确定基调并吸引读者的注意力。但是，我们目前的纯蓝色 hero 相当无用，所以我们应该改变这一点。

首先为对 hero 改进做准备，对首页上的内容进行更新。新 index.html 如代码清单 10-2 所示。请注意，我们把页面底部的文字放进了带有新类名的 div 里（所有内容都在类名为 .home-callout 的 div 里），并把它移到了页面的顶部。我们还删除了最后一个带有问号的 .bio-box。

你可能会发现从代码清单 10-2 中复制和粘贴比自己重写更容易，如果你想自己动手写，请随时调整页面内容，使其匹配。结果应该如图 10-2 所示。

代码清单 10-2 更新首页 HTML

index.html

```
---
layout: default
---

<div class="full-hero hero-home">
  <h1>I'm an h1</h1>
  <ul class="social-list">
    <li>
      <a href="https://example.com/" class="social-link">Fb</a>
    </li>
    <li>
      <a href="https://example.com/" class="social-link">Tw</a>
    </li>
    <li>
      <a href="https://example.com/" class="social-link">Gh</a>
    </li>
  </ul>
</div>

<div class="home-callout">
  <h1 class="callout-title">The Learn Enough Story</h1>
  <div class="callout-copy">
    <p>
      Learn Enough to Be Dangerous is a leader in the movement to teach the world
      <em>technical sophistication</em>, which includes both "hard skills" like
      coding, command lines, and version control, and "soft skills" like guessing
      keyboard shortcuts, Googling error messages, and knowing when to just
      reboot the darn thing.
```

```
    </p>
    <p>
      We believe there are <strong>at least a billion people</strong> who can
      benefit from learning technical sophistication, probably more. To join our
      movement, <a href="https://learnenough.com/#email_list">sign up for our
      official email list</a> now.
    </p>
    <h3>Background</h3>
    <p>
      Learn Enough to Be Dangerous is an outgrowth of the
      <a href="https://www.railstutorial.org/">Ruby on Rails Tutorial</a> and the
      <a href="https://www.softcover.io/">Softcover publishing platform</a>. This
      page is part of the sample site for <a
      href="https://learnenough.com/css-tutorial"><em>Learn Enough CSS and Layout
      to Be Dangerous</em></a>, which teaches the basicics of
      <strong>C</strong>ascading <strong>S</strong>tyle
      <strong>S</strong>heets, the language that
      allows web pages to be styled. Other related tutorials can be found at
      <a href="https://learnenough.com/">learnenough.com</a>.
    </p>
  </div>
</div>

<div class="home-section">
  <h2>THE FOUNDERS</h2>
  <p>
    Learn Enough to Be Dangerous was founded in 2015 by Michael Hartl, Lee
    Donahoe, and Nick Merwin. We believe that the kind of technical
    sophistication taught by the Learn Enough tutorials can benefit at least a
    billion people, and probably more.
  </p>

  <div class="bio-wrapper">
    <div class="bio-box">
      <img src="https://placekitten.com/g/400/400">
      <h3>Michael Hartl</h3>
      <a href="https://twitter.com/mhartl" class="social-link">
        Tw
      </a>
      <div class="bio-copy">
        <p>
          Known for his dazzling charm, rapier wit, and unrivaled humility,
          Michael is the creator of the
          <a href="https://www.railstutorial.org/">Ruby on Rails
          Tutorial</a> and principal author of the
          <a href="https://learnenough.com/"> Learn Enough to Be Dangerous</a>
          introductory sequence.
        </p>
        <p>
          Michael is also notorious as the founder of
          <a href="http://tauday.com/">Tau Day</a> and author of
          <a href="http://tauday.com/tau-manifesto"><em>The Tau
          Manifesto</em></a>, but rumors that he's secretly a supervillain are
          slightly exaggerated.
        </p>
      </div>
    </div>
    <div class="bio-box">
      <img src="https://placekitten.com/g/400/400">
      <h3>Lee Donahoe</h3>
      <a href="https://twitter.com/leedonahoe" class="social-link">
        Tw
```

```
    </a>
    <div class="bio-copy">
      <p>
        When he's not literally swimming with sharks or hunting powder stashes
        on his snowboard, you can find Lee in front of his computer designing
        interfaces, doing front-end development, or writing some of the
        interface-related Learn Enough tutorials.
      </p>
    </div>
  </div>
  <div class="bio-box">
    <img src="https://placekitten.com/g/400/400">
    <h3>Nick Merwin</h3>
    <a href="https://twitter.com/nickmerwin" class="social-link">
      Tw
    </a>
    <div class="bio-copy">
      <p>
        You may have seen him shredding guitar live with Capital Cities on
        Jimmy Kimmel, Conan, or The Ellen Show, but rest assured Nick is a true
        nerd at heart. He's just as happy shredding well-spec'd lines of code
        from a tour bus as he is from his kitchen table.
      </p>
    </div>
  </div>
  </div>
  </div>
```

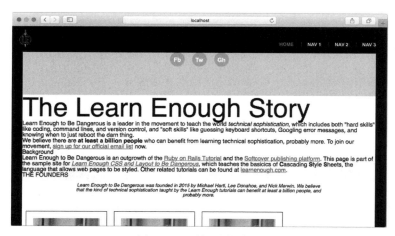

图 10-2 更新后的首页

为了更新 hero，我们首先增加在 7.7 节设计的类 .full-hero 的大小，使其达到整个浏览器窗口的大小。要做到这一点，我们将使用 height: 100vh（7.7 节）将 height 设置为窗口高度的 100%：

```
.full-hero {
  height: 100vh;
}
```

我们还将使用 background-image 属性添加一个背景图片（一条极其危险的鲨鱼），它需要一个绝对路径（带前斜杠 / 路径：/images/shark.jpg），如下所示：

```
.hero-home {
  background-image: url(/images/shark.jpg);
}
```

我们稍后将下载 shark.jpg。

将这些元素放在一起，并为 .full-hero 类添加一些其他规则，结果如代码清单 10-3 所示。

代码清单 10-3　hero 的新样式

css/main.css

```
/* HERO STYLES */
.full-hero {
  background-color: #c7dbfc;
  box-sizing: border-box;
  height: 100vh;
  padding-top: 10vh;
}
.hero-home {
  background-image: url(/images/shark.jpg);
}
```

请注意，将代码清单 10-3 中的 hero 样式放置在全站样式的下面，比如 header 和 footer 的样式。原因是 CSS 在更新时，header 和 footer 部分往往保持不变，而处理网站内容的 CSS 会经常改变，所以对我们来说，把那些变化较少的内容放在文件的顶部，而把新内容放在底部是有意义的。

还要注意的是，我们添加了一个 border-box 样式，以确保我们要添加的内边距不会影响整个元素的高度（8.2 节），而且我们在顶部添加了内边距，这样正文就不会被 fixed 定位的 header 遮住。

要获得 hero 图像，使用 curl 下载 shark.jpg 到本地磁盘⊖：

```
$ curl -o images/shark.jpg -L https://cdn.learnenough.com/le-css/shark.jpg
```

保存并刷新⋯嗯⋯图 10-3 看起来不太好。

图 10-3　我们的 hero 图片看起来不太好

⊖ 大白鲨图片版权所有 ©2015，作者 Lee Donahoe。你认为 Lee 的个人简介中的"literally swimming with sharks（真的和鲨鱼一起游泳）"是什么意思？

发生了什么？好吧，当浏览器加载图像作为背景时，与使用 img 标签将图片放在页面上没有任何区别——图片显示完整尺寸。在本书中，我们通过设置 CSS 中 img 元素的宽度或高度来改变图片大小（如代码清单 9-32 所示），但 height 和 width 属性对背景样式不起作用。要调整背景图片的大小以适应容器，需要使用 background-size 样式，如代码清单 10-4 所示。

代码清单 10-4　添加样式以调整背景图片的大小

css/main.css

```
.full-hero {
  background-color: #c7dbfc;
  background-size: cover;
  box-sizing: border-box;
  height: 100vh;
  padding-top: 10vh;
}
.hero-home {
  background-image: url(/images/shark.jpg);
}
```

将 background-size 属性设置为 cover，意味着要调整图片的大小，使整个 .full-hero 容器被图片覆盖，即使这意味着切掉图片的一部分内容（如图 10-4 所示）。

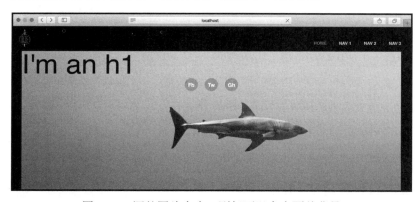

图 10-4　调整图片大小，刚好可以完全覆盖背景

你也可以使用值 contain，背景图片将被调整大小，使整个图片始终保持在对象内部，但这可能会导致图片不能完全覆盖背景，图片会被重复以填满元素。

现在重新设置为使用 background: cover。如果你调整浏览器窗口的大小，使其变得非常狭窄，你会看到图片会动态调整大小，但你可能也会注意到，调整大小是以左上角为锚点的。不幸的是，我们的鲨鱼在图片的中心，当窗口变窄时，它又被截断了（如图 10-5 所示）。

这有时会不理想，但幸运的是我们可以通过使用 background-position 属性来改变背景图片的锚点（如代码清单 10-5 所示）。

代码清单 10-5　改变浏览器调整图片大小时的锚点

css/main.css

```
.full-hero {
```

```
    background-color: #c7dbfc;
    background-size: cover;
    box-sizing: border-box;
    height: 100vh;
    padding-top: 10vh;
}
.hero-home {
    background-image: url(/images/shark.jpg);
    background-position: center top;
}
```

图 10-5　默认情况下，调整大小的锚点在图像的左上角

现在，鲨鱼在元素内部的位置变好了（如图 10-6 所示）。

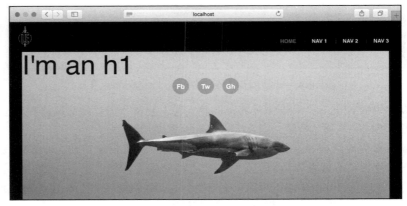

图 10-6　以中心顶部为锚点调整图片大小

background-position 样式允许我们使用具体的数值来定位背景，比如像素或百分比，可以使用通用的术语，比如 center、top、left 等。第一个值控制 X 轴，第二个值控制 Y 轴。因此，如果我们给背景以 background-position: center center 的样式，那么任何调整大小的操作都会使图片的中心保持在容器 div 的中心。

接下来，让我们使用 9.8 节学到的定位技巧，使文本和社交账号链接在 hero 中始终保持垂直对齐。我们可以对这些内容进行绝对定位，也可以将容器的 position 属性设置为 relative，然后左右移动内容。

首先，让我们把 h1 和 .social-link 列表移到一个新的容器元素中，其类名为 .hero-content，这样我们就可以只给一个 HTML 元素添加位置样式，该元素将包含 hero 中的所有内容（如代码清单 10-6 所示）。请注意，我们还将 h1 更新为 CODE DANGEROUSLY。

代码清单 10-6　将 hero 中的内容放在一个新的 div 内

index.html

```html
<div class="full-hero hero-home">
  <div class="hero-content">
    <h1>CODE DANGEROUSLY</h1>
    <ul class="social-list">
      <li>
        <a href="https://example.com/" class="social-link">Fb</a>
      </li>
      <li>
        <a href="https://example.com/" class="social-link">Tw</a>
      </li>
      <li>
        <a href="https://example.com/" class="social-link">Gh</a>
      </li>
    </ul>
  </div>
</div>
```

如果你想对 .hero-content 进行绝对定位，那么你需要记得给 .full-hero 类添加 position: relative，这样它才可以作为绝对定位元素的容器。由于 hero 中没有其他内容，所以我们可以放心地将 .hero-content 从文档流中移除。另外，我们还可以只将 .hero-content 设置为 position:relative，然后将其左右移动。同时，我们将为 .social-link 和 h1 做一些样式设计。

由于容器 .hero-content 已经达到 100% 的宽度（它只是一个普通的块级元素），所以我们不需要担心水平居中的问题，只要用 text-align: center 对齐内容就够了。我们只需要考虑垂直定位的问题，可以用 top：50% 和 translate(0, −50%)（这两者都在 9.8 节使用过）：

```css
top: 50%;
transform: translate(0, -50%);
```

然后，我们将 hero 的 h1 设计为部分透明、大字体、下外边距：

```css
color: rgba(255, 255, 255, 0.8);
font-size: 7vw;
margin-bottom: 0.25em;
```

总之，我们的 hero 样式如代码清单 10-7 所示。

代码清单 10-7　将 hero 中的内容垂直居中

css/main.css

```css
.hero-content {
  color: #fff;
  position: relative;
  text-align: center;
```

```
    text-transform: uppercase;
    top: 50%;
    transform: translate(0, -50%);
  }
.hero-content h1 {
    color: rgba(255, 255, 255, 0.8);
    font-size: 7vw;
    margin-bottom: 0.25em;
  }
.hero-content .social-link {
    background-color: rgba(255, 255, 255, 0.8);
    color: #557c83;
  }
.hero-content .social-link:hover {
    background-color: #000;
    color: #fff;
  }
```

hero 现在看起来很有风格（如图 10-7 所示）。

图 10-7　hero 部分开始看起来…危险（好）

练习

1. background-size 属性并不仅仅局限于 cover 和 contain，试着将宽度值设置为一个具体数字，如 300px，高度设置为 auto。这代表什么？

2. 现在你的背景图片较小，你会注意到，浏览器会通过重复它来填充元素的背景。不过，我们可以阻止这种情况。试着给 .full-hero 元素添加样式 background-repeat: no-repeat。

3. 与 background-size 类似，background-position 属性值也可以是数字，将值改为 30% center。

10.3　更高级的选择器

10.2 节的 hero 看起来很好，但有一个缺失的细节我们想添加。当人们访问我们的网站时，他们有可能没有意识到页面下端还有内容。如果我们在 hero 的底部添加一个向下的小箭头，给他们一个滚动提示，会怎么样？

我们实现这点的一个方法是在 hero 中添加一个新的 div，给它一个类名，并给它一些样式，还可以用一张图片来表示箭头，等等，但这些方法都会添加额外代码，会使事情变得混乱。

然而，还有一种更高级的 CSS 技术，我们可以用它在页面上添加内容，而不需要在 HTML 中添加任何代码……

在本节中，我们将了解如何使用更高级的伪元素来为我们的 hero 部分（10.2 节）添加一个向下的箭头，而不使用任何图片，并用最少的工作量。

10.3.1 伪元素 :before 和 :after

我们在 9.7 节为链接设置样式时引入了伪类，如果你还记得的话，它有点像假 CSS 类，只适用于用户以某种方式与元素交互时（比如鼠标悬停在元素上面或访问链接）。

所有的 HTML 元素都有两个伪元素，称为 :before 和 :after⊖。虽然这听起来可能非常专业和奇怪，但令人惊讶的是，你已经使用过伪元素了，一次是在我们清除浮动的时候（8.3.1 节），还有一次是第一次制作符号列表时（3.4 节）。你不知道的是，当你创建符号列表时，各个项目符号实际上是由浏览器使用 :before 伪元素放置在页面上的。

伪元素名称中的 before 和 after 只是指相应元素应该显示的位置。因此，如果你有一行文字，:before 将显示在开头，:after 将显示在结尾（如图 10-8 所示），令人震惊，对吗？

因为这些伪元素最初是为了修改文本而创建的，所以它们默认是内联元素，而且因为其默认内容为空，所以在默认渲染中它们不占用空间。不过最酷的是：它们的作用就如同你在一行文本中添加一个带有类名的

图 10-8 伪元素 :before 和 :after 的位置

span，然后对它进行样式设计。你可以对页面上的任何元素做下列事情——改变显示类型、移动它、改变外观——无论你想要什么！它们非常适合为网站上的元素添加一些细节，且不需要使用额外的 HTML 标签和类，使代码变复杂。

我们将做一个简单的示例来说明这个概念，然后再实现上面提到的向下箭头。首先，将代码清单 10-8 中的样式添加到 CSS 中。

代码清单 10-8 一个关于伪类的示例

css/main.css

```
/* HERO STYLES */
.
.
.
.hero-content h1:before {
  color: blue;
  content: "B";
}
.hero-content h1:after {
  color: red;
  content: "A";
}
```

⊖ 最新的 CSS 技术标准给伪元素使用了两个冒号——如 ::before 和 ::after，但所有的现代浏览器这两种方式都支持，所以许多设计师为了向后兼容而使用单冒号。

保存刷新，你会看到，在标题的开头出现了一个 B，即 :before 元素所在的位置，还有一个 A，即 :after 元素所在的位置（如图 10-9 所示）。

图 10-9 展示伪元素是如何融入普通元素的

CSS 属性 content 允许你设置浏览器应该在 :before 或 :after 的位置上放入的内容，但该值只能是文本（不要试图在里面嵌入 HTML！）。因此，虽然你没有添加任何 HTML，但是最终页面上出现了新的文本内容。

现在，让我们从 CSS 中删除这两个测试样式，并使用伪元素 :after 添加一些有用的内容。在 CSS 文件中，将伪元素 CSS 放在父样式的下方是一个很好的做法，所以我们要将 .full-hero:after 规则放在 .full-hero 的下方。结果如代码清单 10-9 所示，其中包括一个 Unicode 尖角括号，我们建议你复制粘贴它，因为你的键盘可能无法生成它。我们不打算在这里进一步讨论 Unicode，但如果你翻开 Unicode 字符表（https://unicode-table.com/en/），你会惊讶地发现，Unicode 字符集中包含很多网页设计元素。

代码清单 10-9 为伪元素 :after 设计样式

css/main.css

```
/* HERO STYLES */
.full-hero {
  background-color: #c7dbfc;
  background-size: cover;
  box-sizing: border-box;
  height: 100vh;
  padding-top: 10vh;
}
.full-hero:after {
  bottom: 2vh;
  color: #fff;
  content: "⌄";
  font-size: 36px;
  left: 50%;
  position: absolute;
  transform: translate(-50%, 0)
}
```

应用代码清单 10-9 中的 CSS 后，你应该可以在 hero 的底部看到一个向下的白色箭头（如

图 10-10 所示）。

图 10-10　出现了一个向下的白色箭头

10.3.2　用 :before 和 :after 制作 CSS 三角形

想看看另一个妙招吗？如果你想用 CSS 制作一个三角形，借助于浏览器中边框绘制的方法，我们可以很容易做到。让我们更改一下刚才在代码清单 10-9 中创建的 :after，以说明这个方法（如代码清单 10-10 所示）。

代码清单 10-10　添加一个很宽的彩色边框

css/main.css

```
.full-hero:after {
  border: 10px solid;
  border-color: #000 red purple blue;
  bottom: 2vh;
  content: "";
  height: 0;
  left: 50%;
  position: absolute;
  transform: translate(-50%, 0);
  width: 0;
}
```

保存并刷新，你会看到向下指向箭头已经被一个彩色的正方形替代，该正方形被分成四个三角形（如图 10-11 所示）。

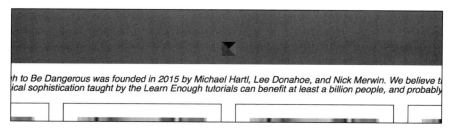

图 10-11　具有粗边框的零高度和零宽度元素

　　事实证明，浏览器在上边框和右边框之间以 45° 角画了一条线[⊖]。通常你不会注意到这一点，因为你的边框可能只有 1px，而且四周的颜色都一样。但是，如果你做一个零高度和零宽度的元素，然后给它一个四周颜色都不同的宽边框，你就会看到图 10-11 中这种奇怪的渲染（我们不知道第一个想出这个方法的人是谁，也不知道他们为什么要用这个方法）。

　　那么，我们如何利用好这一点呢？

　　边框"颜色"可设置的值之一是 transparent（或者，也可以使用 rgba(0, 0, 0, 0)）。回顾一下 8.8 节，使用与 margin 类似的简写方式，用 border-color 设置元素样式，如代码清单 10-11 所示。

代码清单 10-11　完成下三角形的样式设计

css/main.css

```css
.full-hero:after {
  bottom: 2vh;
  border: 10px solid;
  border-color: #fff transparent transparent;
  content: "";
  height: 0;
  left: 50%;
  position: absolute;
  transform: translate(-50%, 0);
  width: 0;
}
```

　　最终，我们会得到一个下三角形（如图 10-12 所示）。

图 10-12　过去人们想实现这种效果，必须使用图片

　　非常酷，它在菜单和导航中非常有用，可以给用户标识出他们当前正在看的内容。你可以使用伪元素 :before 和 :after 来做很多非常酷的事情，且不需要添加不必要的 HTML——这非常适合小设计元素。但是有个限制，即不能把其他的 HTML 放到伪元素中。

　　在离开首页之前，让我们给其余部分做一些结构和风格上的调整。我们多次提到的一件事是，模块化多么重要，现在首页上，有一些元素是在容器里的，还有一些是散落在页面上的。

　　在这种情况下，添加 div 容器（方框 10-2）来包装属于同一单元的内容是个好主意。这样，

　　⊖　作为 Tau Day（https://tauday.com/）的创始人和《Tau 宣言》的作者，Michael Hartl 有义务指出，45° 代表圆的 1/8，也可以写成 τ/8（其中 τ=C/r=6.283185… ）。

如果你想让首页上的不同单元彼此之间相距 10vh，样式设计就很容易了。这就是代码清单 10-2 将 THE FOUNDERS h2、后面的段落以及 .bio-box 包裹在类名为 .home-section 的 div 中的原因，如代码清单 10-12 所示。

方框 10-2：样式说明：容器

我们可以在 .bio-wrapper 元素上添加一个类 .home-section，然后对其进行样式设计，但这样我们就无法将 .bio-wrapper 从首页中提取出来，放到网站的其他部分了（比如 About 页面），因为它有依赖一个只与首页相关的类。

如果把首页里的类放在另一个页面上，我们可以确保其样式不会影响内容的布局，但如果这样的话，即使我们只是想撤销一些属性并重置样式，我们也需要非常复杂的选择器和样式。为了理解，让我们看一下苹果公司的 Mac 主页（https://www.apple.com/mac/）。向下滚动页面，你会看到不同的单元在高度、背景和外边距 / 内边距方面都有类似的样式。设置一些通用容器，可以使你的工作更轻松，而这些具有高度、外边距或内边距等样式的通用容器，可以使你将来灵活地添加新内容变得更加容易。

代码清单 10-12　首页重新打包后的内容

index.html

```html
<div class="home-callout">
  <h1 class="callout-title">The Learn Enough Story</h1>
  <div class="callout-copy">
    <p>
      Learn Enough to Be Dangerous is a leader in the movement to teach the world
      <em>technical sophistication</em>, which includes both "hard skills" like
      coding, command lines, and version control, and "soft skills" like guessing
      keyboard shortcuts, Googling error messages, and knowing when to just
      reboot the darn thing.
    </p>
    <p>
      We believe there are <strong>at least a billion people</strong> who can
      benefit from learning technical sophistication, probably more. To join our
      movement, <a href="https://learnenough.com/#email_list">sign up for our
      official email list</a> now.
    </p>
    <h3>Background</h3>
    <p>
      Learn Enough to Be Dangerous is an outgrowth of the
      <a href="https://www.railstutorial.org/">Ruby on Rails Tutorial</a> and the
      <a href="https://www.softcover.io/">Softcover publishing platform</a>. This
      page is part of the sample site for <a
      href="https://learnenough.com/css-tutorial"><em>Learn Enough CSS and Layout
      to Be Dangerous</em></a>, which teaches the basicics of
      <strong>C</strong>ascading <strong>S</strong>tyle
      <strong>S</strong>heets, the language that
      allows web pages to be styled. Other related tutorials can be found at
      <a href="https://learnenough.com/">learnenough.com</a>.
    </p>
  </div>
</div>

<div class="home-section">
  <h2>THE FOUNDERS</h2>
```

```
<p>
  Learn Enough to Be Dangerous was founded in 2015 by Michael Hartl, Lee
  Donahoe, and Nick Merwin. We believe that the kind of technical
  sophistication taught by the Learn Enough tutorials can benefit at least a
  billion people, and probably more.
</p>

<div class="bio-wrapper">
  <div class="bio-box">
    <img src="https://placekitten.com/g/400/400">
    <h3>Michael Hartl</h3>
    <a href="https://twitter.com/mhartl" class="social-link">
      Tw
    </a>
    <div class="bio-copy">
      <p>
        Known for his dazzling charm, rapier wit, and unrivaled humility,
        Michael is the creator of the
        <a href="https://www.railstutorial.org/">Ruby on Rails
        Tutorial</a> and principal author of the
        <a href="https://learnenough.com/">
        Learn Enough to Be Dangerous</a> introductory sequence.
      </p>
      <p>
        Michael is also notorious as the founder of
        <a href="http://tauday.com/">Tau Day</a> and
        author of <a href="http://tauday.com/tau-manifesto"><em>The Tau
        Manifesto</em></a>, but rumors that he's secretly a supervillain are
        slightly exaggerated.
      </p>
    </div>
  </div>
  <div class="bio-box">
    <img src="https://placekitten.com/g/400/400">
    <h3>Lee Donahoe</h3>
    <a href="https://twitter.com/leedonahoe" class="social-link">
      Tw
    </a>
    <div class="bio-copy">
      <p>
        When he's not literally swimming with sharks or hunting powder stashes
        on his snowboard, you can find Lee in front of his computer designing
        interfaces, doing front-end development, or writing some of the
        interface-related Learn Enough tutorials.
      </p>
    </div>
  </div>
  <div class="bio-box">
    <img src="https://placekitten.com/g/400/400">
    <h3>Nick Merwin</h3>
    <a href="https://twitter.com/nickmerwin" class="social-link">
      Tw
    </a>
    <div class="bio-copy">
      <p>
        You may have seen him shredding guitar live with Capital Cities on
        Jimmy Kimmel, Conan, or The Ellen Show, but rest assured Nick is a true
        nerd at heart. He's just as happy shredding well-spec'd lines of code
        from a tour bus as he is from his kitchen table.
      </p>
    </div>
  </div>
</div>
</div>
```

让我们为这些新单元和某些内容添加一些样式。这里有很多更改，所以在我们进行的过程中，请随时保存并刷新。我们会在最后有一张截图，显示最终结果。

对于 .home-section，我们将把它们的大小调整为 90vw，并给它们一个上限，然后使用 8.6.1 节的 margin: auto 技巧（加上一些顶部和底部的外边距，使它们远离其他内容），使它们处于页面的中心：

```
margin: 6rem auto;
max-width: 980px;
width: 90vw;
```

然后设计 h2 的样式，使其居中，并与下面的内容保持一定距离：

```
margin-bottom: 1.5rem;
text-align: center;
```

我们还要给要突出的部分进行样式设计，使其具有背景和文本颜色，以及美观的内边距：

```
background-color: #000;
color: #fff;
padding: 7vh 0;
```

最后，我们给该部分中的文本做一些样式设置，首先是标题，使其美观醒目：

```
font-size: 5.75vw;
text-align: right;
text-transform: uppercase;
```

然后，对于常规文本，我们将字体大小设置为比正常字体小一点，以防止在页面上过于突出：

```
font-size: 0.8rem;
```

最终结果如代码清单 10-13 所示。

代码清单 10-13　设置首页单元和突出内容的样式

css/main.css

```
/* HOMEPAGE STYLES */
.home-section {
  margin: 6rem auto;
  max-width: 980px;
  width: 90vw;
}
.home-section h2 {
  margin-bottom: 1.5rem;
  text-align: center;
}
.home-callout {
  background-color: #000;
  color: #fff;
  padding: 7vh 0;
}
.callout-title {
  font-size: 5.75vw;
  text-align: right;
  text-transform: uppercase;
}
.callout-copy {
  font-size: 0.8rem;
}
```

现在我们要设计 .bio-box。让我们去掉边框；调整盒子的宽度，使其完全填满页面；目前有三个盒子，改变其外边距和内边距，使元素之间有更好的距离；调整标题样式，使人名看起来更美观；最后将社交账号链接居中，并设置上边距以将它们与图片分开。我们还可以去掉简介中的链接颜色样式和文本行高样式（我们更改它，使网站上的所有段落都有合理的行高），然后给文本设计新尺寸。结果如代码清单 10-14 所示。

代码清单 10-14　重新设计 .bio-box

css/main.css

```
.bio-box {
  box-sizing: border-box;
  float: left;
  font-size: 1rem;
  margin: 6rem 0 0;
  padding: 0 3%;
  width: 33%;
}
.
.
.bio-box h3 {
  color: #fff;
  font-size: 1.5em;
  margin: -40px 0 1em;
  text-align: center;
  text-transform: uppercase;
}
.
.
.bio-box .social-link {
  display: block;
  margin: 2em auto 1em;
}
.bio-copy {
  font-size: 0.75em;
}
```

我们将在 CSS 文件的顶部，用一个全局段落行高样式来解决行高问题。这给了文字更多改变的空间，同时，我们还将把默认链接的颜色改为比鲜红色更令人愉快的颜色（如代码清单 10-15 所示）。

代码清单 10-15　添加一些新的全局样式

css/main.css

```
/* GLOBAL STYLES */
.
.
.
h1 {
  font-size: 7vw;
  margin-top: 0;
}
h2 {
  font-size: 2em;
```

```
}
a {
  color: #6397b5;
}
p {
  line-height: 1.5;
}
```

总的来说，这是一个更讨人喜欢的设计（如图 10-13 所示）！

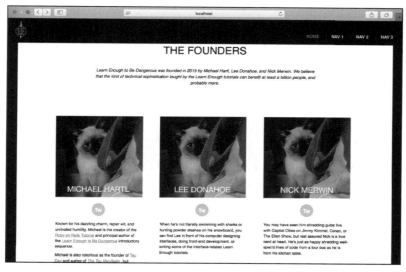

图 10-13　改进的简介部分

练习

1. 在处理 :before 和 :after 时，一个常见的错误是忘了定义 content 属性。试着将其从 .full-hero:after 的样式中删除，会发生什么？

2. 另一个常见的错误是忘记了这些伪元素默认是内联元素。当你从 .full-hero:after 中删除 position: absolute 时会发生什么？在把它加回去之前，试着把该元素设置为 display: block。

10.4　其他页面，其他文件夹

现在我们已经对首页进行了一些润色，让我们添加第二个页面，看看如何复用代码清单 10-1 中定义的布局。要做到这一点，我们需要在项目中添加一个新文件。

向 Jekyll 网站添加新页面最简单的方法是直接将其他 HTML 文件放在根目录中，然后按照第一部分的方法链接到它们，如下所示（如图 10-14 所示）：

```
http://localhost:4000/pagename.html
```

图 10-14　这是一个有点简陋的页面 URL

不过，这个 URL 有点难看，现在大多数网站的页面都有个美化的 URL，如 http://sitename.com/pagename，末尾没有 .html（如图 10-15 所示）。这似乎是一件小事，但 URL 是用户界面，人们会注意到网站上的这些细节。如果有些地方看起来不对劲，他们可能会认为你的网站不可信或不专业。

图 10-15 这种 URL 看起来干净多了

幸运的是，Jekyll 为开发者提供了一种近似"美化的 URL"的方法，让我们来试试[注]。

诀窍是，在项目中添加一个目录，然后在该目录中创建一个名为 index.html 的文件。只要该目录名符合 URL 标准，你就可以通过 /directoryname 链接和访问它的首页。

要了解它的工作原理，在项目中创建一个名为 gallery 的新目录，并在该目录中创建一个新的 index.html 文件：

```
$ mkdir gallery
$ touch gallery/index.html
```

重复的文件名 index.html 可能会令人困惑，但这种使用 index.html 作为目录首页文件的惯例与 Web 一样古老。

一旦文件被创建，添加 frontmatter 以告诉 Jekyll 使用哪种布局（以及一些文本），并保存（如代码清单 10-16 所示）。

代码清单 10-16 在新目录内添加一个首页

gallery/index.html

```
---
layout: default
---

I'm a 3 col page!
```

你的目录和文件现在如图 10-16 所示。

现在转到 http://localhost:4000/gallery。正如 10.1 节所承诺的一样，Jekyll 已经将相关页面的内容（本例中为代码清单 10-16）插入到了默认模板。结果是，美化的 URL 可以使用，但不幸的是，文本没有显示出来，尽管文本存在于页面的源代码中（你可以用 Web 检查器进行验证）。

在查看新页面时，我们刚刚遇到了一个创建网站时的老问题，页面只有其中的内容那么大。底部那些白色的内容实际上不是页面的一部分——它只是浏览器为填充窗口而添加的默认背景（如图 10-17 所示）。

在这种情况下，正文（一行文字）被固定位置的 header 遮住了，然后 footer 紧接着被绘制出来。理想情况下，你希望 footer 在浏览器的底部，这样你就不会看到页面的默认背景，但是没有足够的内容来把它推下去。

⊖ Rails 这样的 Web 框架在构建 URL 方面给了开发者更多灵活性和权力。

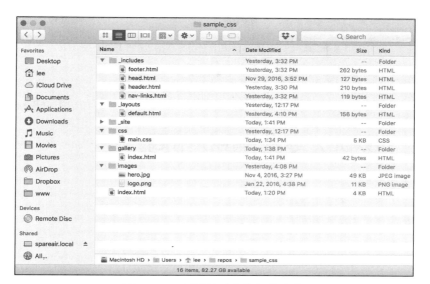

图 10-16　项目目录中的新增内容

图 10-17　你的文本在某个地方……在上面

多年来，有各种不同的方法来解决这个问题，有些很复杂，其中大多数都需要一堆 div 容器，外加给某些元素设置 min-height，给其他元素设置 height: 100% 和负外边距（相当复杂）。但现在有一种新的样式设计方法，可以让开发者简单有效地解决这个问题：CSS flexbox。

正如我们将在第 11 章看到的，CSS flexbox 不仅可以解决我们文字消失的问题；还可以让我们轻松地进行多栏布局（从而实现文本中隐含的承诺：我是一个 3 列页面！（I'm a 3 col page!））。

练习

1. 在 gallery 文件夹中创建另一个名为 test.html 的页面。试图转到 http://localhost:4000/gallery/test，会发生什么？跳转到 http://localhost:4000/gallery/test.html 呢？

2. 如何创建另一个格式良好的 URL，来指向 gallery 文件夹中的一个页面？

Chapter 11　第 11 章

flexbox 专业 Web 布局

你可能已经通过名字猜到了，CSS flexbox 是一种用于在 Web 上进行布局的灵活的盒子模型。flexbox 是对 CSS 的补充，它可以使网站的某些部分的子元素完全填满容器，同时还能适应内容——这在前 flexbox 时代很难做到。

例如，假设我们有三列，里面有不同数量的内容，我们希望这些列和最长的列一样高。图 11-1 显示了有三列时不使用 flexbox 的情况。

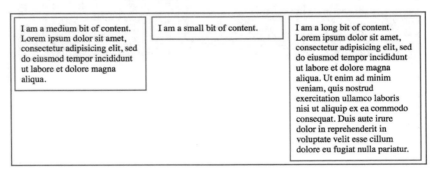

I am a medium bit of content. Lorem ipsum dolor sit amet, consectetur adipisicing elit, sed do eiusmod tempor incididunt ut labore et dolore magna aliqua.

I am a small bit of content.

I am a long bit of content. Lorem ipsum dolor sit amet, consectetur adipisicing elit, sed do eiusmod tempor incididunt ut labore et dolore magna aliqua. Ut enim ad minim veniam, quis nostrud exercitation ullamco laboris nisi ut aliquip ex ea commodo consequat. Duis aute irure dolor in reprehenderit in voluptate velit esse cillum dolore eu fugiat nulla pariatur.

图 11-1　有不同长度内容的列，因此有不同的高度

早在 flexbox 之前，要添加样式将图 11-1 中的内容转换为图 11-2 中的内容是非常困难的。这需要做很多事情，比如在每次窗口改变大小时用 JavaScript 来检查元素的高度，或者使用 HTML 表格进行布局（你永远不应该这样做（方框 11-1））。

现在我们有了 flexbox，解决这类问题就有简单的方法了。在本章中，我们将应用简化的 flexbox 规则来解决 10.4 节末尾留下的布局问题（如图 10-17 所示），我们还将借此机会对首页上的突出部分进行润色（11.2 节）。有了这些例子，我们将再了解更高级的 flexbox 功能，包括一个强大的简写符号（11.3 节）。最后，我们将应用这些更高级的功能，为 10.4 节中介绍的图库创建一个三栏布局。

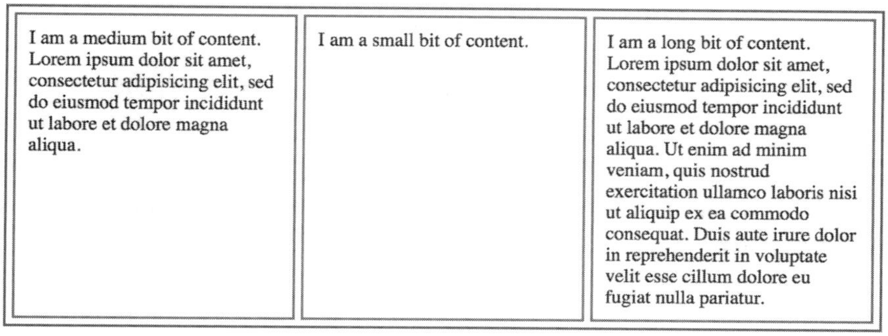

图 11-2　我们希望的各列外观—— 一个令人惊讶的难题

方框 11-1：样式说明：请勿使用表格进行布局

　　在互联网早期还没有 CSS 的时候，创建 Web 布局的唯一方法是在表格嵌套表格（再次嵌套表格），然后把内容放在单元格中。这是对 table 标签的严重滥用，该标签是为组织和显示表格数据（如电子表格）而设计的，但不幸的是，当时没有其他方法可以在页面上排列内容。

　　随着时间的推移，开发人员有了新的工具、元素和样式来创建布局，但在工具集方面仍然存在空白，这使得创建像如图 11-2 所示的多栏布局很困难。因此，开发人员继续使用表格来实现他们的设计工作。

　　这样做的问题是，除了用表示数据的元素来创建布局造成的语义问题外，表格布局在显示方式上也非常严格。一旦你把东西放在表格行和单元格中，浏览器就必须按照这样的方式显示它们。因此，如果你调整带有表格的窗口的大小，那么所有的内容都会被压扁，而且没有办法重新排列，如图 11-3 所示。

　　幸运的是，我们现在有了 CSS 和 flexbox，可以在不使用表格的情况下设计出灵活且强健的样式。欢呼吧！

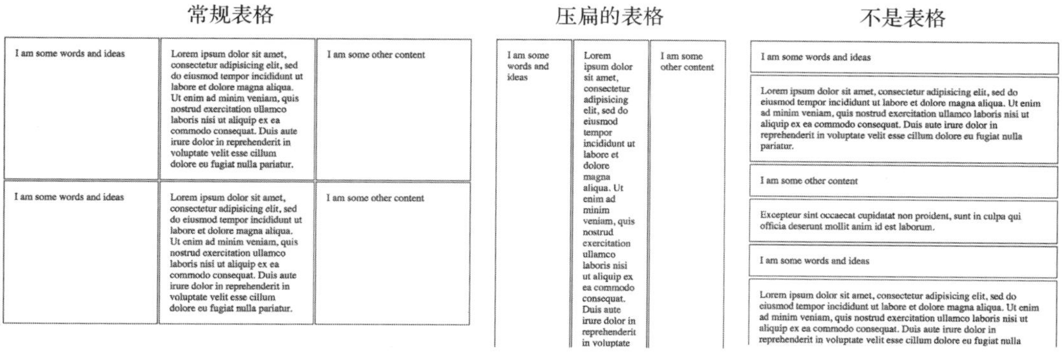

图 11-3　说真的，请勿使用表格进行布局——它只用于表格数据

11.1　让正文填满容器

我们先来了解一下 flexbox 的结构。如图 11-4 所示，主要有两方面：flex 容器和 flex 子项。flex 容器是指 CSS 属性为 display: flex 的 HTML 元素。同时，flex 子项是指具有 CSS flex: 属性值的子元素。从本质上讲，flex 容器包含这些子项，它们可以通过各种 flexbox 样式规则进行对齐、拉伸、收缩等。如果你正在看图 11-4，现在不要关心 flex 子项下的样式声明 flex: 1 1 0；我们将在 11.3 节中详细介绍。

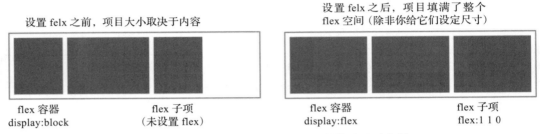

FLEX BOX BASICS

设置 felx 之前，项目大小取决于内容　　　设置 felx 之后，项目填满了整个 flex 空间（除非你给它们设定尺寸）

flex 容器　　　　　flex 子项　　　　flex 容器　　　　flex 子项
display:block　　（未设置 flex）　　display:flex　　　flex:1 1 0

图 11-4　带有填满可用空间子项目制作的灵活容器

作为 flexbox 子项和容器的第一个实际应用，我们将解决 10.4 节末尾遇到的一个问题（如图 10-17 所示）。回想一下，gallery 新页面上的文本不显示，尽管它存在于页面的源代码中，而且 footer 不在窗口的底部，而是压在了正文上面。我们将通过使用 flexbox 布局来解决这两个问题，它允许我们通过填充垂直可用空间，将 footer 推到窗口底部（如图 11-5 所示），也允许我们添加内边距，将页面正文向下移动，使其从 header 下出来。

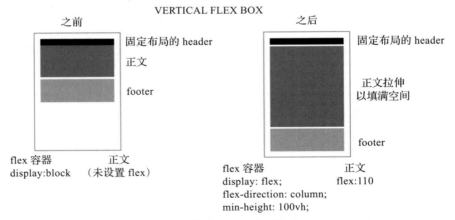

VERTICAL FLEX BOX

之前　　　　　　　　　　　　　　之后

固定布局的 header　　　　　　　　固定布局的 header
正文
footer　　　　　　　　　　　　　　正文拉伸
　　　　　　　　　　　　　　　　　以填满空间

　　　　　　　　　　　　　　　　　footer

flex 容器　　　　　正文　　　　　flex 容器　　　　　正文
display:block　　（未设置 flex）　　display: flex;　　　flex:110
　　　　　　　　　　　　　　　　flex-direction: column;
　　　　　　　　　　　　　　　　min-height: 100vh;

图 11-5　用 flexbox 拉伸垂直元素（注意 flexdirection）

为了将 flexbox 应用于默认模板，我们需要指定一个 flex 容器和一些 flex 子项（如图 11-4 所示）。虽然我们可以添加一个新的 div 容器作为 flex 容器，但我们将采取更简单的方法，使用布局中的 body 标签。在这种情况下，使用像 body 标签这样的默认元素作为布局的一部分是可行的，因为我们希望 footer 在整个网站的所有页面上都位于窗口的底部（或正文下方）。

我们上次看到默认的网站模板时，页面主体主要有两部分，即 header 和 footer，以及一个将页面正文加载到布局中的 content 标签（如代码清单 11-1 所示）。

代码清单 11-1　默认模板的当前状态

＿layouts/default.html

```
<!DOCTYPE html>
<html>
  {% include head.html %}
  <body>
    {% include header.html %}

    {{ content }}

    {% include footer.html %}
  </body>
</html>
```

为了应用图 11-5 中的思想，我们需要在页面上创建一些元素使正文成为 flexbox 子项，因此我们将使用一个带有类名 content-container 的 div 标签来做到这一点。这个正文"容器"现在是一个 flexbox 子项，但在后面的 11.4 节中，它也是一个 flexbox 容器——flexbox 嵌套 flexbox！更新后的默认布局如代码清单 11-2 所示。

代码清单 11-2　将网站正文包裹在一个新容器中

＿layouts/default.html

```
<!DOCTYPE html>
<html>
  {% include head.html %}
  <body>
    {% include header.html %}

    <div class="content-container">
      {{ content }}
    </div>

    {% include footer.html %}
  </body>
</html>
```

回顾代码清单 9-14 和代码清单 9-36，header 和 footer 被包裹在语义标签 header 和 footer（实际上就是 div）中。就我们的 flexbox 布局而言，这两个元素都可以作为 flex 子项，但是我们并不打算将它们设置为 flex，因为我们希望它们保持现在的大小——我们希望只有正文区域可以扩展和收缩，以填补空白。

我们将 header 设置为 position: fixed，这意味着它将脱离文档流，不会受到 flexbox 设置的影响（9.8 节）。同样，我们也不会给 footer 应用 flex: 属性。相反，它将仍是一个常规的块级元素，这样它的内容就不会受到元素大小变化的影响。神奇的元素是代码清单 11-2 中定义的 .content-container div。

有了代码清单 11-2 定义的模板，任何使用默认布局的页面都会有类似的结构（我们添加 HTML 注释只是为了清晰明了，但实际上它们不会出现在源代码中）：

```
<!DOCTYPE html>
<html>
  <head>
    .
    .
    .
  </head>
  <!-- flexbox container -->
  <body>
    <!-- 1st potential flexbox item, but not flexing because position: fixed -->
    <header>
      .
      .
      .
    </header>

    <!-- 2nd flexbox item, the only one that will be changing in size -->
    <div class="content-container">
      .
      .
      .
    </div>

    <!-- 3rd potential flexbox item, but not given a flex: property -->
    <footer>
      .
      .
      .
    </footer>
  </body>
</html>
```

要在我们的页面上应用 flexbox，首先要在 flex 容器（在本例中是 body 标签）中加入
display:flex 声明。然后，为了在垂直列中构建 flex 子项，我们将 flex 的方向 flex-direction 设置
为 column。最后，我们将 min-height 属性设置为 100vh（7.7 节），以确保 .content-container 拉
伸到窗口高度的 100%。生成的 body 规则（包括之前已经存在的 font-family 声明）如下：

```
body {
  display: flex;
  flex-direction: column;
  font-family: helvetica, arial, sans;
  min-height: 100vh;
}
```

同时，我们需要设置目前较小的正文容器（如
图 10-17 所示），使其尽可能地增大。要做到这一点，
我们需要了解 flex-grow 属性，它控制了 flexbox 项
目的扩展方式。默认情况下，flex 容器中的子项的
flex-grow 值为 0，这意味着该子项完全不扩展。

由于我们还没有对任何元素应用 flex-grow 属
性，所以目前 header、正文和 footer 还没有扩展到填
满容器，如图 11-6 所示。

为了让正文填满该区域，我们要做的就是通过

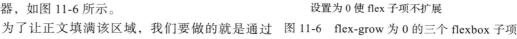

flex-grow: 0（默认值）
设置为 0 使 flex 子项不扩展

图 11-6　flex-grow 为 0 的三个 flexbox 子项

设置 flex-grow 为 1 来使 .content-container 成为 flex 子项：

```
.content-container {
  flex-grow: 1;
}
```

固定布局的 header

正文

footer

flex-grow: 1（默认值）

将 flex 子项设置为 1 使之填满空间

图 11-7　使用 flex-grow: 1，只让中间子项扩展

flex-grow 属性按比例工作：如果三个项目都被设置为 1，则每个项目都占用 1/3 的可用空间。在将 header 和 footer 设置为默认值 0 的情况下，将正文 div 的 flex-grow 设置为 1，可以使其占据所有的可用空间，如图 11-7 所示。

将 flex 容器（body）和 flex 子项（header 和 footer 的 flex-grow 设置为默认值，正文的设置为 1）的规则合并后，结果如代码清单 11-3 所示。请注意，代码清单 11-3 还添加了值为窗口高度 10% 的内边距（10vh），以便将正文从网站 header 下面移出，这还需要将 hero 部分的高度减小 10vh，以便它仍然正好充满浏览器窗口。宽度的设置是为了确保该元素在水平方向和垂直方向上都填满页面。

代码清单 11-3　body 和新容器类的样式

css/main.css

```
body {
  display: flex;
  flex-direction: column;
  font-family: helvetica, arial, sans;
  min-height: 100vh;
}
.content-container {
  flex-grow: 1;
  padding-top: 10vh;

  width: 100%;
}
    .
    .
    .
/* HERO STYLES */
    .
    .
    .
.full-hero {
  background-color: #c7dbfc;
  background-size: cover;
  box-sizing: border-box;
  height: 90vh;
}
```

然后就可以了！保存并刷新，正文扩展并填满可用空间，并将 footer 推到窗口底部。现在，正文可以显示，并解决了 10.4 节末尾的问题，如图 11-8 所示。

练习

1. 删除 header 中的 position: fixed，并将 header 和 footer 都设置为 flex-grow:1，看看 flexbox 如何在具有不同内容的三个元素之间划分空间。

2. 现在从正文中删除 flex-direction: column，看看浏览器如何重新排列页面上的 flex 子项。

图 11-8　正文现在扩展到填满可用空间

11.2　flex 垂直对齐

我们对 flexbox 的第二个应用是给在 10.3 节引入的主页突出部分进行样式设计。特别是，合理分配标题和内容的空间，使其更美观。为了实现这一目标，让 flexbox 容器是具有类 home-callout 的 div，而 flexbox 子项是 h1（具有类 callout-title）和子 div（具有类 callout-copy）：

```
<div class="home-callout">
  <h1 class="callout-title">The Learn Enough Story</h1>
  <div class="callout-copy">
    .
    .
    .
  </div>
</div>
```

我们的第一个任务是为突出部分的容器设置样式。在用 display: flex 初始化 flexbox 之后，我们将用 align-items:center 来垂直对齐项目，如图 11-9 所示。

THE OPTIONS FOR THE ALIGN-ITEMS PROPERTY

flex 容器
display: flex
align-items:stretch（默认值）

flex 容器
display: flex
align-items:flex-start

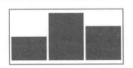

flex 容器
display: flex
align-items:flex-end

flex 容器
display: flex
align-items:center

图 11-9　使用 CSS 属性 align-items 的不同方式

相应的 CSS 如下：

```
.home-callout {
 align-items: center;
  background-color: #000;
  color: #fff;
 display: flex;
  padding: 7vh 0;
}
```

我们的下一个任务是为突出部分的 flex 子项应用规则，从标题开始。

如同 11.1 节，我们将设置 flex-grow 为 1，以让标题填满可用空间。

我们还将设置 flex-basis，这是一个控制元素的原始（"基础"）宽度的属性。最常见的值是 0 和 auto，前者将初始宽度设置为 0，且根据包含的内容进行扩展；后者自动为每个元素分配空间。你可以将 flex-basis 设置为一个指定值，只是这个用法不太常见（如图 11-10 所示）。

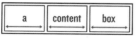

flex-basis: 0

0 将 flex 子项设置为完全占用 flex-grow 分配的空间，而不考虑里面的内容

flex-basis: auto (default)

auto 将 flex 子项设置为先考虑内容，然后按比例分配内容周围的空间

flex-basis: 0 & flex-basis: 50%

将一个 flex 子项设置为某个值，会使该项至少占用那么多空间，剩余的空间按照 flex-grow 进行分配

图 11-10　flex-basis 可以适当分配元素的大小，或根据内容，或根据设定的大小

默认情况下，每个元素都有 flex-basis: auto，但我们要把标题的 flex-basis 改为 0，以使它在容器中更紧凑。突出部分的标题 CSS 结果如下：

```
.callout-title {
  flex-grow: 1;
  flex-basis: 0;
  font-size: 5.75vw;

  text-align: right;
  text-transform: uppercase;
}
```

同时，通过将类 callout-copy 的 flex-shrink 属性设置为 0，防止突出部分的副本随着父元素的变小而缩小（如图 11-11 所示）：

```
flex-shrink: 0;
```

通过将 flex-basis 设置为 45em 为突出部分的副本分配空间：

```
flex-basis: 45em;
```

flex-shrink:0

0 将 flex 子项设置为在父容器收缩时不收缩

flex-shrink:1(default)

1 将 flex 子项设置为在父容器收缩时收缩

类 callout-copy 的新规则如下：

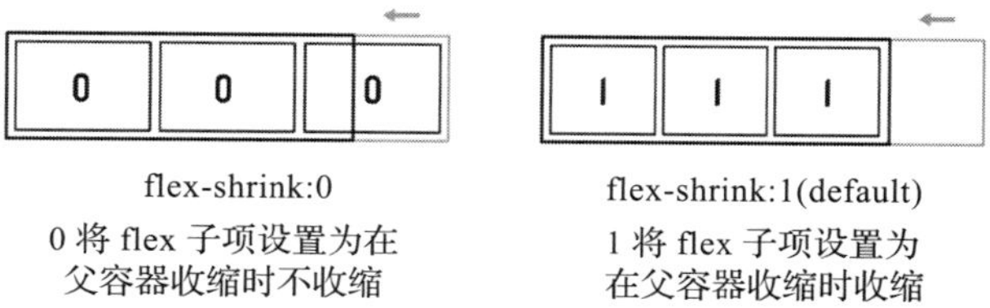

图 11-11　将 flex-shrink 设置为 0 的效果 VS 将所有项目设置为 1 的效果

```
.callout-copy {
  flex-shrink: 0;
  flex-basis: 45em;


  font-size: 0.8rem;
  .
  .
  .
}
```

最终 CSS 如代码清单 11-4 所示。代码清单 11-4 中的样式对现有声明的修改进行了高亮显示，但也要注意新添加的全局样式声明 p 和 .home-callout h3 声明。像往常一样，根据技术熟练度（方框 5-1）的要求，使用注释 / 取消注释，以帮助理解。

代码清单 11-4 让首页突出部分的外观更酷一点

css/main.css

```
/* GLOBAL STYLES */
.
.
.
p {
  line-height: 1.5;
  margin: 0.75em 0;
}
.
.
.
/* HOMEPAGE STYLES */
.
.
.
.home-callout {
  align-items: center;
  background-color: #000;
  color: #fff;
  display: flex;
  padding: 7vh 0;
}
.home-callout h3 {
  color: inherit;
  margin-top: 1em;
}
.callout-title {
  flex-basis: 0;
  flex-grow: 1;
  font-size: 5.75vw;
  text-align: right;
  text-transform: uppercase;
}
.callout-copy {
  flex-basis: 45em;
  flex-shrink: 0;
  font-size: 0.8rem;
  padding: 0 3vw;
}
```

保存并刷新，你会看到突出部分现在不那么杂乱无章了，更美观了（如图 11-12 所示）。

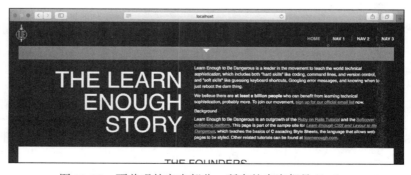

图 11-12 更美观的突出部分，所有的内容都是 flexbox

练习

1. 尝试不同的 align-items 值，首先将突出部分的 flex 子项设置为 align-items: flex-start，然后设置为 align-items: flex-end。

2. 将 .callout-copy 的 flex basis 改为 300px。刷新浏览器，看看值变小时的结果以及指定的值如何使其不改变大小。

11.3　flexbox 样式选项和简写法

现在，我们已经看到了一些具体的示例，接下来，我们将花点时间讨论一些 flexbox 更普遍的用法。其中，我们将学习一种强大的简写符号，这是在现实中最常见的使用 flexbox 的方式。我们将使用这种简写法来重构前几节中 flexbox 的 CSS，并在 11.4 节中将其应用于三栏布局。

11.3.1　flex 容器属性

我们将首先说明 flex 容器属性 flex-direction 和 align-items 的不同。图 11-13 说明了 flex-direction 的属性 row、column、row-reverse 和 column-reverse。它还显示了 align-items 的可选属性值。看看你是否能找出哪些图适用于 11.1 节和 11.2 节（11.3.3 节）中的示例。

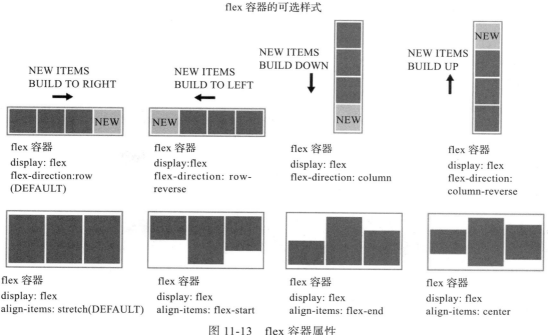

图 11-13　flex 容器属性

11.3.2　flex 子项属性

我们已经了解了 flexbox 子项的三个主要属性——flex-grow、flex-shrink 和 flex-basis，它们

共同控制 flex 子项在父容器中的行为：

❑ flex-grow 决定了 flex 子项在父级中的扩展方式，默认为 0。

❑ flex-shrink 决定了当父级变小时，flex 子项如何收缩，默认为 1。

❑ flex-basis 决定了空间分配前 flex 子项的大小以及内容的处理方式，默认为 auto。

如图 11-14 所示，flexbox 支持如下模式的简写符号：

```
flex: <flex-grow> <flex-shrink> <flex-basis>
```

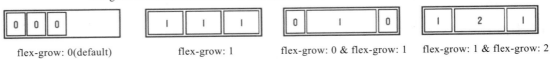

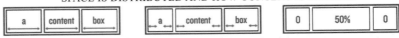

图 11-14　flex 子项的属性

例如，如图 11-14 所示，子项的三个属性的默认值是 0、1 和 auto：

```
flex-grow: 0;
flex-shrink: 1;
flex-basis: auto;
```

可以简写成如下形式：

```
flex: 0 1 auto;
```

让我们把这个简写法应用于代码清单 11-3 中的样式：

```
.content-container {
  flex-grow: 1;
  padding-top: 10vh;
  width: 100%;
}
```

添加 flex-shrink 和 flex-basis 的默认值后，等同于以下内容：

```
.content-container {
  flex-grow: 1;
  flex-shrink: 1;
  flex-basis: auto;
  padding-top: 10vh;
  width: 100%;
}
```

因此，我们可以使用简写法更新 CSS，如代码清单 11-5 所示。

代码清单 11-5　对正文容器使用 flexbox 简写法

css/main.css

```
.content-container {
  flex: 1 1 auto;
  padding-top: 10vh;
  width: 100%;
}
```

现在，让我们把 11.2 节中突出部分的 CSS 也重构一下。回顾代码清单 11-4，呼出副本类的样式如下：

```
.callout-copy {
  flex-shrink: 0;
  flex-basis: 45em;
  .
  .
  .
}
```

考虑到 flex-grow 的默认值为 0，上面的样式等同于：

```
.callout-copy {
  flex-grow: 0;
  flex-shrink: 0;
  flex-basis: 45em;
  .
  .
  .
}
```

在简写法中，呼出副本的样式如下所示：

```
.callout-copy {
  flex: 0 0 45em;
  font-size: 0.8rem;
  padding: 0 3vw;
}
```

最后，我们可以将同样的想法应用于呼出部分标题的样式（如代码清单 11-4 所示）：

```
.callout-title {
  flex-grow: 1;
  flex-basis: 0;
    .
    .
    .
}
```

等同于：

```
.callout-title {
  flex-grow: 1;
  flex-shrink: 1;
  flex-basis: 0;
    .
    .
    .
}
```

因此，简写法是：

```
.callout-title {
  flex: 1 1 0;
  font-size: 5.75vw;
  text-align: right;
  text-transform: uppercase;
}
```

不过，事实证明，还有一种更“简短”的写法，即 flex:1：

```
.callout-title {
  flex: 1;
  font-size: 5.75vw;
  text-align: right;
  text-transform: uppercase;
}
```

换句话说，flex:1 会将 flex-grow 和 flex-shrink 都设为 1，而将 flex-basis 设为 0。
CSS 重构后得到更紧凑的 flexbox CSS，结果如代码清单 11-6 所示。

代码清单 11-6　用简写法重构首页突出部分的 CSS

css/main.css

```
.callout-title {
  flex: 1;
  font-size: 5.75vw;
  text-align: right;
  text-transform: uppercase;
}
.callout-copy {
  flex: 0 0 45em;
  font-size: 0.8rem;
  padding: 0 3vw;
}
    .
    .
    .
```

因为这是一次重构，我们只改变了代码形式而没有改变功能，所以在保存和刷新之后，页
面外观应该是没有变化的。

练习

1. 图 11-13 中的哪些图适用于 11.1 节和 11.2 节中的示例?

2. 如图 11-13 所示,将 .home-callout 中 flex-direction 的值改为 row-reverse,以此来改变项目的显示顺序。

3. 现在,将 .home-callout 中 flex-direction 的值先改为 column,然后改为 column-reverse。

11.4　三栏布局

我们对 flexbox 的最后一个应用中,涉及一个最常见的 Web 布局,也是在前 flexbox 时代最困难的事情之一:多栏布局。特别是,我们将要创建的三栏布局,其中左右两栏的宽度是固定的,中间一栏会随着窗口大小的变化而伸缩。

新闻报道等网站经常使用这种布局,其中有一个主内容部分,左边是导航,右边是附加信息(或子导航),三栏布局是对这一布局的轻微改变。

让我们先在网站导航中添加一个图库链接,这样我们就可以更容易访问在 10.4 节创建的页面,如代码清单 11-7 所示。

代码清单 11-7　在图库页面中添加一个导航链接

_includes/nav-links.html

```
<li><a href="/">Home</a></li>
<li><a href="/gallery">Gallery</a></li>
<li><a href="">Nav 2</a></li>
<li><a href="">Nav 3</a></li>
```

我们将使用 div 进行图库布局,其结构如代码清单 11-8 所示。这包括一个带有类 gallery 和 col-three 的 flexbox 容器和三栏,其中每栏都有一个通用类 col 和一个专用类。

代码清单 11-8　使用 flexbox 三栏布局的 HTML

gallery/index.html

```
---
layout: default
---

<div class="gallery col-three">
  <div class="col col-nav">
    I'm the nav
  </div>
  <div class="col col-content">
    I'm the 3col page!
  </div>
  <div class="col col-aside">
    I'm over on the right
  </div>
</div>
```

现在我们将再次发挥 flexbox 的魔力,通过将容器类 .col-three 指定为 display: flex,使其成为 flex 容器,然后使用 11.3 节的简写法来设置各栏的属性。首先,我们要将导航栏设置为可以收缩但不拉伸,最小宽度(flex-basis)为 15em:

```
.col-three .col-nav {
  flex: 0 1 15em;
}
```

接下来，我们让内容随着窗口宽度的变化而收缩和拉伸，并使空间尽可能地小：

```
.col-three .col-content {
  flex: 1 1 0;
}
```

最后，让侧边栏（用于简短的图片描述）可以收缩但不拉伸，flex-basis 为 20em：

```
.col-three .col-aside {
  flex: 0 1 20em;
}
```

将这些样式与前几节的样式加在一起，结果如代码清单 11-9 所示。

代码清单 11-9 使用 flexbox 三栏布局的 CSS

css/main.css

```
/* COLUMN STYLES */
.col-three {
  display: flex;
}
.col {
  box-sizing: border-box;
  padding: 2em;
}
.col-three .col ~ .col {
  border-left: 1px solid rgba(0, 0, 0, 0.1);
}
.col-three .col-nav {
  flex: 0 1 15em;
}
.col-three .col-content {
  flex: 1;
}
.col-three .col-aside {
  flex: 0 1 20em;
}
```

哇，有多列了（如图 11-15 所示）！

图 11-15 我们最初的三栏式图库

根据代码清单 11-9 中的规则，如果你调整浏览器窗口的大小，你会看到左边栏和右边栏大小保持不变（分别为 15em 和 20em）。这是因为 .col-nav 和 .col-aside 的 flex-grow 是 0，所以这些列不会拉伸以填满空间，而且由于它们都为 flex-basis 设置了一个宽度，所以每列都被绘制为 basis 的宽度。同时，由于 .col-content 的 flex-grow 为 1，且没有 flex-basis，所以它将尽可能多地占用空间。

　　所有列的 flex-shrink 都被设置为 1，这意味着它们会随着窗口变小而按比例缩小，但由于 .col-nav 和 .col-aside 设置了 basis，所以它们不会缩小到宽度少于 basis（如图 11-16 所示）。

图 11-16　在宽度较小的窗口中的三栏式图库

　　但是，等等——我们的布局，目前高度只与内容的高度相同……如果它与 .content-container 的高度相同不是更好吗？猜猜看，我们怎样解决这个问题？如果你猜到了使用更多的 flexbox，那拍拍自己的胸脯吧！

　　因为 flexbox 样式被设计成可嵌套的，所以一个 flex 子项也可以是一个 flex 容器。在这种情况下，为了让图库的高度可扩展，我们可以通过 display: flex 规则将 .content-container（它在 11.1 节中是一个 flex 子项）也变成一个 flex 容器。

　　如果你想知道这样做为什么不会弄乱其他页面，请记住，flex 子项的默认值（flex-grow: 0，flex-shrink:1，flex-base: auto）会使它们与普通块级元素一样。因此，将父容器初始化为 flex 容器并不会导致任何奇怪的事情（除非你想让它变得奇怪……嘿嘿）。

　　结果如代码清单 11-10 所示，它将代码清单 11-6 中使用过的规则 flex: 1 也应用于各列（.col-three）了。回顾一下 11.3.2 节，flex: 1 相当于 flex-grow 和 flex-shrink 为 1，这样它们就会随着窗口大小按比例增长和收缩，而 flex-basis 为 0，这样就会占用最少的空间。

代码清单 11-10　使各列占用父级的全部高度

css/main.css

```
.content-container {
  display: flex;
  flex: 1 1 auto;
  padding-top: 10vh;
  width: 100%;
}
.
.
.
/* COLUMN STYLES */
```

```
.col-three {
  display: flex;
  flex: 1;
}
```

保存并刷新，会得到一个改进的、全屏的三栏布局（如图 11-17 所示）。

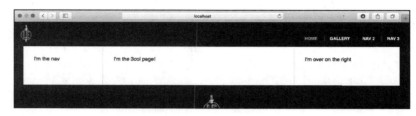

图 11-17　图库现在占据了整个垂直空间

练习

1. 试着将所有的列都设置为 flex:1，使它们大小相等。

2. 现在试着将左右两栏设置为 flex: 0 0 auto，这样它们只占用里面内容所需的空间，但不会拉伸和收缩。

11.5　图库 stub

作为 11.4 节开发三列布局的最后一步，我们将对 gallery 页面进行快速改造。

这种用临时数据填充页面的做法通常被称为 stub 或添加假数据。在本例中，我们需要使用一些图片来充实图库的内容，你可以用下面的 curl 命令来获取这些图片：

```
$ curl -OL https://cdn.learnenough.com/le-css/gallery.zip
$ unzip gallery.zip -d images/        # unzip into the images directory
$ rm gallery.zip
```

这将使用 unzip 命令来将图库图片解压到 images 目录中（使用了 -d 标志，可以使用 man unzip 命令显示可用标志列表）。解压后得到两个新文件夹，large 和 small，每个文件夹里都有一张图片（如图 11-18 所示）。

接下来，我们要在图库的 HTML 中添加图片元素，如代码清单 11-11 所示。另外，在添加内容的同时，还应该在各列上添加一些新类，这样我们就可以更容易地指向与图库有关的元素。最后，我们将添加一些 CSS ID（6.2 节），以便在《完美软件开发之 JavaScript》中用 JavaScript 指向它们。

代码清单 11-11　添加带有类和 id 的虚拟元素

gallery/index.html

```
---
layout: default
---

<div class="gallery col-three">
  <div class="col col-nav gallery-thumbs" id="gallery-thumbs">
```

```
    <div class="current">
      <img src="/images/small/slide1.jpg" alt="Image title 1">
    </div>
    <div>
      <img src="/images/small/slide1.jpg" alt="Image title 2">
    </div>
  </div>
  <div class="col col-content">
    <div class="gallery-photo" id="gallery-photo">
      <img src="/images/large/slide1.jpg" alt="Image title 1">
    </div>
  </div>
  <div class="col col-aside gallery-info" id="gallery-info">
    <h3>Image Title 1</h3>
    <p>Image description 1</p>
  </div>
</div>
```

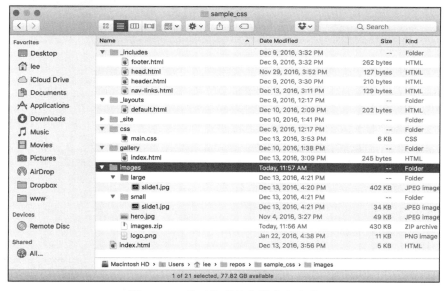

图 11-18　此时的项目文件夹和文件

保存并查看，你会发现它不是很好看（如图 11-19 所示）。

让我们添加一些 CSS，使页面看起来更好一些。你已经看到了我们要添加的大部分内容，但还有一些新的东西，我们将在下面进行介绍。

在左边栏，我们给 col-nav 添加了一个 gallery-thumbs 的 id 和 class，在这个容器中我们添加了两个 div，这两个 div 中各有一个 image——尽管其中一个有类 .current。我们将给该栏设置一个绝对高度，然后将 overflow 设置为 scroll，这样，如果有很多图片链接，用户可以竖向滚动浏览。然后，将缩略图 image 设计成与该列等宽，这样它们就不会占用太多的空间。

最终，用户会通过这些缩略图在图库中切换图片，但在这个示例中，我们只是复制了一个缩略图，以显示缩略图可能处于的两种状态（选中状态和默认状态）。.current 类会给里面的图片添加一个橙红色的边框，并将不透明度设置为 1，以便可以清楚地看到它：

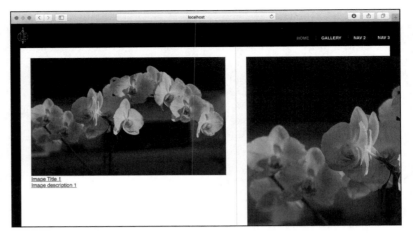

图 11-19　这个图库什么都没显示，一无是处

```css
.gallery-thumbs {
  height: 90vh;
  overflow: scroll;
}
.gallery-thumbs > div {
  cursor: pointer;
}
.gallery-thumbs img {
  box-sizing: border-box;
  box-shadow: 0 0 0 5px transparent;
  display: inline-block;
  margin: 0 0 10px;
  opacity: 0.5;
  transition: all 0.5s ease-in-out;
  width: 100%;
}
.gallery-thumbs img:hover {
  opacity: 1;
}
.gallery-thumbs .current img {
  box-shadow: 0 0 0 5px #ed6e2f;
  opacity: 1;
}
```

如果你把鼠标移到另一个缩略图上，你会看到它从部分透明到不透明的动画。这是因为我们添加了 transition: all 0.5s ease-in-out 样式。

```css
transition: all 0.5s ease-in-out;
```

这是一种 CSS 动画，如果一个元素的样式发生变化，它会自动对其进行动画处理（持续时间为 0.5 秒）。值 all 使动画应用在所有样式上（你可以使它只适用于某些属性），时间无须解释，最后一个值 ease-in-out 告诉浏览器它应该以什么速度运行动画。ease-in-out 使它在开始和结束时运行得慢一点，这会使动画感觉更自然一些。如果你想了解更多关于过渡样式的信息，Mozilla Developer 上 关 于 CSS 过 渡 的 文 档（https://developer.mozilla.org/en-US/docs/Web/CSS/CSS_Transitions/Using_CSS_transitions）对该属性和值有一个全面的介绍。

在中间栏，我们把大图片放在一个带有 gallery-photo 类和 id 的容器中，以使它容易被定位。我们将使用该类将里面的 image 宽度设置为 100%，以使它能填满中间栏的整个宽度：

```
.gallery-photo {
  position: relative;
}
.gallery-photo img {
  width: 100%;
}
```

在右边栏，我们为 .col-aside 添加了一个 gallery-info 的 id 和 class，我们将使用这个 class 来设置几个与文本相关的样式，使部分信息看起来更漂亮一些：

```
.gallery-info {
  font-size: 0.8rem;
}
.gallery-info h3 {
  margin-bottom: 1em;
}
```

图库样式结果如代码清单 11-12 所示。

代码清单 11-12　为图库添加一段样式

css/main.css

```
/* GALLERY STYLES */
.gallery-thumbs {
  height: 90vh;
  overflow: scroll;
}
.gallery-thumbs > div {
  cursor: pointer;
}
.gallery-thumbs img {
  box-sizing: border-box;
  box-shadow: 0 0 0 5px transparent;
  display: inline-block;
  margin: 0 0 10px;
  opacity: 0.5;
  transition: all 0.5s ease-in-out;
  width: 100%;
}
.gallery-thumbs img:hover {
  opacity: 1;
}
.gallery-thumbs .current img {
  box-shadow: 0 0 0 5px #ed6e2f;
  opacity: 1;
}
.gallery-photo {
  position: relative;
}
.gallery-photo img {
  width: 100%;
}
.gallery-info {
  font-size: 0.8rem;
}
.gallery-info h3 {
  margin-bottom: 1em;
}
```

保存并刷新，你会看到一切都并然有序了——图库看起来不错，当你改变浏览器窗口时，图库的大小也会改变，而且鼠标指针移动时也会做出反应（如图 11-20 所示）。

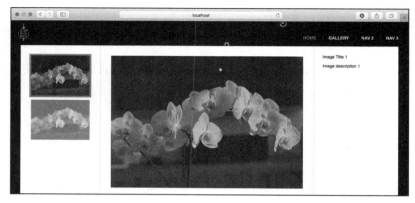

图 11-20　一切都在其正确的位置

在我们继续前进之前，还有最后一点清理工作：如果你从 gallery 页面导航回首页，你会发现情况……不太好（如图 11-21 所示）。

问题是，我们的 .content-container 现在是一个在 flexbox 中的 flexbox，这会使首页上的所有内容都以水平方式在容器中排列。我们可以通过将 .content-container 上的 flex-direction 属性改为 column 来解决这个问题，这会使它垂直排列所有子元素。由于首页上的子元素没有设置 flex 属性，它们将显示为常规的块级元素。但是，不幸的是，如果这样做，我们就会失去漂亮的全屏图库布局。

一个更简单的解决方案是，使用一个容器（是的，另一个容器（方框 10-2 ））包裹整个页面。在本例中，我们将使用一个 div，并给它一个类名 home（如代码清单 11-13 所示）。

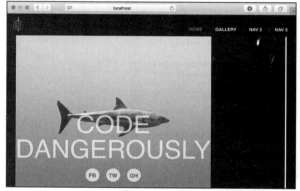

图 11-21　我们在 flexbox 正文容器中的 flexbox 导致了布局问题

代码清单 11-13　将首页包裹在一个 div 中，以包含所有的子元素

index.html

```
---
layout: default
---

<div class="home">
  <div class="full-hero hero-home">
   .
   .
  </div>
```

```
<div class="home-callout">
  .
  .
  .
</div>

<div class="home-section">
  .
  .
  .
</div>
</div>
```

保存修改，首页恢复正常（如图 11-22 所示）。

图 11-22   我们的首页已经恢复正常

那么，为什么这样做有效，为什么这是一个好主意？它之所以有效，是因为我们添加的容器成为 .content-container 中唯一的 flex 元素，这意味着它会占用所有的空间。然后，容器里边的元素没有使用 flex，所以这些元素只是被构建为常规的块级元素，容器自然会拉伸以包含它们。

添加一个这样的容器是个好主意，是因为用一个只与该页面有关的类来包装整个页面，在将来你想为该页面的内容设计样式时，会有帮助。它使整个首页成为一个可移植的、单一的整体，而不像以前那样是三个子元素的集合。我们在图库页面也做了同样的事情，我们把内容包裹在一个类为 .gallery 的 div 中（如代码清单 11-8 所示）。今后，我们所有的页面都将用一个 div 包裹起来，并为其设置一个特定的类。

练习

1. 要了解 CSS transition 的时间属性是如何工作的，试着把 0.5s 改为 2s。

2. transition 属性也可以只针对一种类型的 CSS 变化。在 .gallery-thumbs img:hover 声明中，添加一个样式，将 width 设为 50%。当你的鼠标悬停在该元素上时，宽度的变化将产生动画效果。现在将 gallery-thumbs img 声明中的 transition 属性改为 opacity 0.5s ease-in-out。保存并刷新，只有不透明度会有动画效果，宽度会突然改变。

3. 指针样式控制用户光标的样式——这是一个很有用的 CSS，可以给用户提示什么是可单击的，什么不会有反应。添加一个新的声明，指向 .gallery-thumbs .current，并设置样式 cursor: default。现在，当你在当前图片上移动时，光标不会改变，暗示用户该元素是不可单击的。

Chapter 12 第 12 章

添加博客

现在，我们已经用 flexbox 完善了网页布局（11 章），是时候进行第二个 Jekyll 布局了。我们将通过给示例网站添加博客功能，实现 9.3 节中的承诺。在我们的网站上添加博客，将使我们有机会应用迄今为止所涉及的许多 CSS 规则，包括字体、外边距、内边距、选择器，以及——你猜对了——flexbox。

Jekyll 是一个"初识博客"的框架，这意味着它开箱即用，这样配置是为了理解如何阅读和处理内容，以制作类似博客的网站。可能与你熟悉的其他博客平台不同（如图 12-1 所示），Jekyll 博客没有内容管理系统，即没有可以输入文章内容的文本框。相反，Jekyll 用一个文件管理内容，这个文件用 Markdown（9.2 节中引入的轻量级标记语言）编写并预览，存储在本地计算机的一个文件夹中，并在准备就绪时部署。

这些是为弱者准备的——你是弱者吗？

图 12-1　所见即所得的内容管理对那些害怕 HTML 和 CSS 的人来说非常有效

这种设计的好处是，你可以用你自己选择的文本编辑器来写博客，并且可以完全控制博客的内容和风格，不会受制于第三方平台（第三方平台随时可能关闭）[⊖]。此外，对项目进行 Git 版本控制，可以拥有网站的完整历史档案。最后，使用 GitHub Pages，就可以进行在线备份和免费

⊖　无论是由于第三方服务业务失败还是收购，任何曾经因第三方服务关闭而遭受打击的人，都知道避免不必要的依赖有多么重要。我曾经犯过一个错误，将原始的 Rails 教程新闻源放在一个被收购并随后关闭的服务上，从此我发誓，再也不放弃对这种重要的基础架构的控制。——Michael

部署了（我们在自己的 Learn Enough News 网站（https://news.learnenough.com/）上使用了这些工具），一些个人网站（https://www.michaelhartl.com/）的作者也会使用这些技术。所以，你可以看到，即使你知道如何使用 Web 开发框架（https://www.railstutorial.org/），静态网站生成器也很有用。

为了构建一个合理的、最小功能的博客，我们将创建两个不同的模板。首先，制作一个博客索引页，展示一些带有预览内容的最近的博文，它有一个侧边栏，包含所有最近的博文列表（12.1 节和 12.2 节）。我们还将调整 11.4 节中的 flexbox 方法，使之成为一个双栏布局。然后，制作一个显示单个博文的页面（12.3 节），它将包括博文内容和一个小边栏，该边栏可用于介绍作者的信息（或作为添加分享的地方）。

12.1 添加博客文章

首先，添加一个博文示例文件，这样首页就有东西可以显示了。按照惯例，Jekyll 的博文位于一个叫做 _posts 的文件夹中，文件名标志文章的大致日期，格式为 YYYY-MMDD-post-title.md（年、月、日期、博文标题）。我们说"大致"是因为你可以在文章的 frontmatter 中用确切的日期覆盖文件名中的日期，这对那些先保存为草稿，但后来才发布的博文特别有用。这个日期被 Jekyll 用来按文件名排序，而博文标题则用来生成 URL。

我们可以创建所需的目录和一个空帖，如下所示：

```
$ mkdir _posts
$ touch _posts/2016-11-03-title-of-post.md
```

此时，网站结构应如图 12-2 所示。

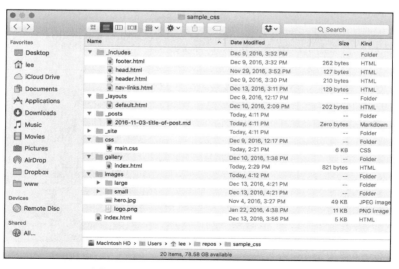

图 12-2 带有初始化博文的博客索引页

stub 博文的内容如代码清单 12-1 所示，你应该把它复制粘贴到博文文件中。注意，代码清单 12-1 中包括大量的 YAML 前言（9.3 节），以及 Markdown 和 HTML。从设计上讲，Markdown 是 HTML 的扩展集，所以从技术上讲，每个有效的 HTML 页面也是有效的 Markdown。

代码清单 12-1　示例网站上的第一篇 Jekyll 博文

_posts/2016-11-03-title-of-post.md

```
---
layout: post
title: This is the title of the post
postHero: /images/shark.jpg
author: Me, Myself, and I
authorTwitter: https://twitter.com/mhartl
gravatar: https://gravatar.com/avatar/ffda7d145b83c4b118f982401f962ca6?s=150
postFooter: Additional information, and maybe a <a href="#">link or two</a>
---

Call me *Ishmael*. Some years ago-*never mind how long
precisely*-having little or no money in my purse, and nothing
particular to interest me on shore, I thought I would sail about a little
and see the watery part of the world. It is a way I have of driving off
the spleen and regulating the circulation.

<img class="pull-left" src="https://placekitten.com/g/400/200"
    alt="kitten">

Whenever I find myself growing grim about the mouth; whenever it is a damp,
drizzly November in my soul; whenever I find myself involuntarily pausing
before coffin warehouses, and bringing up the rear of every funeral I meet;
and especially whenever my hypos get such an upper hand of me, that it
requires a strong moral principle to prevent me from deliberately stepping
into the street, and methodically knocking people's hats off—then, I
account it high time to get to sea as soon as I can. This is my substitute
for pistol and ball.

With a philosophical flourish Cato throws himself upon
his sword; I quietly take to the ship. There is nothing surprising in this.
If they but knew it, almost all men in their degree, some time or other,
cherish very nearly the same feelings towards the ocean with me.
```

你可能会说：“等一下，此文件中‘ layout: post ’的作用是什么？我以为我们只有 default 布局。还有，frontmatter 中其他内容的作用是什么？”

事实证明，Jekyll 允许布局嵌套，这使我们有能力定制所有想要的博文显示方式，而不需要制作包含 HTML head（如代码清单 10-1 所示）等的完整布局。然后，包含必要的 HTML 布局的文件可以被构建到基础 default 布局中（是的，布局嵌套（如图 12-3⊖ 所示））。

frontmatter 中的其他内容是页面变量（方框 12-1），它让我们轻松地创建和设置值，这些值可以添加到页面

图 12-3　布局嵌套，include 嵌套……无数乌龟叠加

⊖　图片由 Maciej Wlodarczyk/Shutterstock 提供。

正文中，改变页面外观，包括所有可能在每个博文之间改变的信息（如作者姓名或 Gravatar 等用户头像）。如，在 12.2 节中，我们将使用代码清单 12-1 中定义的标题和 URL，通过以下 Liquid 代码链接到博文：

```
<h2><a href="{{ post.url }}">{{ post.title }}</a></h2>
```

这种页面定制是静态 HTML 不能完成的许多事情之一，但好的静态网站生成器会使这些事情变得容易。

方框 12-1：关于变量的更多信息

如果你在想："我的天，更多的变量！我讨厌代数。"别担心。回顾一下方框 10-1，你可以把变量看成一个盒子，你把信息放进去，就可以通过引用盒子的名字来获取信息。具体细节取决于你所使用的系统（如 Jekyll 或 Ruby 等编程语言），但最终它们都只是一个信息容器。

在代码清单 12-1 Jekyll 博文的示例中，我们使用了页面变量设置，这些变量只能在加载 frontmatter 的页面中访问。例如，在页面的 frontmatter 中设置一个标题变量，像这样：

```
---
title: This is the title of the post
---
```

然后可以使用 Liquid 标签提取标题并放置在页面上，如下所示：

```
{{ page.title }}
```

这种灵活性使我们能够为不同的页面定义不同的变量，因此，同一个模板可以在不同的博文中看起来不同。

也可以设置全局变量，这些变量对网站的所有页面都有效。定义全局变量需要创建一个新配置文件，这超出了本书的范围，但你可以在 Jekyll 文档（https://jekyllrb.com/docs/）中阅读关于配置文件和全局变量的内容。

博客索引页结构

博客本身位于 blog 文件夹内的 index.html 文件中，这会生成博客索引页的公共 URL：https://example.com/blog/。我们从下面的步骤开始：

```
$ mkdir blog
$ touch blog/index.html
```

对于博客索引页，我们从一个 stub 版本开始，以了解它是如何工作的，然后在 12.2 节用真正的博文构建它。设计遵循我们之前多次提到的惯例（见图 5-1），有标准的 header 和 footer，一个 hero 图片（在这里是针对博客的图片），一个放置博文标题和内容的空间，以及一个右侧的附加信息盒子（如图 12-4 所示）。

初始化 stub，如代码清单 12-2 所示（为了适配清单，有几个标签被缩进了，但你应该把它们缩进到适当的级别）。请注意，代码清单 12-2 使用了代码清单 10-1 中定义的 default 布局。

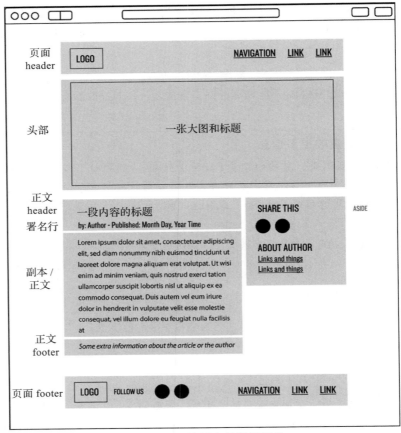

图 12-4　一篇博文的模拟图片

代码清单 12-2　博客索引页的基本结构

blog/index.html

```
---
layout: default
---

<div class="page blog-index">
  <h1>Bloggie Blog</h1>
  <div class="col-two blog-cols">
    <div class="col col-aside blog-recent">
      <h4>Recent Posts</h4>
      <ul class="blog-title-list">
        <li>
          <a href="">Blog post title</a>
          <span>Posted: Month Day, Year</span>
        </li>
      </ul>
    </div>
    <div class="col col-content blog-previews">
      <div class="blog-posts">
        <header class="post-header">
```

```
            <h2><a href="">I am the title of an article</a></h2>
            <div class="post-byline">
  <img src="https://gravatar.com/avatar/ffda7d145b83c4b118f982401f962ca6?s=150">
            <a href="#" class="social-link">Tw</a>
            by: Me, Myself, and I
            <span> - Month Day, year</span>
          </div>
        </header>
        <div class="posts-image" style="background-image:url('/images/shark.jpg')">
        </div>
          <p>
            Blurb
          </p>
        </div>
      </div>
    </div>
  </div>
```

现在我们已经开始了博客索引页，我们需要给用户提供一个导航到该页面的方式。打开 _includes/nav-links.html，修改第三个链接以引导用户进入博客（如代码清单 12-3 所示）。

代码清单 12-3　如果一个页面没有链接…它是否存在

_includes/nav-links.html

```
<li><a href="/">Home</a></li>
<li><a href="/gallery">Gallery</a></li>
<li><a href="/blog">Blog</a></li>
<li><a href="">Nav 3</a></li>
```

完美！现在我们可以通过网站导航进入博客页面了。

现在，单击进入博客索引页，看看我们做得如何。你可能已经预料到这个页面不会很好看，事实上，正如预期的那样，它确实很丑陋（除了帅气的头像）(如图 12-5 所示)。

让我们添加一些样式，使博客索引页更好看一些。我们仿照代码清单 11-9 中定义的三栏布局，开始一个两栏式布局：

```
.col-two {
  display: flex;
}
.col-two .col-aside {
  flex: 0 0 20em;
  order: 1;
}
.col-two .col-content {
  flex: 1;
}
```

图 12-5　丑陋的页面

此处我们定义了一个不会伸缩的侧边栏，并将 flex-basis 设置为 20em（flex: 0 0 20em）。同时，内容部分与代码清单 11-10 中的列相同，设置为 flex: 1。这些规则创建了一个大小随窗口变化的区域块，以及固定大小的右边栏。

在 .col-two .col-aside 声明中有一个全新的 flexbox 样式：order 属性。这个 CSS 样式允许我

们任意控制元素在页面上的位置。你可能已经注意到，在代码清单 12-2 中，靠边的元素被放在了 HTML 中的第一个位置——如果我们不对其进行样式处理，它会显示在页面的顶部（如果我们没有使用 flexbox 的话）或左侧。order 属性的值可以是一个简单的数字，默认值为 0。通过将该值设置为 1，我们告诉浏览器将靠边元素放在同一父类中的、order 值比 1 小的所有元素之后。

为什么使用 order？我们把它加在这里，是因为它是一个强大的工具，使我们能够在页面上重新排列元素，而不需要实际移动 HTML。

除了 flexbox 规则之外，我们还将设置很多其他样式。我们会在全局样式部分添加一个样式，以使整个网站的所有 h4 看起来都一样：

```
h4 {
  color: #999;
  font-weight: bold;
  text-transform: uppercase;
}
```

我们还将在列布局容器 .page 类中加入 max-width 样式：

```
.page {
  margin: 10vh auto 15vh;
  max-width: 980px;
  width: 85vw;
}
```

这些样式会将 .page 容器格式化，使其展开以适应窗口，但宽度最大只有 980px。为什么是 980px？这是一个用于网站宽度的惯例，以确保它能够适应 1024×768 像素的全屏浏览器（例如，iPad）。

如果你的内容需要更大的空间，你可以把页面做得更大一些，但如果你的内容主要是文字，就有必要考虑：一般来说，页面上被拉得太宽或被挤得太窄的文本，会很难阅读。理想情况下，应该保持文本每行有大约 40 至 70 个字符（包括空格），虽然 980px 比这更宽，但如果你像我们一样加入一个侧边栏菜单，那么两者都有足够的空间。

我们还将对页面标题进行样式设计，使所有的内容页都有相同的标题，但将其限制为只适用于类 .page 内部，会更有灵活性，不必重新设计首页上的任何东西：

```
.page h1 {
  font-size: 3em;
  margin-bottom: 1em;
  text-align: center;
}
.page h2 {
  margin-bottom: 0.5em;
}
.page h4 {
  margin-bottom: 1em;
}
```

最后，我们有了博客索引页的所有样式，此时我们对使用的规则应该已经很熟悉了。这是一个很好的阅读 CSS 的练习，我们特别推荐使用方框 5-1 中提到的注释技巧：

```
.blog-recent {
  text-align: right;
}
.blog-title-list {
```

```
    list-style: none;
    padding: 0;
  }
  .blog-title-list li ~ li {
    margin-top: 1.5em;
  }
  .blog-title-list span {
    color: #999;
    display: block;
    font-size: 0.8em;
    font-style: italic;
    margin-top: 0.5em;
  }
  .blog-posts ~ .blog-posts {
    border-top: 1px dotted rgba(0, 0, 0, 0.1);
    margin-top: 4em;
    padding-top: 4em;
  }
  .blog-posts .post-header {
    font-size: 0.8rem;
  }
  .post-header {
    margin-bottom: 1.5em;
  }
  .post-header img,
  .post-header .social-link {
    margin-right: 0.5em;
  }
  .post-header img {
    border-radius: 99px;
    display: inline-block;
    height: 2.5em;
    vertical-align: middle;
  }
  .posts-image {
    background-position: center;
    background-size: cover;
    height: 6em;
    margin-bottom: 1.5em;
  }
```

我们去掉了右侧导航 ul 中的圆点，并为 span 设置了一些文本样式，使其包含的信息只是为了提供标题详情，而不会在视觉上分散注意力。我们还使用通用兄弟选择器对 .blog-posts 类进行了样式设计，这样，同一列中的多个 .blog-posts 之间就会相互分离，并有一个模糊的分界线。其他的样式都是增加间距，把内容相互分开，将作者头像设计成圆形，并给 .post-image 设置尺寸，以便你能看到背景图片。

最终，全部新加 CSS 如代码清单 12-4 所示。如果你遇到困难，我们建议你逐个添加样式，看看它们的作用（方框 5-1）。我们稍后将对一些样式及效果进行概述。

代码清单 12-4　使用 flexbox 设计双栏布局样式

css/main.css

```
h4 {
  color: #999;
  font-weight: bold;
  text-transform: uppercase;
}
```

```
/* COLUMN STYLES */
.
.
.
.col-two {
  display: flex;
}
.col-two .col-aside {
  flex: 0 0 20em;
  order: 1;
}
.col-two .col-content {
  flex: 1;
}

/* PAGE STYLES */
.page {
  margin: 10vh auto 15vh;
  max-width: 980px;
  width: 85vw;
}
.page h1 {
  font-size: 3em;
  margin-bottom: 1em;
  text-align: center;
}
.page h2 {
  margin-bottom: 0.5em;
}
.page h4 {
  margin-bottom: 1em;
}
.
.
.
/* BLOG STYLES */
.blog-recent {
  text-align: right;
}
.blog-title-list {
  list-style: none;
  padding: 0;
}
.blog-title-list li ~ li {
  margin-top: 1.5em;
}
.blog-title-list span {
  color: #999;
  display: block;
  font-size: 0.8em;
  font-style: italic;
  margin-top: 0.5em;
}
.blog-posts ~ .blog-posts {
  border-top: 1px dotted rgba(0, 0, 0, 0.1);
  margin-top: 4em;
  padding-top: 4em;
}
.blog-posts .post-header {
  font-size: 0.8rem;
}
```

```
.post-header {
  margin-bottom: 1.5em;
}
.post-header img,
.post-header .social-link {
  margin-right: 0.5em;
}
.post-header img {
  border-radius: 99px;
  display: inline-block;
  height: 2.5em;
  vertical-align: middle;
}
.posts-image {
  background-position: center;
  background-size: cover;
  height: 6em;
  margin-bottom: 1.5em;
}
```

保存并刷新，此时博客索引页的外观应该会略微精致一些（如图 12-6 所示）。

图 12-6　一个更有组织的博客索引页

练习

1. 图 12-5 中新博客索引页的 footer 发生了一些很酷的事情。发生了什么，为什么？提示：回顾一下 DRY 原则（方框 5-2）。

2. 许多（可能是大多数）博客都有让读者评论的功能，但由于 Jekyll 是一个没有数据库的静态网站生成器，所以它不可能原生地支持评论。幸运的是，可以使用第三方服务的方法添加评论。利用你的技术熟练度和 Google-fu，看看你能否找到一个可以放到静态网站中的评论系统。

3. 试着将 .col-two .col-aside 中的 order: 属性设置为 0，然后将 flex-direction 改为 column，侧边栏应该会位于页面顶部。现在试着把它设回 1，将其推到底部。

12.2　循环博客索引内容

现在我们已经把页面设置好了，让我们修改代码清单 12-2 中的首页，根据 _posts 文件夹的内容动态生成博文列表。关键是 Jekyll 会自动提供一个名为 site.posts 的变量，该变量包含一个博文列表。然后，我们可以循环这些博文（如方框 12-2 所示），并生成每个帖子对应的 HTML。

方框 12-2：什么是循环

处理程序中的数据时，你会经常发现自己处于这样一种情况：你想多次执行同一个操作，直到源数据耗尽或其他条件得到满足。

例如，假设你正在发牌，直到没有牌为止。在这种情况下，发牌是一个重复的动作，牌用完了是停止操作的条件。如果把发牌作为一个计算机程序来实现，我们可以用这样的伪代码来编写这个循环：

```
for card in deck
  deal_card(card)
end
```

当这牌用完时，循环会自动终止。

在 Jekyll 中，我们使用 Liquid 来循环博文。我们会发现虽然在细节上有细微的差别，但它们的工作方式基本相同，所以这里的知识可以为以后学习更多通用编程奠定良好的基础。

我们的第一个 Jekyll 循环如下：

```
{% for post in site.posts %}
  ...Liquid code...
{% endfor %}
```

这被称为 for 循环（在某些语言中称为 for each 循环），它的作用是为网站博文中的每个元素执行封闭的 Liquid 代码。

让我们更详细地分析一下这个语法。for 循环有一个起始标签，标识循环的形式——即用 {% for post in site.posts %} 开始循环——并以 {% endfor %} 结束循环，使循环到达最后一个博文时停止。在这一点上，Jekyll 知道我们已经到达了循环的终点，并将继续处理正常的 Markdown 或 HTML 内容。

但是 site.posts 是怎么来的呢？在本节的介绍中，我们将 Jekyll 描述为"博客意识"，这也是我们的部分意思：由于 _posts 目录的存在，Jekyll 会自动在页面中提供一个名为 site.posts 的 Liquid 变量。此外，由于博文文件名关于日期的约定（12.1 节），Jekyll 甚至知道如何对它们进行排序（按照博客的惯例，最新博文在前）。

在这个循环中，for post in site.posts 定义了一个名为 post 的变量，用于生成相应的 HTML。此时，post 就是所谓的对象，这意味着我们可以通过它访问标准的 post 属性列表，如 URL 和日期，以及 YAML frontmatter 中定义的任何 post 属性（如代码清单 12-1 所示）。访问对象属性的语法在不同"面向对象"的语言中是通用的：只需要使用对象名，后面加一个点，然后是属性名。比如：

```
post.url
```

是帖子的 URL，并且

```
post.authorTwitter
```

是作者的 Twitter 链接（这是我们在代码清单 12-1 中通过 frontmatter 添加的变量）。

下面是我们在构建完整博文时需要的属性列表：

❑ {{post.url }}：这会查看博文的文件名，并构建一个指向该博文的 URL。如果单击一个博文，你会看到 URL 路径类似于 http://localhost:4000/2016/11/04/second-post。Jekyll 根据文件名中的日期部分，将文件转化为使用年、月、日嵌套的文件夹，用于在博客中做一些事情，如显示某个特定日期、月份或年份的所有文章。

❑ {{ post.title }}，{{ post.gravatar }}，{{post.authorTwitter}}，{{post.postHero }}：所有这些标签都可以在网站的 frontmatter 中找到同名变量，如果有信息添加到该变量中，它就会把变量的内容放在页面上。你可以根据自己的需求添加更多的变量。

❑ {{post.date | date:' %B %d, %Y '}：date 标签包含了文件名（12.1 节）或 frontmatter（可以覆盖文件名的日期值）中编码的博文的日期。符号 | 后面的内容告诉 Jekyll 添加到页面上的日期如何格式化。有很多格式化日期和时间的选项，如果你想了解更多信息，可以在这里阅读关于 Jekyll 日期格式化的信息（https://learn.cloudcannon.com/jekyll/date-formatting/）。在我们的示例中，格式"%B %d,%Y"会让日期以"11 03,2016"的形式显示。

❑ {{post.excerpt }}：最后一个标签告诉 Jekyll 查看博文正文（Markdown 文件中 frontmatter 后面的所有内容）并提取第一段来创建摘要。如果去掉 excerpt，只添加标签 {{ post }}，那么就会把整个帖子显示在页面上。

要插入任何属性值，我们只需要使用与代码清单 11-2 中插入内容时同样的 Liquid 语法即可。例如，

```
{{ post.url }}
```

在 Liquid 模板中的确切位置插入博文的 URL 值（其他属性也是如此）。比较代码清单 12-2 中的首页 stub 版本和上面列出的变量，看看你能否弄清楚新的博客索引页应该是什么样子。

HTML/Liquid 如代码清单 12-5 所示。注意，我们已经用循环代替了代码清单 12-2 中的虚拟帖。

代码清单 12-5　使用循环建立博客索引

blog/index.html

```
---
layout: default
---

<div class="page blog-index">
  <h1>Bloggie Blog</h1>
  <div class="col-two blog-cols">
    <div class="col col-aside blog-recent">
      <h4>Recent Posts</h4>
      <ul class="blog-title-list">
        <li>
          <a href="">Blog post title</a>
          <span>Posted: Month Day, Year</span>
        </li>
      </ul>
    </div>
```

```
<div class="col col-content blog-previews">
  {% for post in site.posts %}
    <div class="blog-posts">
      <header class="post-header">
        <h2><a href="{{ post.url }}">{{ post.title }}</a></h2>
        <div class="post-byline">
          <img src="{{ post.gravatar }}" />
          <a href="{{ post.authorTwitter }}" class="social-link">Tw</a>
          by:  post.author
          <span> - {{ post.date | date: '%B %d, %Y' }}</span>
        </div>
      </header>
      <div class="posts-image"
          style="background-image:url({{ post.postHero }})"></div>
        post.excerpt
    </div>
  {% endfor %}
  </div>
  </div>
</div>
```

刷新页面，你应该看到 stub 的内容已经被真正的博文信息取代。

你可能已经发现，到目前为止，首页并不是一个真正的"循环"——它只有一个帖子，所以循环只运行一次就退出了。换句话说，我们还没有真正使用代码清单 12-5 中的 for 循环部分。

为了解决这个问题，让我们将当前博文复制一份，命名一个晚点的日期：

```
$ cp _posts/2016-11-03-title-of-post.md _posts/2016-11-04-title-of-second-post.md
```

刷新浏览器，你会看到有两篇博文，而不是只有一篇（如图 12-7 所示）。这意味着 for 循环正在工作，当我们添加新的文章时，它们会自动出现在博客首页上。

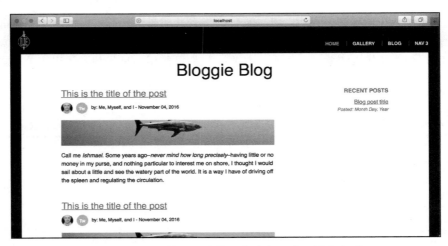

图 12-7　通过循环浏览博文来动态地建立博客索引

很酷，对吗？你可以看到，使用像 Jekyll 这样的网站生成器，构建相当复杂的、不需要大量维护的网站是多么容易。不需要为每篇博文都编辑一堆不同的页面，而只需要将一个格式正确的文件放到正确的文件夹中，所有内容都会自动更新。

最后，让我们再添加一个循环，将正确的链接添加到右侧的菜单中。修改 blog/index.html
文件，使之与代码清单 12-6 相匹配。

代码清单 12-6 创建第二个 "最近的帖子" 循环

blog/index.html

```
---
layout: default
---

<div class="page blog-index">
  <h1>Bloggie Blog</h1>
  <div class="col-two blog-cols">
    <div class="col col-aside blog-recent">
      <h4>Recent Posts</h4>
      <ul class="blog-title-list">
        {% for post in site.posts limit:5 %}
          <li>
            <a href="{{ post.url }}">{{ post.title }}</a>
            <span>Posted:  post.date | date: '%B %d, %Y' </span>
          </li>
        {% endfor %}
      </ul>
    </div>
    <div class="col col-content blog-previews">
      {% for post in site.posts %}
        <div class="blog-posts">
          <header class="post-header">
            <h2><a href="{{ post.url }}">{{ post.title }}</a></h2>
            <div class="post-byline">
              <img src="{{ post.gravatar }}" />
              <a href="{{ post.authorTwitter }}" class="social-link">Tw</a>
              by: {{ post.author }}
              <span> - {{ post.date | date: '%B %d, %Y' }}</span>
            </div>
          </header>
          <div class="posts-image"
              style="background-image:url({{ post.postHero }})"></div>
          {{ post.excerpt }}
        </div>
      {% endfor %}
    </div>
  </div>
</div>
```

代码清单 12-6 使用了与代码清单 12-5 相同的思想，唯一的创新是使用 limit:5 来限制循环
只显示最近的五个博文。

保存并刷新，你会在右边栏看到博文的名称和链接（如图 12-8 所示）。

练习

1. 利用你新学的关于 Jekyll 变量以及它们如何与循环一起工作的相关知识，在 "最近的博
文" 侧边菜单中加入作者姓名和头像。

2. 编辑我们创建的第二篇博文，修改构成正文的文字、主图以及作者姓名和头像（所有这些
都在 frontmatter 中）。

图 12-8　博客索引，现在有最近的帖子列表了

12.3　博客文章页面

现在已经有了一个可用的博客索引，接下来让我们看下各个博文。单击博客索引上的一个链接，会把我们带到一个完全没有样式的页面，里面有博文内容。如图 12-9 所示，目前博文页面甚至都没有像网站 header 这样的基本元素。让我们来解决一下这个问题。

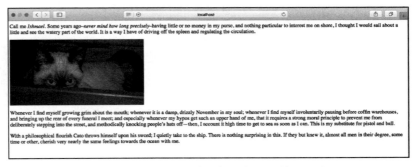

图 12-9　小猫很可爱，但这个页面并不可爱

问题的原因是，在博文 frontmatter 中（如代码清单 12-1 所示），我们告诉 Jekyll，这些页面应该使用 post 布局来构建，而 post 布局还不存在。所以，首先应该在布局文件夹中创建一个名为 post.html 的新文件，然后加入代码清单 12-7 所示的 frontmatter 和 Liquid 标签。

代码清单 12-7　最基本的博文页面

_layouts/post.html

```
---
layout: default
---

{{ content }}
```

正如 12.1 节所承诺的那样，代码清单 12-7 在布局中引用了一个布局（default）（如图 12-3 所示）。这是我们可以制作的最简单的页面，它看起来还是不太对，但至少网站界面的其他部分已经回来了。

我们接下来要做什么？如果你猜是要"添加一堆容器和样式"，恭喜你猜对了。与博客索引不同，在代码清单 12-8 中，我们将直接加入 HTML 结构和 Liquid 标签，以正确地从博客文章文件中提取信息，并将其添加到页面中。这是一个练习阅读标记、应用第一部分和第二部分经验教训的很好的机会。

博文页面和代码清单 12-5 中的博客索引页之间有一个关键的区别。在索引页中，我们有一个名为 post 的循环变量（通过 for post in…定义），而在博文本身的页面中，我们使用一个名为 page 的变量。这个变量是由 Liquid 自动提供。结果如代码清单 12-8 所示，它下面是一个简短的解释，你应该仔细阅读。

代码清单 12-8　添加到博文页面的结构中

_layouts/post.html

```
---
layout: default
---

<div class="post">
  <div class="half-hero" style="background-image:url({{ page.postHero }})"></div>

  <article class="page">
    <header class="post-header">
      <h1>{{ page.title }}</h1>
      <div class="post-byline">
        <img src="{{ page.gravatar }}">
        <a href="{{ page.authorTwitter }}" class="social-link">Tw</a>
        by: {{ page.author }}
        <span> - {{ page.date | date: '%B %d, %Y' }}</span>
      </div>
    </header>
    <aside class="post-aside">
      <h4>Recent Posts</h4>
      <ul class="blog-title-list">
        {% for post in site.posts limit:5 %}
          <li>
            <a href="{{ post.url }}">{{ post.title }}</a>
            <span>Posted: {{ post.date | date: '%B %d, %Y' }}</span>
          </li>
        {% endfor %}
      </ul>
    </aside>
    <div class="post-content">
      {{ content }}

    </div>
    <footer class="post-footer">
      {{ page.postFooter }}
    </footer>
  </article>
</div>
```

在代码清单 12-8 中，我们使用了一个新元素——article 标签，它是专门为包装内容片段而创建的，如果其中的内容片段从网站上剪下来，它们可以单独显示。因此，博文是一个使用 article 的好地方（正如我们在这里所做的那样），但首页上的个人简介就不是了（因为它们是特定于那个页面的）。

如代码清单 12-8 所示，在文章中使用 header 和 footer 来包裹标题和署名之类的内容，或（在 footer 存在的情况下）标签、共享、脚注等通常放在底部的内容，是一个很好的做法。

我们还在页面上添加了另一个新 HTML5 元素，即 aside 标签。它应该被用于与文章内容相关的附件内容。在博客中，它可以用于最近的博文列表，或相关博文列表，或社交分享链接（Twitter、Facebook 等）。

保存并刷新，你会看到内容组织起来了，可以进行样式设计了（如图 12-10 所示）。

图 12-10　情况正在好转

现在让我们添加一些博文特定样式，如代码清单 12-9 所示。

代码清单 12-9　用 CSS 对博文页面进行格式化，完成布局

css/main.css

```
/* BLOG STYLES*/
.
.
.
.post {
  width: 100%;
}
.post-content,
.post-footer {
  margin: auto;
  max-width: 40em;
  width: 85vw;
}
.pull-left {
  float: left;
  margin: 2em 2em 2em -2%;
}
```

```css
.pull-right {
  float: right;
  margin: 2em -2% 2em 2em;
}
.post-aside {
  background-color: rgba(0, 0, 0, 0.01);
  float: right;
  margin: 0 0 2em 2em;
  padding: 2em;
}
.post .post-header {
  margin-bottom: 2.5em;
  text-align: center;
}
.post-content {
  font-size: 1.1rem;
}
.post-footer {
  border-top: 1px solid rgba(0, 0, 0, 0.1);
  font-style: italic;
  font-size: 0.8em;
  margin-top: 3em;
  padding-top: 2em;
}
```

顶部的 .half-hero 没有在博文页面上显示，是因为它需要一个高度，同时我们也将添加背景尺寸和背景定位样式，如代码清单 12-10 所示。

代码清单 12-10　博文页面上的 .half-hero 需要尺寸才能被看到

css/main.css

```css
/* HERO STYLES */
.
.
.
.half-hero {
  background-position: center center;
  background-size: cover;
  height: 40vh;
}
```

在两页之间翻页，你会发现看起来翻页很有条理，内容也不错（如图 12-11 所示）。请注意，我们把博文正文的字体大小提高到了 1.1rem。对于文字较多的正文部分，为了提高可读性，字体稍微大一点总是好的——字体大小在 16px 到 18px 范围内比较好。

在继续之前，还有最后一个关于 Jekyll Liquid 标签的小技巧：有时你可能想在网站上添加一个链接，或者一个小描述，以引导用户访问最新的博文。首先，让我们在 header 中添加一个链接作为最后一个导航链接。打开 _includes/nav-links.html，添加代码清单 12-11 中的修改。

代码清单 12-11　在网站导航中添加一个 Newest Post 的链接

_includes/nav-links.html

```html
<li><a href="/">Home</a></li>
<li><a href="/gallery">Gallery</a></li>
<li><a href="/blog">Blog</a></li>
<li><a href="{{ site.posts.first.url }}">Newest Post</a></li>
```

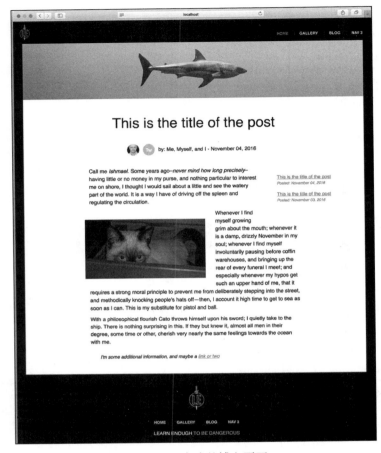

图 12-11 完成的博文页面

现在，你有了一个总是转到最新博文的链接！

你可以用同样的格式从最新博文中提取信息。因此，如果你想在首页上放一个小预览，这很容易。打开首页 index.html，然后在个人简介部分上面添加一个新的 .home-section，如代码清单 12-12 所示。

代码清单 12-12 首页上最新博文的预览

index.html

```
<div class="home-section">
  <h4>Most recent post</h4>
  <div class="blog-posts">
    <header class="post-header">
      <h2>
        <a href="{{ site.posts.first.url }}">
        {{ site.posts.first.title }}</a>
      </h2>
      <div class="post-byline">
        <img src="{{ site.posts.first.gravatar }}">
        <a href="{{ site.posts.first.authorTwitter }}"
```

```
          class="social-link">Tw</a>
          by: {{ site.posts.first.author }}
          <span> - {{ site.posts.first.date | date: '%B %d, %Y' }}</span>
        </div>
      </header>
      <div class="posts-image"
        style="background-image:url({{ site.posts.first.postHero }})"></div>
        {{ site.posts.first.excerpt }}
      </div>
    </div>

    <div class="home-section">
      <h2>THE FOUNDERS</h2>
      .
      .
      .
```

然后，添加一些样式，以保持整洁（如代码清单 12-13 所示）。

代码清单 12-13　为首页上最新博文的预览设置宽度样式

css/main.css

```
.home-section h2 {
  margin-bottom: 1.5rem;
  text-align: center;
}
.home-section h4 {
  margin-bottom: 0.5em;
  text-align: center;
}
.home-section .post-header {
  text-align: center;
}
.home-section .blog-posts {
  margin: auto;
  width: 75%;
}
```

保存并刷新，现在的预览格式很好，它将始终显示最新博文的信息和链接（如图 12-12 所示）。

练习

1. 天呀！你又想做一个完美程序员了吗？你看到我们在博客索引页和博客详细信息页上重复的内容了吗？这种重复是无法忍受的！通过把最近的博文列表移到 include 中，然后在博客索引页和详情页上都加载这个 include，来对网站进行重构。

2. 尝试添加新的博文、改变日期、改变文件名，看看 Jekyll 是如何建立 URL 的，然后改变 frontmatter 中的标题、作者等。你现在有一个超级简单的博客了！Jekyll 还有很多功能，可以使你的博客变得更漂亮，你可以通过阅读 Jekyll 文档来了解这些。

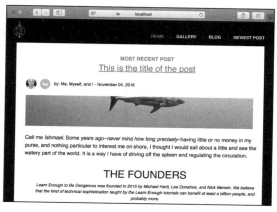

图 12-12　首页上最新博文的预览

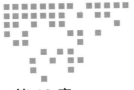

Chapter 13　第 13 章

移动媒体查询

此刻，我们正在形成真正的网站。我们已经有了一个风格优美的首页，一个具有三栏布局的图库，以及添加任意数量风格优美的博文的能力。在本章和下一章中，我们将为一个专业级网站增加一些润色。在这里，我们将开始添加必要的样式，使我们的网站在桌面设备和移动设备上都看起来很好，这种做法被称为响应式设计。然后，在第 14 章中，我们将添加各种修饰，如自定义字体、元标签和图标。

13.1　移动端设计

我们需要为移动设备添加新样式的原因是，为有大量可用空间的桌面大屏幕制作的网站，缩小到小屏幕上显示时，看起来不太好。相反，为小屏幕设计的网站——其中的交互元素需要很大才能用于 UI——在大屏幕上放大后看起来很糟糕（如图 13-1 所示）。

网页设计师过去会使用一些代码来检测你使用的屏幕尺寸，然后根据屏幕尺寸提供两个完全不同的页面。不幸的是，这意味着你需要维护两套不同的代码……而这是最糟糕的一种重复（方框 5-2）。

为了避免这种维护噩梦，现代开发实践使用一种被称为媒体查询的特殊 CSS，它可以被设置为仅在屏幕具有特定尺寸或特定属性时才应用。一个媒体查询的例子如代码清单 13-1 所示。

两者都不太好

图 13-1　为大屏幕设计的网站在小屏幕上显示，为小屏幕设计的网站在大屏幕上显示＝都很差

代码清单 13-1　屏幕宽度小于 800px 时应用不同的样式

css/main.css

```
@media (max-width: 800px) {
  html {
    box-shadow: none;
    padding: 0;
  }
  .post-aside {
    display: none;
  }
}
```

代码清单 13-1 的 CSS 中，@media（max-width: 800px）是媒体查询本身，而里面只是普通的 CSS。现在的情况是，如果一个屏幕的宽度是 800px 或更小（称为断点），那么浏览器就会应用其中包含的样式（记得在表 6-1 中，媒体类型的优先级非常高）。有许多不同的媒体查询，可以让你设计出不同的样式，使你的网站在打印时或在纵向和横向移动设备上显示时看起来有所不同（如图 13-2 所示）。我们将保持简单，但如果你想了解更多，Mozilla 开发者的媒体查询　页　面（https://developer.mozilla.org/en-US/docs/Web/CSS/Media_Queries/Using_media_queries）有更多信息。

图 13-2　纵向与横向

将代码清单 13-1 中的内容添加到 main.css 的底部后，你发现，当改变浏览器窗口的宽度时，布局会发生变化（如图 13-3 所示）。注意，图 13-3 和随后的截图包含了最新博文练习中的代码（如代码清单 12-11 所示）。

图 13-3　较宽的窗口和较窄的窗口之间有一点区别

我们在代码清单 13-1 中添加的媒体查询去掉了网站周围的内边距和黑边，然后还将 .post-aside 的 display 属性改为 none 来隐藏它。因此，当改变浏览器窗口大小时，你会发现，窗口变小时侧边栏消失了；窗口变大时，它又重新出现。

在设计适应小屏幕的内容时，通常有些元素是非必需的，但如果有大量的空间，显示这些元素是很好的，所以我们在为小屏幕进行设计时可以省略它们。为了做出好的设计决策，我们需要考虑，为了将我们的内容清晰地传达给用户，什么是必需的，而不是试图把网站的所有功能都塞进移动版本……当然，除非大多数用户会先在移动端看到网站（方框 13-1）。

　　一般的想法是，你应该设置一些断点，不同的窗口尺寸下对元素应用不同的样式，以便整个页面可以更好地适应不同设备的窗口。

方框 13-1：样式说明：移动优先，还是桌面优先

　　如今，由于智能手机几乎无处不在（如果你还在使用 RAZR（摩托罗拉），很抱歉），移动网站的流量不断增长。

　　因此，许多前端开发人员在设计样式时，首先会查看页面在移动端上的显示效果，因为这种设计约束更多更难——这被称为移动优先开发。

　　如果你认为大多数用户将在移动设备上访问你的网页，或者你不知道（大多数用户会使用哪种设备），那么设计样式时，最好考虑浏览器窗口缩小到接近移动屏幕时的情况。对于博客或企业信息等内容网站来说尤其如此——因为很多人都会用手机访问这些网站，你应该让他们感到方便。

　　然而，如果你的产品或服务主要是由坐在电脑前的人使用，那么先从桌面设计开始，然后再适应移动端。例如，如果你正在制作一个帮助其他开发者在编码时做得更好的网站（https://www.learnenough.com/），他们不太可能在手机上进行编码工作。在这种情况下，你不妨从桌面优先的设计开始，以充分利用屏幕的空间。

　　像商业中的其他事情一样，了解你的客户十分重要……

　　移动开发的一部分是了解如何使用最小的附加样式构建一个网站，使其可以轻松地适应小屏幕。最糟糕的情况是，你必须给每个元素都提供一套新的 CSS 样式——当需要在不破坏网站的情况下处理改变时，你的应用程序会变得非常脆弱。

　　实际上，在本书中，我们已经在不知不觉中做了很多这样的工作——有很多元素被设置为调整大小以填满容器，为了适应构建的内容，我们只需要加入一点样式即可。

练习

　　用一个新的媒体查询添加第二个断点，使其针对窄于 600px 的窗口，并使用它来隐藏 .half-hero。

如何查看在手机上的效果（不使用手机）

　　在开始进行全面的移动设计之前，我们应该找到一种方法，使我们能够很容易地查看页面在移动屏幕尺寸上的效果。当然，我们可以调整窗口大小，但 Chrome 和 Safari 实际上并不能让你把窗口缩小到完全接近移动窗口的尺寸。幸运的是，这两种浏览器都有可以准确调整浏览器内容区域大小的模式，此时，我们可以开启这种模式，以了解它在 Safari 和 Chrome 中是如何工作的。

　　在 Safari 中，你首先需要进入偏好设置，然后在"高级"部分勾选"在菜单栏中显示开发菜单"的选项（如图 13-4 所示）。

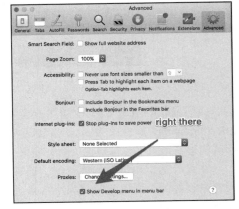

图 13-4　启用 Safari 浏览器的开发者工具

一旦启用了开发者工具，你会在屏幕的顶部看到一个名为"开发"的新菜单选项，并且下拉菜单中会有一个"进入响应式设计模式"的选项（如图 13-5 所示）。

图 13-5　在 Safari 中启用响应式设计模式

当你进入该模式时，窗口可以以不同的移动尺寸显示内容（如图 13-6 所示）。

现在已经打开了响应式设计模式，在页面的任何位置右键单击（或用两根手指单击），选择"检查元素"来打开 Safari Web 检查器（如图 13-7 所示）。Web 检查器是一个很方便的工具，它可以帮助开发者做很多事情，但对我们来说，最重要的是它可以让我们看到页面上每个元素的样式。更妙的是，它们可以让我们测试修改并立即看到结果（这样我们就不必总是修改代码、保存修改，然后刷新浏览器）。

Chrome 浏览器中也有类似的模式，但需要采取不同的方式来启用它。在页面的任何地方右键单击，以调出菜单，然后单击"检查"，这将调出与 Safari 中类似的 Web 检查器（如图 13-8 所示）。

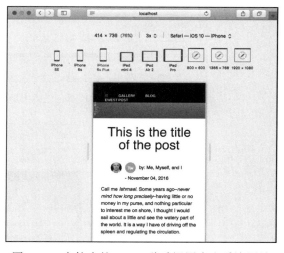

图 13-6　在较小的 Safari 移动视图中查看该网站

如果要在移动视图中调整页面的大小，请单击检查器顶部附近的小按钮，就是那个看起来像手机放在页面前面的按钮（如图 13-9 所示）。

现在可以在计算机上看到网站的近似情况了，让我们重新设置网页的样式，以便在小屏幕上更好地显示。

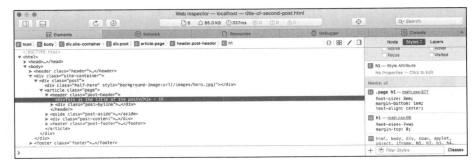

图 13-7 Safari 的 Web 检查器

图 13-8 进入 Chrome 的 Web 检查器

图 13-9 Chrome 移动视图中的示例网站

13.2　移动端适配

那么，移动端的适配从哪里开始呢？在进行修改之前，最好使用移动视图浏览一下网站。这样做可以让你对需要注意的地方有一个大致的了解，并快速识别网站在移动端不能正常工作的部分。这里有一些需要注意的问题：

❑ 任何需要设置宽度的元素都应该设置相对宽度。

❑ 任何在小空间里有多列内容的页面都应该改为各部分垂直排列。

❑ 应调整字体大小以提高可读性。

❑ 那些在大屏幕上很好的细节，如果不会从根本上影响用户体验，可以删除。

❑ 使用固定定位等奇怪样式的导航应该改为随页面移动，这样就不会占用宝贵的空间。或者，如果你希望导航始终可见，那么最好将其缩小一点以适用于移动设备。

让我们看一下示例网站，并列出需要解决的问题。

全局样式

❑ header 的定位和尺寸

❑ 导航布局

首页

❑ Hero 的标题

❑ 个人简介需要垂直排列

三栏式布局

❑ 转为垂直布局

博客索引页

❑ 删除侧边栏

❑ 让预览占据整个宽度

博文

❑ 检查标题的字体大小

❑ 去掉图片浮动

图 13-10　header 的外观不好看

让我们从 header 开始，如图 13-10 所示，它不太适合。

在 13.4 节和 13.5 节中，我们会在 header 中添加便于移动的下拉菜单，单击即可打开。不过现在，我们只需要让所有内容都适配。为此，我们将添加代码清单 13-2 中的样式。注意，添加了一个 CSS 注释，以将博客样式与 header 样式分开。

代码清单 13-2　让 header 在移动端更好地显示

css/main.css

```
@media (max-width: 800px) {
  html {
    box-shadow: none;
    padding: 0;
  }

  /* HEADER STYLES */
```

```
.header-nav {
  padding: 2vh 1em 0 0;
}
.header-nav > li {
  margin-left: 0.25em;
}
.header-nav > li ~ li {
  padding-left: 0.25em;
}
.nav-links a {
  font-size: 3.25vw;
}
.header-logo {
  left: auto;
}

/* BLOG STYLES */
.post-aside {
  display: none;
}
}
```

我们通过使用浏览器中的代码检查器来
尝试不同的属性值，直到得到一个合适的结
果，从而得出上面的这些数字。现在网站的
header 在屏幕上的显示合适了（如图 13-11
所示）。

总的来说，这是一个相当简单的修改，
因为只是对外边距和内边距进行了一点调整。
现在让我们对网站的几个部分进行一些重组，
以便可以在移动设备上阅读。

查看首页，我们首先注意到的是，突出
部分的布局看起来不合理，如图 13-12 所示。

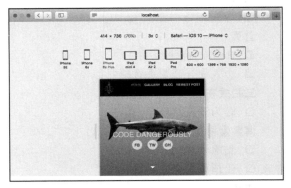

图 13-11　重新格式化的 header，以更好地适应移
动屏幕

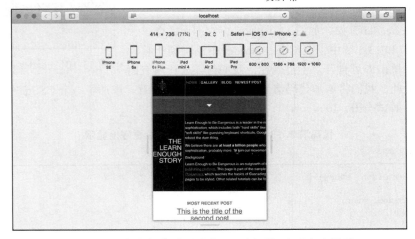

图 13-12　突出部分需要改变，以便更好地适应小屏幕

向下滚动到个人简介部分，我们会发现那里的布局也不太适合移动视图（如图 13-13 所示）。

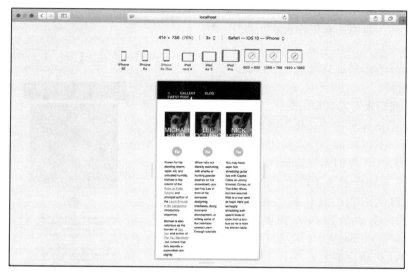

图 13-13　没有足够的空间容纳浮动的个人简介

解决这些问题最简单的方法是将元素垂直排列，让它们占据屏幕的整个宽度，这样图片和文字都可以展开，更容易阅读，如代码清单 13-3 所示。

代码清单 13-3　在移动设备上垂直排列元素

css/main.css

```
@media (max-width: 800px) {
  .
  .
  .
  /* HOME STYLES */
  .home-callout {
    flex-direction: column;
  }
  .callout-copy {
    flex: 1;
  }
  .bio-box {
    float: none;
    font-size: 1.3rem;
    width: auto;
  }
  /* BLOG STYLES */
  .
  .
  .
}
```

你可以看到，在我们去掉宽度和浮动后，所有的内容都被拉伸以填充页面（如图 13-14 所示）。

此时，你应该已经掌握了这个技巧：查看每个页面，看看哪里不合适，然后改变尺寸，让内容更好地填充屏幕——通常是删除设置的宽度，或者把行变成列。我们还希望你现在可以明白为什么使用表格布局是个坏主意（方框 11-1）——如果我们用表格来排列这些简介，就没有办法把它们改为垂直排列。

现在，让我们来看看其他的变化。

在 11.5 节的图库页面中，我们将重新排列元素，使缩略图水平横跨顶部。需要注意的一件事是：对于移动样式，我们不打算使用 .col 或 .col-three 这样的列布局样式类（如代码清单 11-8 所示），而是计划使用我们在代码清单 11-8 和代码清单 11-12 中添加的图库专用类（.gallery、.gallery-thumbs 等）。原因是，可能存在这种情况，我们希望在移动设备上有一个三列布局，即使所有内容都是水平的，但在图库特定情况下，我们不希望使用这种布局。因此，我们不会更改整个网站上的所有三栏布局的列布局，而只会更改图库的布局。

图 13-14　垂直排列的个人简介更合适

首先，使用 flex-direction: column 将布局改为垂直布局，同时减少每个 .col 的内边距：

```
.gallery {
  flex-direction: column;
}
.gallery .col {
  padding: 1em;
}
```

然后，改变 .gallery-thumbs，以去掉之前设置的高度，并设置固定宽度 100vw（7.7 节），这样，如果缩略图很多，它就会水平滚动：

```
.gallery .gallery-thumbs {
  flex: 1 1 0;
  height: auto;
  white-space: nowrap;
  width: 100vw;
}
```

我们将设置缩略图的高度改为设置宽度，并更新外边距和内边距，同时改变 .gallery-thumbs 和 .gallery-info 的 flex 属性，使它们能够扩展以填充空间（同时也不再有强制设置宽度的 flex-base）：

```
.gallery .gallery-thumbs {
  flex: 1;
  height: auto;
  white-space: nowrap;
  width: 100vw;
}
.gallery-thumbs > div {
  display: inline-block;
```

```
}
.gallery-thumbs img {
  height: 7vh;
  margin: 0 10px 0 0;
  width: auto;
}
.gallery .gallery-info {
  flex: 1;
}
```

把所有更改放在一起，便得到了更新后的 CSS，如代码清单 13-4 所示。

代码清单 13-4　页面垂直布局，缩略图水平布局的图库

css/main.css

```
@media (max-width: 800px) {
  .
  .
  .
  /* GALLERY STYLES */
  .gallery {
    flex-direction: column;
  }
  .gallery .col {
    padding: 1em;
  }
  .gallery .gallery-thumbs {
    flex: 1;
    height: auto;
    white-space: nowrap;
    width: 100vw;
  }
  .gallery-thumbs > div {
    display: inline-block;
  }
  .gallery-thumbs img {
    height: 7vh;
    margin: 0 10px 0 0;
    width: auto;
  }
  .gallery .gallery-info {
    flex: 1;
  }
}
```

最终结果如图 13-15 所示。

请注意，代码清单 13-4 中 .gallery-thumbs 上有个新样式，指定了 white-space: nowrap。该样式强制元素保持在同一行，不会换行，这对这个图库很重要，因为我们希望缩略图位于一个很长的水平行中。如果我们没有添加该属性，当有很多缩略图时，图库如图 13-16 所示。

博客也需要一些帮助，与图库不同的是，我们不打算重新排列索引列，而是要将其隐藏（如代码清单 13-5 所示）。

代码清单 13-5　简化博客索引

css/main.css

```
@media (max-width: 800px) {
  .
```

```
    .
    .
    .
/* BLOG STYLES */
.blog-recent {
  display: none;
}
.blog-previews {
  padding: 0;
}
}
```

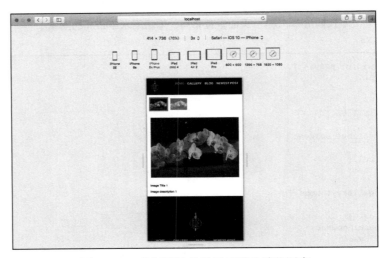

图 13-15　重新设计的适用于移动端的图库

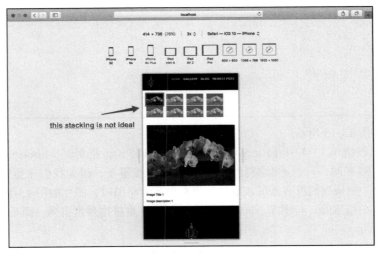

图 13-16　不是我们想要的缩略图导航，也没有滚动条

　　只是简单地去掉元素和内边距，就可以使一个视图从很乱变得漂亮（如图 13-17 所示）。有时，移动样式的设计是非常简单的！

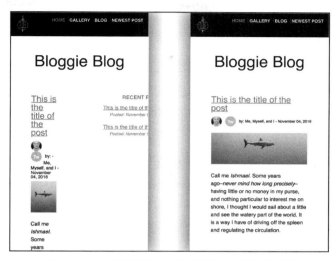

图 13-17　只需要删除几条规则就有很大的不同

练习

与其隐藏博客索引页中最近的文章，不如尝试使用 CSS 让它们显示在页面的顶端，即文章预览的上方。

13.3　移动端视口

13.1 节和 13.2 节的工作是一个很好的开始，但事实上我们的网站还不完全适用于移动端。

有几种方法可以看出这一点。从长远来看，最方便的是安装一个 iOS 模拟器，它可以让你在 macOS 中查看 iPhone 的模拟情况，如图 13-18 所示。如果你使用 Mac，则需要安装 Xcode，从应用程序文件夹启动 Xcode，然后选择 Xcode > Open Developer Tool > Simulator。

如代码清单 13-6 所示，通过将网站部署到生产环境中，我们可以在不使用 iOS 模拟器的情况下获得同样的结果。

图 13-18　它现在的样子（左），以及你希望的样子（右）

代码清单 13-6　部署移动端原型

```
$ git add -A
$ git commit -m "Finish mobile prototype"
$ git push
```

等待一段时间让网站构建完成后，使用普通浏览器（在移动模式下）访问生产网站（如代码清单 13-7 所示），应该会出现与图 13-18 一样的问题。

代码清单 13-7　GitHub Pages URL 的模板

```
https://<username>.github.io/blog
```

还有第三个更高级的选项，将在方框 13-2 中介绍。

方框 13-2：查看本地服务器

　　除了使用 iOS 模拟器（仅适用于 macOS）或部署到生产中（速度慢且不方便），还有一种方法是直接使用本地互联网协议（IP）地址查看网站。这种技术涉及在本地网络上找到 IP 地址，然后用移动设备访问此地址。

　　在许多系统上，可以使用命令行程序 ifconfig（"interface configure，界面配置"）找到本地 IP，如下：

```
$ ifconfig | grep 192
```

　　许多 Linux 版本已经废弃了 ifconfig 命令，所以如果你使用 Linux，需要使用 IP 命令来代替：

```
$ ip -4 a | grep 192
```

　　这些示例将 IP 命令的输出传输到 grep 工具。其结果是挑出以 192 开头的地址，在大多数网络中，192 表示本机地址。通过在移动浏览器中输入所得的 IP 地址，并附加正确的端口号（方框 9-1），你就可以访问本地的 Jekyll 网站。

　　在某些系统上，你需要退出 Jekyll，然后用主机参数重启它，使网站可用于同一本地网络上的其他设备，如下所示：

```
$ bundle _2.3.14_ exec jekyll serve --host 0.0.0.0
```

　　运行后，你应该能够使用类似 http://192.168.1.160:4000 的地址在本地查看网站（具体的 IP 地址取决于你的系统）。

　　不幸的是，尽管我们之前做了很多努力，但它依然不是很好看——所有内容看起来都非常小（如图 13-18 所示）[⊖]。这是因为移动 Web 开发方式的一个怪异特点，网站像在桌面端一样加载，然后缩小以适应小屏幕。

　　罪魁祸首是在智能手机刚被开发时人们做出的一个决定。人们意识到，如果以设备的本机分辨率显示一个标准的 / 非移动优化的网站，那么网站体验真的很糟糕，而且由于市场上真正的具备浏览器的手机还不多，所以也没有很多移动优化的网站。因此，浏览器制造商决定，手机浏览器可以有两种模式：（1）什么都不做，就像屏幕尺寸很小的普通浏览器一样；（2）像大屏幕一样加载所有网站，就像用户在桌面端浏览一样，根据需要缩小内容以适应。

　　因为手机开发人员不想让用户对如何查看网站感到困惑，所以他们创建了一个新的 HTML

⊖　当你进入一个在手机上看起来非常小（但没有坏掉）的网站时，现在你知道发生什么了，这时你必须放大才能阅读内容。

meta 属性，以让开发人员在各种模式之间进行切换。如果你已经对网站进行了移动优化，就可以通过设置视口来显示移动视图。否则，该网站将按照在桌面端查看加载。由于我们还没有设置 meta 标签，所以目前网站视图如图 13-18 左侧所示。

为了解决这个问题，我们所要做的就是设置控制视口的标签。具体的声明，应该放在 _includes/head.html 中，如代码清单 13-8 所示。还有一些控制移动视口的其他选项，我们不打算深入研究，但请放心，你可以在网上找到更多关于它们的信息。

代码清单 13-8　控制移动端外观的视口 meta 标签

_includes/head.html

```
<head>
  <title>Test Page: Don't panic</title>
  <meta charset="utf-8">
  <meta name="viewport" content="width=device-width, initial-scale=1">
  <link rel="stylesheet" href="/css/main.css">
</head>
```

代码清单 13-8 中的视口设置告诉浏览器，页面绘制应该按照设备屏幕的尺寸而不是虚拟屏幕的尺寸，同时将缩放比例设置为 1（这意味着不缩放）。如果你试图强迫一个未经优化的网站以如此小的尺寸呈现，会导致页面看起来非常糟糕，这就是我们费尽心思使网站具有响应性的原因⊖。

练习

试着将 width= 设置为一个固定像素值，如 500，相当于 500px（视口 meta 标签中会省略单位）。当试图开发非常精确的移动布局时，强迫移动浏览器只以非常具体的尺寸显示网站是很有帮助的。

13.4　下拉菜单

我们还可以通过添加另一个优化点来展示 CSS 力量，即下拉菜单，这是网络上常见的一种设计模式（如图 13-19 所示）。特别是，当设计一个有很多页面、产品类别等的网站时，你经常会发现网站 header 中没有足够的空间来链接所有你需要链接的内容——这点在很小的移动屏幕上尤其重要。下拉菜单是解决这个问题的一个简单办法。

从理论上讲，可以使用各种 JavaScript 来做一些令人难以置信的复杂菜单，但也可以只使用 HTML 和 CSS 这样简单的技术来创建下拉菜单。这个概念很简单：你把一个 HTML 元素放在另一个元素里面，把子元素设置为 display: none，这样它就不可见了，然后使用 :hover 伪类（9.7 节），使用户悬停在菜单上时显示隐藏元素。因为移动端没有悬停动作，所以会比较麻烦，但我们会在 13.5 节讨论解决方案。

⊖ 为了保持整个网站的设计和布局不受屏幕大小的影响，有些网站根本不改变视口设置，这并没有什么不妥。这种事情没有标准的答案——这完全取决于你的移动用户数量和所展示的内容种类。

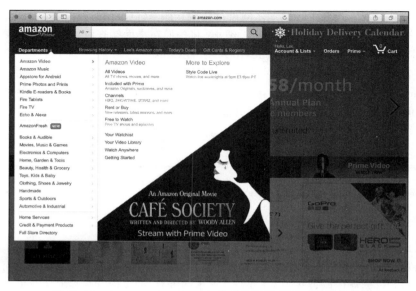

图 13-19 Amazon.com 上一个花哨的下拉菜单（带子菜单）

13.4.1 Hitbox

为了让下拉菜单正常工作，我们首先需要介绍的是 hitbox。如果你玩电子游戏，可能很熟悉这个术语，它是屏幕上一个动作产生效果的区域。就网页而言，通常指屏幕上的链接和按钮的激活区域——即当被触摸时，这些区域会做出响应。如图 13-20 所示，使用检查器工具（13.1节）来显示示例网站首页上的 hitbox。

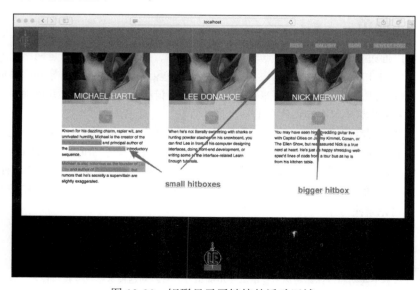

图 13-20 矩形显示了链接的活动区域

在图 13-20 中，可以看到可单击元素周围的矩形，单击这些区域可以激活元素，这些矩形的大小取决于里面内容的大小、尺寸和内边距（元素周围的外边距不算在内）。

为什么这很重要？因为为了使悬停正常工作，你需要确保用户悬停元素的 hitbox 与下拉菜单本身是连续的（没有间隙）。否则，当用户试图将鼠标移动到菜单上，菜单会关闭（这可能已经在互联网上引发了无数个"我的菜单怎么了？"的帖子）。图 13-21 说明了要避免的情况。

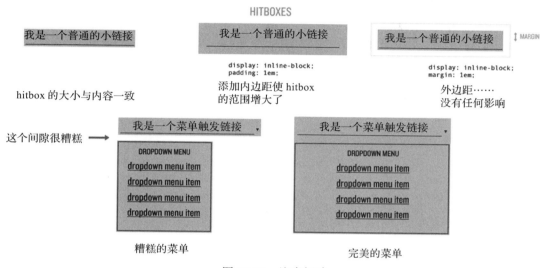

图 13-21　注意间隙

13.4.2　制作下拉菜单

现在让我们真正开始制作下拉菜单。首先要编辑 _includes/nav-links 文件中的 HTML，在 li 中添加一个子菜单和 dropdown 类。如代码清单 13-9 所示。

代码清单 13-9　为下拉菜单添加 HTML

_includes/nav-links.html

```
<li><a href="/">Home</a></li>
<li><a href="/gallery">Gallery</a></li>
<li class="dropdown">
  <a class="drop-trigger" href="/blog">Blog</a>
  <ul class="drop-menu">
    <li>Recent Posts</li>
    {% for post in site.posts limit:5 %}
      <li><a href="{{ post.url }}">{{ post.title }}</a></li>
    {% endfor %}
  </ul>
</li>
<li><a href="{{ site.posts.first.url }}">Newest Post</a></li>
```

在代码清单 13-9 所示的 HTML 中，有一个无序列表在另一个无序列表的 li 中，这就是我们在 8.5 节使用子选择器为导航 li 设置样式的原因，我们不希望这些样式应用于任何嵌套在 ul 中的 li。请注意，我们保留了"Blog"链接，这意味着用户仍然可以通过单击"Blog"一词进入博客索引页（他们也可以通过单击下面显示的链接进入）。

在某些情况下，你可能想把 .dropdown 容器内的链接改成一个非链接元素，比如 spans，以便只有下拉菜单中的链接可以单击。还记得我们曾在 6.4 节提到过，你有时会想让一个非链接元素看起来像一个链接吗？这就是原因！我们在示例中保留"Blog"链接的原因是，我们将阻止在 footer 中下拉菜单的显示（以使网站底部的内容保持简单），但仍然希望"Blog"链接在页面的该部分能够发挥作用。不过，为了完整，应该让这两种方式都起作用。

我们将从更新导航样式开始，以便将链接样式应用到跨页或其他任何应用 .drop-trigger 类的地方，如代码清单 13-10 所示。

代码清单 13-10　使 spans 看起来像链接

css/main.css

```css
.header-nav a,
.drop-trigger {
  color: #fff;
}
.nav-links a,
.drop-trigger {
  font-size: 0.8rem;
  font-weight: bold;
  text-decoration: none;
  text-transform: uppercase;
}
```

现在，添加 CSS 使其工作，并添加一个向下的三角形，以向用户指示此菜单项会触发下拉菜单。

我们要做的（按照添加样式的顺序）是将 .dropdown 设置为 position:relative，以使菜单可以通过使用 position:absolute 定位在它下面。然后添加样式使 .drop-trigger 有些内边距，同时使用伪元素 :after 添加一个向下的三角形：

```css
.dropdown {
  position: relative;
}
.drop-trigger {
  display: inline-block;
  padding-right: 1.5em;
  position: relative;
}
.drop-trigger:after {
  border: 0.3em solid;
  border-color: #fff transparent transparent;
  content: "";
  height: 0;
  position: absolute;
  right: 0;
  top: 0.3em;
  width: 0;
}
```

然后，把 .drop-menu 的样式改为在顶部有一些内边距，使其与 .drop-trigger 保持一定距离，并将该元素设置为 display:none 以隐藏它：

```
.drop-menu {
  display: none;
  list-style: none;
  padding: 1em 0 0;
  position: absolute;
  right: 0;
  z-index: 9;
}
```

然后，为 li 和 a 设计样式，以便能够看到它们：

```
.drop-menu li {
  background-color: #fff;
}
.drop-menu a {
  color: #333;
  display: block;
}
```

最后，添加样式规则，使用户将鼠标悬停在具有类 dropdown 的元素上时显示菜单：

```
.dropdown:hover .drop-menu {
  display: block;
}
```

所有修改如代码清单 13-11 所示。

代码清单 13-11　dropdown 的 CSS

css/main.css

```
/* DROPDOWN STYLES */
.dropdown {
  position: relative;
}
.dropdown:hover .drop-menu {
  display: block;
}
.drop-trigger {
  display: inline-block;
  padding-right: 1.5em;
  position: relative;
}
.drop-trigger:after {
  border: 0.3em solid;
  border-color: #fff transparent transparent;
  content: "";
  height: 0;

  position: absolute;
  right: 0;
  top: 0.3em;
  width: 0;
}
.drop-menu {
  display: none;
  list-style: none;
  padding: 1em 0 0;
  position: absolute;
  right: 0;
  z-index: 9;
}
.drop-menu li {
  background-color: #fff;
```

```
}
.drop-menu a {
  color: #333;
  display: block;
}
```

保存 CSS 并刷新，悬停在标题中的"Blog"触发器上，会出现难看但实用的下拉菜单（如图 13-22 所示）。

图 13-22　下拉菜单在悬停时显示

这样是有效的，但它真的很不美观。让我们用代码清单 13-12 中的代码来给它设计样式，使菜单看起来更美观。警告：为了使最终产品漂亮，过程会有点复杂！使用代码清单 13-12 中的代码，是对阅读 CSS 的一个很好的练习。

代码清单 13-12　改进下拉样式

css/main.css

```
/* DROPDOWN STYLES */
.dropdown {
  position: relative;
}
.dropdown:hover .drop-menu {
  display: block;
}
.dropdown:hover .drop-trigger:after {
  border-color: #ed6e2f transparent transparent;
}
.drop-trigger {
  display: inline-block;
  padding-right: 1.5em;
  position: relative;
}
.drop-trigger:after {
  border: 0.3em solid;
  border-color: #fff transparent transparent;
  content: "";
  height: 0;
  position: absolute;
  right: 0;
  top: 0.3em;
  width: 0;
```

```
}
.drop-menu {
  box-shadow: 0 0 10px 0 rgba(0,0,0,0.2);
  display: none;
  list-style: none;
  padding: 1em 0 0;
  position: absolute;
  right: 0;
  z-index: 9;
}
.drop-menu:before {
  border: 0.6em solid;
  border-color: transparent transparent #fff;
  content: "";
  height: 0;
  position: absolute;
  right: 1em;
  top: -0.1em;
  width: 0;
}
.drop-menu li {
  background-color: #fff;
}
.drop-menu li ~ li {
  border-top: 1px dotted rgba(0,0,0,0.1)
}
.drop-menu li:first-child {
  border-radius: 5px 5px 0 0;
  color: #999;
  font-size: 0.5em;
  padding: 1em 1em 0.25em;
  text-align: right;
  text-transform: uppercase;
}
.drop-menu li:last-child {
  border-radius: 0 0 5px 5px;
}
.drop-menu a {
  color: #333;
  display: block;
  font-weight: normal;
  padding: 0.5em 2em 0.5em 1em;
  text-align: left;
  text-transform: none;
  white-space: nowrap;
}
.drop-menu a:hover {
  background-color: rgba(0,0,0,0.1);
  color: #333;
}
/* HIDE IN THE FOOTER */
.footer .dropdown:hover .drop-menu,
.footer .drop-trigger:after {
  display: none;
}
.footer .drop-trigger {
  padding-right: 0;
}
```

　　把代码清单 13-12 中的内容添加到 CSS 文件中并保存，当你把鼠标悬停在 header 导航中的"Blog"上时，会看到一个样式优美的下拉菜单（如图 13-23 所示）。

图 13-23 好多了，我们的下拉菜单看起来没有问题了

如图 13-23 所示，由于给 .drop-menu 添加了透明背景和内边距，它看起来好像没有跟导航元素的 hitbox 接触一样。如图 13-21 所示，这是一个问题，但通过临时添加一些背景，我们可以看到，.dropdown 和 .drop-menu 实际上是接触的，如图 13-24 所示。

如果你想看看使用不可单击的链接时是如何工作的，请将 a 标签替换为 span，并确保保留 drop-trigger 类，如代码清单 13-13 所示。

图 13-24 按照要求，我们的 hitbox 是连续的

代码清单 13-13 另一个版本的下拉菜单，其中的链接不可以单击

_includes/nav-links.html

```
<li><a href="/">Home</a></li>
<li><a href="/gallery">Gallery</a></li>
<li class="dropdown">
  <span class="drop-trigger">Blog</span>
  <ul class="drop-menu">
    <li>Recent Posts</li>
    {% for post in site.posts limit:5 %}
      <li><a href="{{ post.url }}">{{ post.title }}</a></li>
    {% endfor %}
  </ul>
</li>
<li><a href="{{ site.posts.first.url }}">Newest Post</a></li>
```

你可以使用这种技术来创建任何类型的隐藏菜单，只需要让用户单击某个东西即可显示菜单，像我们刚才创建的下拉菜单一样，触发元素不能是一个链接，因为单击它会链接到 href 中指定的页面。

练习

与其在 footer 中隐藏下拉菜单，不如看看是否可以调整样式，使菜单显示在触发器上方。同时还需要翻转并重新定位我们用 :after 伪元素创建的箭头。

13.5 移动端下拉菜单

现在，让我们把 13.4 节的想法改编一下，以创建一个移动版本的下拉菜单。我们需要做的第一件事是学习一些新的 HTML 标签：label 和 input（在本例中，带有属性 type="checkbox"）。

我们以前没有使用过这些元素，但你几乎在每次使用互联网时都会看到它们。input 标签允许用户输入信息，如文本框、密码或复选框。label 标签用来给输入的信息提供上下文，例如，"名字"表示用于输入名字。例如 LearnEnough. com(https://www.learnenough.com/login) 登录页面上的 label 和 input，如图 13-25 所示。

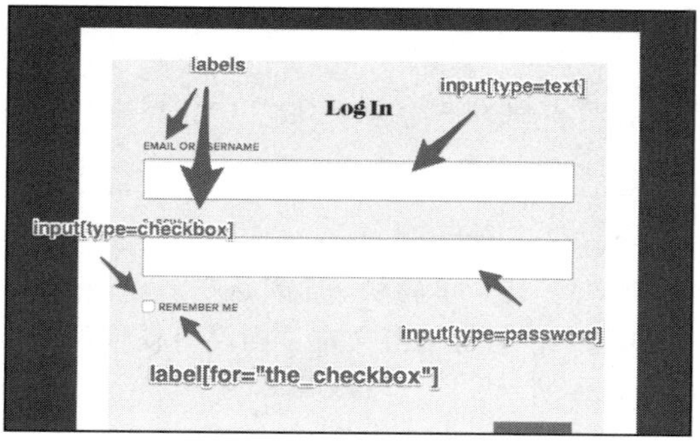

移动菜单会使用到的具体功能如下：

❑ :checked 伪类（方框 13-3），可以用来确定 type="checkbox" 的 input 是否被选中。

图 13-25　label 标签和 input 标签

❑ label 有个特殊的属性 for=""。如果属性 for 与 input 复选框的 CSS id 相匹配，那么用户可以通过单击 input 或 label 中的文本来设置复选框。

方框 13-3：Input 的伪类

HTML input 元素——如文本输入字段、文本区域、复选框、按钮、下拉选择框等元素——都有自己的伪类，允许开发人员在用户与 input 元素交互时，为不同状态的 input 元素进行样式设计。

在本书中，我们没有在示例网站中添加任何 HTML 表单标签，下面的表格可以让你了解一些比较常见的伪类，以及它们可以控制的内容：

:checked	目标是被用户单击过的复选框，用于添加一个复选标记
:disabled	目标是被禁用的 input 元素，用于不对用户的单击做出响应
:enabled	目标是未被禁用的 input 元素
:focus	目标是用户正在交互的 input 元素，例如当你正在文本框中输入文本时
:invalid	目标是有无效输入的 input 元素（用于吸引用户注意，以修正他们的输入）
:read-only	目标是用户不能写入的 input 元素，但他们可以单击和选择文本
:valid	目标是有有效数据的 input 元素

更多信息请参阅 MDN 关于伪类的讨论（https://developer.mozilla.org/en-US/docs/Web/CSS/Pseudo-classes）。

为了使这些想法更加具体，让我们在页面上尝试不设置 label 的 for 属性，如代码清单 13-14 所示。

代码清单 13-14　添加一个 label 和一个复选框 input

_includes/header.html

```
<header class="header">
  <nav>
    <input type="checkbox" id="mobile-menu" class="mobile-menu-check">
    <label class="show-mobile-menu">Menu</label>
```

```html
  <ul class="header-nav nav-links">
    {% include nav-links.html %}
  </ul>
</nav>
<a href="/" class="header-logo">
  <img src="/images/logo.png" alt="Learn Enough">
</a>
</header>
```

保存并刷新浏览器，你会在左上角看到"MENU"这个单词和一个复选框。单击复选框，它被选中。但是单击文本，则没有任何反应（如图 13-26 所示）。

现在，在 label 中添加一个 for="" 属性，并将其命名复选框的 CSS id，如代码清单 13-15所示。

图 13-26　label 和复选框，label 上没有 for 属性

代码清单 13-15　在 label 上设置 for 属性

_includes/header.html

```html
<header class="header">
  <nav>
    <input type="checkbox" id="mobile-menu" class="mobile-menu-check">
    <label for="mobile-menu" class="show-mobile-menu">Menu</label>
    <ul class="header-nav nav-links">
      {% include nav-links.html %}
    </ul>
  </nav>
  <a href="/" class="header-logo">
    <img src="/images/logo.png" alt="Learn Enough">
  </a>
</header>
```

现在，无论单击文本还是复选框，都会改变复选标记。

让我们利用新学习的选中和取消选中的能力来控制页面上的元素。此时，你应该切换到浏览器的移动视图（13.1 节）。

我们要做的第一件事是，为使用非移动设备访问网站的用户隐藏复选框和 label。请将下面代码清单 13-16 中的代码添加到 CSS 文件下拉样式下面。

代码清单 13-16　隐藏在移动端使用的元素

css/main.css

```css
@media (max-width: 800px) {
  .
  .
  .
  /* HEADER STYLES */
  .
  .
  .
}
/* MOBILE MENU */
```

```
.mobile-menu-check,
.show-mobile-menu {
  display: none;
}
```

接下来，通过在媒体查询中添加样式让使用移动设备的用户显示这些元素，在修改网站以更好地适应小屏幕时，我们在 CSS 文件中添加了媒体查询（13.1 节）。我们还将隐藏网站 header 中的导航，并添加一个样式规则，以使勾选复选框时显示导航（现在它是隐藏的）。

我们为 .show-mobile-menu 添加的样式包括 display: block，以撤销为非移动用户设置的 display: none。然后，添加一些内边距和定位样式：

```
.show-mobile-menu {
  display: block;
  float: right;
  font-weight: bold;
  margin-top: 1.5vh;
  padding: 1.5em;
  position: relative;
  text-transform: uppercase;
}
```

然后，给 .header-nav 添加一些可能看起来有点奇怪的样式。我们要做的不是用 display: none 来隐藏导航，而是让该元素的最大高度为 0，然后用 overflow: hidden 来隐藏内容。当类为 .mobile-menu-check 的 input 被选中时，通过把 .header-nav 的最大高度设置为一个较大的数字，来显示导航。这可以让该元素扩展到与里面的内容一样高：

```
.header-nav {
  max-height: 0;
  overflow: hidden;
  padding: 0;
  transition: all 0.5s ease-in-out;
}
.mobile-menu-check:checked ~ .header-nav {
  max-height: 1000px;
}
```

关于兄弟选择器在这个声明中的作用，我们稍后会有更多说明。

完整代码如代码清单 13-17 所示。

代码清单 13-17 为小屏幕优化菜单

css/main.css

```
@media (max-width: 800px) {
  .
  .
  .
  /* HEADER STYLES */
  .
  .
  .
  /* MOBILE MENU */
  .show-mobile-menu {
    display: block;
    float: right;
    font-weight: bold;
    margin-top: 1.5vh;
```

```
      padding: 1.5em;
      position: relative;
      text-transform: uppercase;
    }
    .header-nav {
      max-height: 0;
      overflow: hidden;
      padding: 0;
      transition: all 0.5s ease-in-out;
    }
    .mobile-menu-check:checked ~ .header-nav {
      max-height: 1000px;
    }
  }
```

刷新浏览器，可以看到 "MENU" 标签，如果单击它，网站导航就会出现（尽管它需要更多的样式设计）。再次单击 "MENU"，导航会隐藏（如图 13-27 所示）。

图 13-27　用户单击 "MENU" 时，网站导航将隐藏或显示

我们结合使用 max-height 与 transition 样式，使菜单以动画的方式进入页面，这种方式比单纯的出现或消失更有趣一点。

让我们再仔细看看显示和隐藏菜单的那段功能代码：

```
.mobile-menu-check:checked ~ .header-nav
```

这样做的作用是，每当选中同一父元素中具有 .mobile-menu-check 类的 input 时，就会将声明中的样式应用于附近的 .header-nav（使用 9.7.3 节中的通用兄弟选择器）。这是一个巧妙的技巧，它利用了兄弟选择器可以将样式应用于目标元素后面的元素这一事实——因此，只要 HTML 中的复选框在菜单的上方，我们就可以根据复选框的状态添加样式。

现在，让菜单更好看一些。将代码清单 13-18 中的样式（包括额外的类 .show-mobile-menu）添加到上面的媒体查询样式中。

代码清单 13-18　给整个移动导航设置样式

css/main.css

```
.nav-links a,
.drop-trigger,
.show-mobile-menu {
  font-size: 0.8rem;
  font-weight: bold;
```

```css
    text-decoration: none;
    text-transform: uppercase;
}
.
.
.

@media (max-width: 800px) {
    .
    .
    .
    /* MOBILE MENU */
    .show-mobile-menu {
      display: block;
      float: right;
      margin-top: 1.5vh;
      padding: 1.5em;
      position: relative;
    }
    .header-nav {
      background-color: #444;
      box-sizing: border-box;
      left: 0;
      max-height: 0;
      overflow: hidden;
      padding: 0;
      position: absolute;
      text-align: center;
      top: 10vh;
      transition: all 0.5s ease-in-out;
      width: 100vw;
      z-index: 9;
    }
    .header-nav li {
      display: block;
      margin-top: 1em;
    }
    .header-nav li ~ li {
      border: 0;
      padding: 0;
    }
    .header-nav li:last-child {
      margin-bottom: 1em;
    }
    .header-nav li:first-child a {
      color: #fff;
    }
    /* HIDE DROPDOWN IN THE NAV MENU */
    .header-nav .dropdown:hover .drop-menu,
    .header-nav .drop-trigger:after {
      display: none;
    }
    .header-nav .drop-trigger {
      padding-right: 0;
    }
    .mobile-menu-check:checked ~ .header-nav {
      max-height: 1000px;
    }
    .mobile-menu-check:checked ~ .show-mobile-menu:after {
      background-color: #000;
      color: #ed6e2f;
      content: "CLOSE";
      left: 0;
```

```
        position: absolute;
        text-align: center;
        top: 1.5em;
        width: 100%;
    }
}
```

保存并刷新浏览器，你会看到一个漂亮的菜单从 header
处以动画的方式向下展开，如图 13-28 所示。

代码清单 13-18 中的大部分 CSS 只是重新设计菜单，
以便在页面上更好地构建，还有一些样式是在桌面端隐藏下
拉菜单（在移动设备上不起作用），并将第一个导航链接的
颜色设置为白色。

另外，注意我们使用的 :checked 和兄弟选择器技
巧，使用伪元素 :after 将按钮的文本由"MENU"改为
"CLOSE"！这是一个惊喜不断的礼物！

如果没有这个 CSS 技巧，你将不得不使用 JavaScript
来实现此效果。

练习

1. 试着把 :after 伪元素中的文字从"CLOSE"改为
"X"。不使用 JavaScript 改变文本内容的唯一方法是在伪元
素中重写文本，这对菜单来说非常方便。

2. 不要使用 max-height 技巧来显示和隐藏菜单，而是
尝试将菜单关闭时的高度设置为 0，然后将打开时的高度设
置为 90vh，以占据整个屏幕。使用一个填满移动浏览器的
大菜单，对于有很多选项的菜单来说是很有用的。

图 13-28　最终的网站导航

第 14 章　*Chapter 14*

添加更多小细节

你猜怎么样？我们几乎已经完成了主要的示例网站！

我们已经走了很长一段路：按照 DRY 原则（方框 5-2）建立了一个结构良好的网站，添加了一些带有 hero 图片和三栏式布局的页面，还有一个简易博客。还有什么呢？

好吧，如果我们想让网站看起来更专业、更完整，需要考虑添加一些小细节和最后的润色，真正把网站联系在一起，就像一块漂亮的地毯一样（借用电影《谋杀绿脚趾》的说法）。我们将在本章介绍这些细节中最重要的部分，包括添加自定义字体和矢量图标（14.1 节）、favicon（14.2 节），以及为页面添加标题和 meta 信息，以便搜索引擎更好地为它们编制索引（14.3 节）。

完成这些修改后，就差不多完成了本书。在结束 CSS 与布局之前，我们将花点时间来探索网格布局，这是一种强大的、相对较新的 Web 布局方式（第 15 章）。然后，我们将进行最后的润色，并将我们的网站与一个自定义域名联系起来（第三部分），以此结束本书。

14.1　自定义字体

在 8.8.2 节，我们谈到了将页面上的字体更换为适配所有系统的通用字体。现在，我们将学习如何加载自定义字体，以便我们不受限于用户计算机上安装的通用字体。

你可能已经熟悉字体是什么了，但这里复习一下：字体是让你控制文本外观的文件（自带的或后期加载的）。字体可以在不影响质量的情况下使文字变大或变小（与图片相反，如果把图片拉长，它看起来会很糟糕），并且变成任何你想要的颜色。这是因为字体不是普通的图片，而是更像数学方程（被称为矢量图）。如果你想让它们变大，只需要把所有东西都乘以 3（或其他值）；如果你想让它们变成不同的颜色，只需要改变方程中填充字母区域部分的颜色值。

除了字母之外，字体还可以包括图标，如桌面计算机上通过 Microsoft Word 提供的经典 Wingdings 字体（如图 14-1 所示）。

图 14-1 老式的 Wingdings 字体

这种想法已经扩展到了网络上，现代字体系列已经可以提供网站交互所需的所有图标，如社交媒体网站的 logo 和按钮。这些图标字体允许我们通过缩放、改变颜色等方式来设计字体样式，这比使用旧的、不太灵活的图片有很大的改进。

14.1.1 安装矢量图标字体

要在网站上使用矢量图标字体，需要先在互联网上找到它，然后将其加入网站中。最受欢迎的互联网字体来源之一是 Font Awesome，它有一个巨大的图标列表，可以用于网站界面。我们可以在此网站上查看图标目录（https://fontawesome.com/icons），图 14-2 只展示了可用图标的一小部分。

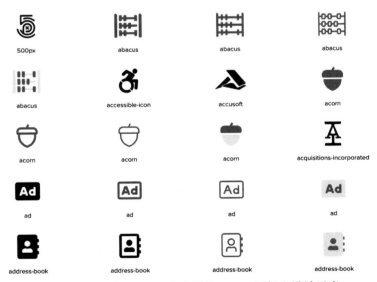

图 14-2 Font Awesome 有大量的 logo、图标和设计元素

有两种方法可以在网站上安装图标字体。第一种方法，下载这些文件，然后把它们放到项目中，再以链接 CSS 文件的方式链接它们（如代码清单 9-7 所示）。我们将用此方法安装 Font Awesome。第二种方法，通过互联网链接这些文件，而不需要将它们下载到项目中。我们在

14.1.2 节安装一些自定义字体时会使用这种方法。

　　让我们把 Font Awesome 字体放到网站上，并用适当的图标替换所有的社交媒体链接文本。第一步是前往 Font Awesome 网站的下载页面，向下滚动到"其他使用方式"部分，单击"下载"按钮，保存并（通过双击）解压文件，然后将其移动到项目中新建的 fonts 目录（可以使用 mkdir fonts 创建）。此时，项目目录应该如图 14-3 所示。

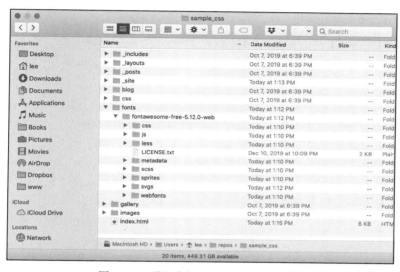

图 14-3　项目中的 Font Awesome 文件

　　接下来，在文本编辑器中打开 _includes/head.html，用与引用 main.css 文件相同的语法引用字体文件（如代码清单 14-1 所示）。注意，Font Awesome 的版本要包含在路径中，因此，如果在这之后字体发布了更新，你可能需要稍微改变一下路径（方框 5-1）。

代码清单 14-1　链接 Font Awesome 文件

_includes/head.html

```
<head>
  <title>Test Page: Don't panic</title>
  <meta charset="utf-8">
  <meta name="viewport" content="width=device-width, initial-scale=1">
  <link rel="stylesheet"
      href="/fonts/fontawesome-free-5.12.0-web/css/all.min.css">
  <link rel="stylesheet" href="/css/main.css">
</head>
```

　　顺便说一下，一定要在加载任何其他 CSS 链接之前先加载自定义字体文件，这点很重要。否则，浏览器应用样式时，这些字体不可用。

　　现在，让我们添加一些图标。打开 index.html，用代码清单 14-2 中的代码替换 hero 中的社交账号链接。每个链接中都有一个 i 标签，且 i 标签都有两个类：类 fab，用于 Font Awesome 的品牌图标子集［免费版中还有一个类：fas，用于实心形状的图标，更多信息见 Font Awesome 的文档（https://fontawesome.com/docs/Web/addicons/how-to）］；类 fa-<logo 名称 >，其中 logo 名称因公司不同而异（例如，fa-facebook 用于 Facebook 的 logo）。请注意，我们还将 href 的值
example.com 替换为了真正的 Learn Enough 社交网站链接。

代码清单 14-2 用新的字体图标替换旧的社交账号链接

index.html

```html
<div class="full-hero hero-home">
  <div class="hero-content">
    <h1>CODE DANGEROUSLY</h1>
    <ul class="social-list">
      <li>
        <a href="https://facebook.com/learnenough" class="social-link">
          <i class="fab fa-facebook"></i>
        </a>
      </li>
      <li>
        <a href="https://twitter.com/learnenough" class="social-link">
          <i class="fab fa-twitter"></i>
        </a>
      </li>
      <li>
        <a href="https://github.com/learnenough" class="social-link">
          <i class="fab fa-github"></i>
        </a>
      </li>
    </ul>
  </div>
</div>
```

请注意，代码清单 14-2 使用了斜体标签 i，尽管（你可能还记得 1.2 节提到过）这个标签已
经过时了。实际上，如果你愿意的话，也可以使用 span 来使语义更明确，但是 Font Awesome 团
队喜欢使用旧的 i 标签，所以我们与他们保持一致。

保存代码后，首页应该如图 14-4 所示。

图 14-4 页面上的新图标

虽然了解细节并不重要，但你可能很想知道 Font Awesome 在 all.css(即"未经压缩"的版本)
中包含哪些样式。如果你打开该文件，会在顶部看到这样的样式声明：

```css
.fa,
.fas,
```

```
.far,
.fal,
.fad,
.fab {
  -moz-osx-font-smoothing: grayscale;
  -webkit-font-smoothing: antialiased;
  display: inline-block;
  font-style: normal;
  font-variant: normal;
  text-rendering: auto;
  line-height: 1; }
```

在 Font Awesome CSS 文件中的这一部分，用于初始化所有的 Font Awesome 图标类，它会将内联元素 i 标签转换为内联块级元素，使其成为图标元素。它还会重置样式，以确保所有的网站 CSS 样式都不会影响 Font Awesome 渲染图标，例如，将 line-height 设置为 1。

在文件的最底部，你还会看到这样的 CSS：

```
@font-face {
  font-family: 'Font Awesome 5 Brands';
  font-style: normal;
  font-weight: normal;
  font-display: auto;
  src: url("../webfonts/fa-brands-400.eot");
  src: url("../webfonts/fa-brands-400.eot?#iefix") format("embedded-opentype"),
  url("../webfonts/fa-brands-400.woff2") format("woff2"),
  url("../webfonts/fa-brands-400.woff") format("woff"),
  url("../webfonts/fa-brands-400.ttf") format("truetype"),
  url("../webfonts/fa-brands-400.svg#fontawesome") format("svg"); }

.fab {
  font-family: 'Font Awesome 5 Brands'; }
```

这里，@font-face 告诉浏览器字体名称（它在 @font-face 的下面被引用，从而将字体与类 fab 联系起来）、文件位置、字体粗细和默认字体样式。

这两个代码片段中间的代码占据了 CSS 文件的大部分，其中有很多更具体的类（如 .fa-twitter），通过使用伪元素 :before（10.3 节）和代码（"\f099"）来定义应该显示哪个图标：

```
.fa-twitter:before {
  content: "\f099"
}
```

浏览器像处理文本一样处理这些图标，所以我们可以使用普通的 CSS 将它们变大，如代码清单 14-3 所示。

代码清单 14-3　调整社交账号链接，使其与图标更好地配合

css/main.css

```
.social-link {
  background: rgba(150,150,150,0.5);
  border-radius: 99px;
  box-sizing: border-box;
  color: #fff;
  display: inline-block;
  font-family: helvetica, arial, sans;
  font-size: 1.7em;
  font-weight: bold;
  height: 1.5em;
```

```
    line-height: 1;
    padding-top: 0.25em;
    text-align: center;
    text-decoration: none;
    vertical-align: middle;
    width: 1.5em;
}
```

保存并刷新，图标如图 14-5 所示。

一个简短的小提示：你可能已经注意到，这些图标并没有完全位于圆圈的中心。这与 Font Awesome 如何创建和绘制图标，以及不同的浏览器制造商如何渲染字体有关。如果你想让元素有一个完美的外观，需要对特定图标使用如下样式：

图 14-5　更大的、更易阅读的图标

```
    text-indent: 1px;
```

或者需要调整未来的设计，以适应不同浏览器之间的差异……我们会把这个问题留给技术熟练度（方框 5-1）。如果你想改变大小或颜色，或者想试试 Font Awesome 网站上的其他图标，请随意！

在此网站上的图标列表中，在图标名称前加上 fa-，就是你在 HTML 元素中需要使用的类名。请记住，你使用的是免费版本的图标库，所以你只能在元素上使用带有类 fas 和图标类名的实体图标，或者使用带有类 fab 的品牌图标。举个实体图标的例子，如果你想添加一个"圆圈中有一个指向右方的箭头"的图标（如图 14-6 所示），页面代码如下所示：

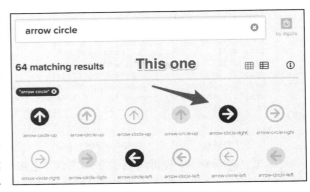

图 14-6　箭头 – 圆圈 – 指向右方

```
<i class="fas fa-arrow-circle-right"></i>
```

14.1.2　通过 CDN 加载文本字体

我们已经从本地链接的文件中添加了一个图标字体，现在，让我们转向通过互联网从第三方服务器中加载一个文本字体到页面上。这样做的原因有以下几个。第一，有时不允许你下载字体并将其放到项目中（例如，由于版权限制）。第二，有时通过远程链接加载字体可以最大限度地减少服务器文件带宽。甚至 Font Awesome 也提供了通过其内容分发网络（CDN）来加载其图标字体的选项（方框 14-1）。

方框 14-1：CDN 的作用是什么

　　内容分发网络（Content Delivery Network，CDN）是解决一种特定问题的服务：如果你有一个需要用户下载的文件，而他们获取该文件的唯一地方是你的服务器，那么，如果你的服务器离线或者同时有太多的人试图获取该文件，就会出现问题。

　　CDN 是分布在世界各地的服务器网络，当用户请求文件时，该服务会查找拥有所需文件的最近服务器，并将其发送给用户。这有助于保持任何单一服务器上的流量较低，从而使所有用户都能快速获取文件。有些 CDN 服务甚至可以复制整个网站的内容……这正是 GitHub Pages 的工作方式。

　　使用 CDN 来加载字体之类的内容的缺点是，你必须相信远程服务器始终可供所有用户使用，否则，你试图加载的资源将不可用。虽然这种问题很少出现，但这却是可能会出现的（很多）问题之一。

　　出于我们的目的，我们将使用免费的 Google 字体 CDN 服务来添加一种更高级的 display 字体，这是一个设计字体，所以我们不打算把它用于整个页面文本。我们将给标题使用一种名为 Raleway 的字体，然后给网站内容使用一种名为 Open Sans 的朴素的普通字体。

　　开始之前，请前往 Google 字体网站并在搜索框中输入"raleway"。然后单击结果中的第一个字体——这取决于当前的 Google 界面，但通常结果中的第一个字体是一个带有圆角的盒子——打开详细页面后，选择 Thin 100（如图 14-7 所示）。

图 14-7　选择 Raleway 字体

　　接下来，按照同样的步骤添加 Open Sans 的 Regular 400 版本（不是压缩版，只是普通版）。这里应该有一个打开的侧边栏，上面有如何嵌入字体链接的详细信息——如果你无法看到它，可以单击右上方带有三个蓝色方块和一个加号的图标。

　　复制灰色框中的 HTML 链接，链接应该类似于代码清单 14-4 中的代码。注意，代码清单 14-4 将该行代码拆分成两行，但它在你的源代码中，应该只有一行。

代码清单 14-4　Google 字体的 HTML 链接

```
<link href="https://fonts.googleapis.com/css2?family=Open+Sans&
family=Raleway:wght@100&display=swap" rel="stylesheet">
```

　　这是从 Google Fonts CDN 上加载文件所需的代码。它应该被放在网站的 head 标签中，就在 Font Awesome 链接的上方，如代码清单 14-5 所示。

代码清单 14-5　添加到 Google 字体服务的 CDN 链接

_includes/head.html

```
<head>
  <title>Test Page: Don't panic</title>
  <meta charset="utf-8">
  <meta name="viewport" content="width=device-width, initial-scale=1">
  <link href="https://fonts.googleapis.com/css2?family=Open+Sans&
=family=Raleway:wght@100&display=swap" rel=="stylesheet">
  <link rel="stylesheet"
        href="/fonts/font-awesome-4.7.0/css/font-awesome.min.css">
  <link rel="stylesheet" href="/css/main.css">
</head>
```

这个链接就是你使自定义字体工作所需的全部内容！无须处理文件或配置任何东西。

现在，我们的网站正在加载这些字体文件，让我们来使用它们。在文本编辑器中，切换回 main.css 文件，并将网站标题的字体栈改为使用 Raleway，将正文的字体栈改为使用 Open Sans，如代码清单 14-6 所示。

代码清单 14-6　添加引用自定义字体的新字体栈

css/main.css

```
body {
  display: flex;
  flex-direction: column;
  font-family: 'Open Sans', helvetica, arial, sans;
  min-height: 100vh;
}
.
.
.
h1,h2,h3,h4,h5,h6 {
  font-family: 'Raleway', helvetica, sans;
  font-weight: 100;
}
```

请注意，代码清单 14-6 中自定义字体的名称是用引号括起来的。从技术上讲，不是必须用引号（单引号或双引号）括起来的，但 CSS 规范推荐这样做，而且在查看 CSS 样式时，这也会使它们变得很突出。

现在，保存并刷新，hero 中的文本看起来应该大不相同（如图 14-8 所示）。

图 14-8　更加时尚的 hero 文本

页面上的其他标题和正文副本也将使用新字体（如图 14-9 所示）。

图 14-9　使用自定义字体的其他标题和正文副本

　　在给网站设置使用自定义的字体后，通常最好单击一下所有的页面，看看是否有看起来很奇怪的地方。不同的字体可能有不同的默认尺寸，字体的粗细在某些尺寸下可能不好看，而且自定义字体的行高可能与以前完全不同。你的字体很容易看起来很乱，需要进行调整。

　　这就是自定义字体！它们很容易设置，而且有很多不同的字体服务，有免费的也有收费的。无论是什么服务，你现在都知道该如何使用自定义字体了，或者是下载到项目中在本地提供服务，或者是通过 CDN 在互联网上加载。

练习

　　1. 现在你已经了解了如何添加图标，确保整个网站上的所有社交账号链接都使用了图标（与其他大多数练习不同，你应该保留这些修改）。

　　2. 尝试从 Google 字体中加载另一种字体，然后将 .bio-box h3 设置为使用新字体。

14.2　favicon

　　我们在本书中不得不添加的一个小细节是，展示如何添加 favicon（收藏夹图标），这是一个标识网站的小图片，显示在 tab 标签或收藏夹列表中（如图 14-10 所示）。与字体声明一样，favicon 在页面的 head 部分被引入。

图 14-10　一个页面的 favicon

以前，制作 favicon 真的非常麻烦，因为微软的老式浏览器只接受一种名为 .ico 的奇怪的文件类型，但现在我们只需要一个简单的 .png 文件（便携式网络图形，发音为"ping"）[⊖]。

Favicon 应该是方形，边长是 8 的整数倍。大多数浏览器的尺寸是 16px x 16px，所以确保它能调整大小很重要，但不要超过 144px。为了了解它在网站上的工作原理，你可以用如下方式下载 favicon：

```
$ curl -OL https://cdn.learnenough.com/le-css/favicon.png
```

如果你想使用自定义的 favicon，只需将 curl 命令的结果替换为项目根目录下具有有效尺寸且名称为 favicon.png 的图片即可。现在使用链接标签将其引入到 head 中，如代码清单 14-7 所示。

代码清单 14-7　添加 favicon 的链接

_includes/head.html

```
<head>
  <title>Test Page: Don't panic</title>
  <link href="/favicon.png" rel="icon">
  <meta charset="utf-8">
  <meta name="viewport" content="width=device-width, initial-scale=1">
  <link href="https://fonts.googleapis.com/css2?family=Open+Sans&
family=Raleway:wght@100&display=swap" rel="stylesheet">
  <link rel="stylesheet"
        href="/fonts/font-awesome-4.7.0/css/font-awesome.min.css">
  <link rel="stylesheet" href="/css/main.css">
</head>
```

保存代码后，你可能会失望地发现，当刷新浏览器时，看不到这个图标，不用担心，它已经存在了。无法看到新 favicon 是现代浏览器仍未解决的一个烦恼——除非你完全清除浏览器缓存，否则在很长一段时间内都不会刷新网站的 favicon。当然，你可以清除缓存，但失去所有的历史记录通常很不方便，我们建议使用一个尚未访问过示例网站的浏览器（如 Firefox 或 Brave）。favicon 应该如图 14-11 所示。

图 14-11　相信我们，它是有效的

你还可以添加其他类型的图标，其中之一是"Apple touch 图标"。如果在 Safari 浏览器中把一个网页保存到收藏夹，或者在 iOS 中保存到应用程序菜单，你就会看到这个图标（它也适用于 Android）。要制作一个 Apple touch 图标，需要一个至少 180px×180px 的正方形图片，并命名为 apple-touch-icon.png 保存到网站根目录下。然后把它链接到网站的 head 中，如下所示：

```
<link rel="apple-touch-icon" href="/apple-touch-icon.png">
```

我们将在示例网站上添加 Apple touch 图标留作练习。

练习

在互联网上找到一个正方形图片，命名为 apple-touch-icon.png 并保存到根目录下，然后链接该图片。

⊖ 在以前的样式设计规则中，PNG 的全称实际上是 PING，是"PING is not GIF"的缩写。

14.3　自定义标题和 meta 描述

　　最后，我们在每个页面上添加两个自定义内容，大多数用户都不会注意到，但它们对与网站交互的所有计算机程序都很有用，特别是对搜索引擎用于抓取网页的网络爬虫（如图 14-12 所示）。由此产生的自定义 title 标签和 meta 描述对于搜索引擎优化（或称为 SEO）特别重要（方框 14-2）。

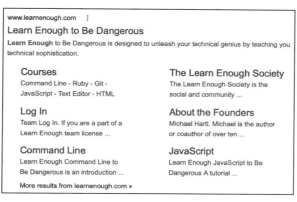

图 14-12　搜索结果中的页面标题和描述

方框 14-2：SEO

　　虽然搜索引擎优化（或称为 SEO）的基础知识有时被认为很复杂，但其实它相当简单——（几乎）简单到可以用一条推文概括：

　　由于（当时）Twitter 有 140 个字的限制，我不能在一条推文中介绍所有关于 SEO 的内容，但这只是一个略微夸张的说法，你几乎可以把所有 SEO 有关的内容都放进一个旁注框中。特别是，根据帕累托原则（也称为 80/20 法则），只需少量努力即可在 SEO 方面受益颇多。

　　推文中的第二步是创建有价值的内容，使人们想要链接，这步由你来完成。不可否认，这是一个挑战，而且超出了本书的范围。但是第一步很简单：只要确保在 title 标签（14.3.1 节）、meta 标签（14.3.2 节）和 heading（特别是 h1 和 h2）中包含大部分或全部搜索关键词即可。

　　例如，假设你想针对"π 是错误的""tau 日""tau 宣言"和"michael hartl"等关键词

进行优化。一个好的 title 可能是这样的：

　　<title>Tau 日 ｜ 不，真的，π 是错误的 :Michael Hartl 的 Tau 宣言 </title>

　　一个值为"不，真的，π 是错误的：Tau 宣言"的 h1 和一个以"Tau 宣言致力于数学中最重要的数字之一……"开始的 meta 描述，就可以满足 SEO 的基本要求。

　　如果可以将域名与目标关键词匹配，那么精确的域名匹配会有很大的帮助。这一步并不总是可行的，但如果它实现了，效果会非常好，例如，Rails Tutorial（https://www.google.com/search?q=rails+tutorial）。即使没有精确的域名匹配，你还可以让 URL 包括目标关键词，这些"美化的 URL"（10.4 节）也会有很大的帮助，例如 learnenough.com/css-and-layout（https://www.google.com/search?q=css+and+layout+tutorial）。

　　请注意，虽然上面的内容是为搜索引擎量身定做的，但却是完全真实的：这里没有任何与网站无关的内容，而且关键词也没有过多重复。这种理念更像是概括页面的主要内容——如果你的页面内容真的与关键词涉及的主题有关，相关词汇自然会出现，所以不用担心页面细节。事实上，搜索引擎通常会惩罚人为操纵结果的行为，所以任何此类努力都可能会适得其反。

　　最后，在获得导入链接方面，优质的内容才是王道。玩弄搜索引擎（互换链接、链接工厂等）会受到比操纵页面内容更加严厉的惩罚，所以不要尝试。

　　SEO 非常简单。仅仅使用此方框中的方法，我们就能为英文单词"softcover"和"coveralls"、短语"learn enough"、竞争性关键词"rails tutorial"、短语"π 是错误的"以及希腊字母表中的一个字母制作高搜索排名的网站。祝你好运！

14.3.1　自定义标题

　　到目前为止，我们还没有在本书中使用页面标题，并且所有页面的标题一直都是一样的，但是 Jekyll 提供了一种给每个页面自定义页面标题的方法。这对于像博客文章这样的页面是很有用的，因为他们的主题很可能就是标题中的搜索关键词（方框 14-2）。

　　我们的想法是，如果有自定义的页面标题，就使用它（加上字符串 |Test Page，表明它是测试网站上的一个页面）作为页面标题。如果没有这样的自定义标题，我们就简单地使用代码清单 5-4 中定义的默认标题（Test Page: Don't Panic）。

　　我们的方法是，使用一些带有条件语句的 Liquid 代码，根据是否满足给定的条件，执行不同的代码分支。如下所示：

```
{% if page.title %}
  <title>{{ page.title }} | Test Page</title>
{% else %}
  <title>Test Page: Don't Panic</title>
{% endif %}
```

这段代码会查找在代码清单 12-8 中首次出现的 page.title 变量，如果此变量存在，则条件为真，执行第一个分支代码，即插入页面标题，后面跟 | Test Page：

```
 <title>{{ page.title }} | Test Page</title>
```

例如，代码清单 12-1 中将博文的标题设置为"This is the title of the post"，所以插入的标题如下所示：

```
<title>This is the title of the post | Test Page</title>
```

如果没有设置 page.title，则条件为假，执行第二个分支代码，从而插入默认标题：

```
<title>Test Page: Don't Panic</title>
```

把这个条件语句放到网站 head 中，就可以得到代码清单 14-8 中的代码。

代码清单 14-8　加入自定义标题（如果存在的话）

_includes/head.html

```
<head>
  {% if page.title %}
    <title>{{ page.title }} | Test Page</title>
  {% else %}
    <title>Test Page: Don't Panic</title>
  {% endif %}
  <link href="/favicon.png" rel="icon">
  <meta charset="utf-8">
  <meta name="viewport" content="width=device-width, initial-scale=1">
  <link href="https://fonts.googleapis.com/css?family=Open+Sans|Raleway:100"
  rel="stylesheet">
  <link rel="stylesheet"
      href="/fonts/font-awesome-4.7.0/css/font-awesome.min.css">
  <link rel="stylesheet" href="/css/main.css">
</head>
```

保存代码，你会看到首页标题仍然是原来的"Test Page: Don't Panic"，但如果跳转到最近的博文页面，页面标题的第一部分是博文标题（如图 14-13 所示）。如上所述，这是因为代码清单 12-1 的 frontmatter 中自定义了 title。

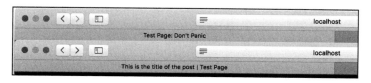

图 14-13　一个设置了标题的页面，和一个没有设置标题的页面

现在，任何页面需要自定义标题，只需在 frontmatter 中添加一行代码即可。例如，要使用"Dangerous Blog"作为博客页的名字，在博客索引页的 frontmatter 中添加一行代码即可，如代码清单 14-9 所示。

代码清单 14-9　在页面的 frontmatter 中添加一个变量以改变标题

blog/index.html

```
---
layout: default
title: Dangerous Blog
---
```

保存并刷新，成功了（如图 14-14 所示）！

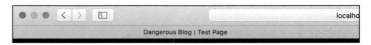

图 14-14　添加自定义页面标题

14.3.2　自定义描述

现在，我们依然使用条件语句方法，在网站的 head 中添加一个自定义描述。我们将使用 meta 标签，到目前为止我们用它来定义过字符集（代码清单 5-4）和视口（代码清单 13-8）。它的第三个应用是添加元信息，它是网站的文本描述。这种变化对普通用户来说是不可见的，但它会出现在页面的源代码中，而且会被前面提到的网络爬虫等自动程序使用。

我们使用与 title 标签相同的技术：引入一个 meta 标签，如果有页面描述，meta 标签的内容与描述相同，否则（else），内容为默认描述，结果如代码清单 14-10 所示。

代码清单 14-10　添加自定义描述

_includes/head.html

```
<head>
  {% if page.title %}
    <title>{{ page.title }} | Test Page</title>
  {% else %}
    <title>Test Page: Don't Panic</title>
  {% endif %}
  {% if page.description %}
    <meta name="description" content="{{ page.description }}">
  {% else %}
    <meta name="description" content="This is a dangerous site.">
  {% endif %}
  <link href="/favicon.png" rel="icon">
  <meta charset="utf-8">
  <meta name="viewport" content="width=device-width, initial-scale=1">
  <link href="https://fonts.googleapis.com/css?family=Open+Sans|Raleway:100"
  rel="stylesheet">
  <link rel="stylesheet"
      href="/fonts/font-awesome-4.7.0/css/font-awesome.min.css">
  <link rel="stylesheet" href="/css/main.css">
</head>
```

此时，我们可以在任何页面的 frontmatter 中添加描述变量，并且描述将只在该页面中加载。例如，为了使博客的描述更具表现力，我们只需要在 frontmatter 中增加一行代码，如代码清单 14-11 所示。

代码清单 14-11　在页面的 frontmatter 中添加变量以改变标题

blog/index.html

```
---
layout: default
title: Dangerous Blog
description: A dangerous site deserves a dangerous blog.
---
```

因为 meta 标签在网站上不可见，所以保存并刷新后，你看不到任何变化，但如果查看页面的源代码，你会在网站的 head 部分看到自定义描述（如图 14-15 所示）。

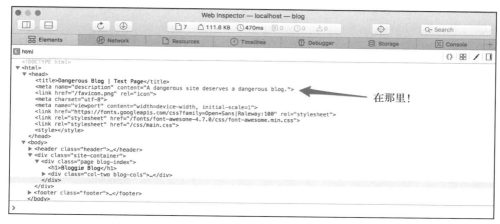

图 14-15　添加一个自定义的、针对页面的 meta 描述

　　标题和 meta 描述只是你可以为网站设置的信息元素中的两个，但由于它们出现在搜索结果中，所以它们肯定是最常见的两个。开放图谱协议（The Open Graph protocol）（https://ogp.me/）中有更完整的常见 meta 元素的列表。

　　一般来说，所有这些元信息标签的工作方式基本相同，你需要为所有不需要自定义内容的页面设置一个默认值，并使用 frontmatter 变量来设置特定页面上的内容。只要确保 Liquid 标签中使用的变量名（如 page.description）与 frontmatter 中的变量名（如 description:）相匹配即可——你已经学会了如何钓鱼，而不是让人给你一条鱼（如图 14-16⊖所示）。

图 14-16　学习如何捕鱼

练习

在网站上添加标题和描述开放图谱 meta 标签，并使其与我们在本节中添加的老式 meta 标签的标题和描述变量相同。

14.4　下一步

此时，我们已经完成了主要的示例应用程序。剩下的内容就只有 CSS 网格布局和自定义域名了。我们会在第 15 章学习独立的网格布局，你可以现在学习，也可以在以后将其作为参考。然后是第三部分的主题——注册和配置自定义域名。

现在，主要的示例网站已经完成，让我们再次把它部署到生产中：

```
$ git add -A
$ git commit -m "Finish the sample site"
$ git push
```

相当不错（如图 14-17 所示）！

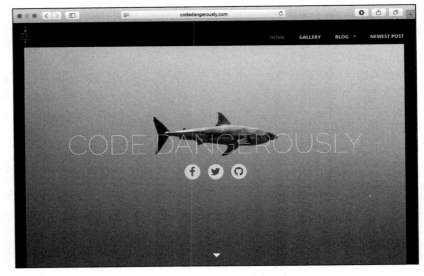

图 14-17　最终的示例网站

第 15 章 *Chapter 15*

CSS 网格布局

到目前为止，本书已经介绍了使用传统 CSS 技术和较新的 flexbox 技术（第 11 章）创建 Web 布局的方法。正如 5.2 节所述，CSS 正在不断发展并增加更多功能。在过去的几年中，一个相对较新的 CSS 功能已经通过了审批程序，并被所有的现代 Web 浏览器采用……你可能已经通过本章标题猜到了，这个功能是"CSS 网格（Grid）布局"。

尽管它还处于技术采用曲线的早期阶段，但我们预计网格布局在未来几年将变得越来越重要，所以我们把对这一重要主题的介绍作为第二部分的最后一章。

几年前，并不是所有的浏览器都支持 CSS 网格布局，至少不带烦琐的供应商前缀时不支持（方框 5-3）。即使在所有浏览器都支持它之后，仍然有很多关于 CSS 网格布局应该如何工作和声明应该如何编写的更改建议。因此，我们并没有将 CSS 网格布局包含在旨在帮助初学者学习 CSS 的教程中。近来，规范已经稳定下来，所以我们决定增加一些关于 CSS 网格布局的内容。

因为 CSS 网格布局相当复杂，所以很难决定如何学习此主题。如果描述每个小功能，就很容易陷入细节中。CSS 网格布局之所以如此复杂，一个重要原因是它是一种非常出色的工具，既可以用于创建网站布局这样复杂的任务，又可以用于将元素排列成网格这样简单明了的任务。

我们可以拆毁现有网站并使用网格布局重新构建，但那会让本章变得非常冗长和复杂。我们也可以把网格布局塞进现有的网站中，但这样做难以体现 CSS 网格布局在网站布局方面的良好表现，因为我们会把布局放在另一个现有的布局中。相反，我们将创建一个单独的页面，以涵盖这个强大的新工具的主要功能，且不会让我们感到困惑。

15.1 高级的 CSS 网格布局

说了这么多，你可能会问："什么是 CSS 网格布局？当旧技术仍然可行时，我为什么要使用它？"这是个好问题，确实，如果你想的话，确实可以忽略网格布局。但是对于后半部分的问题，一个简短的答案是，它可以使很多前端开发变得更加容易。

让我们深入探讨一下上面那个问题的第一部分："什么是 CSS 网格布局？"将其与 flexbox（第 11 章）进行比较，会更容易理解网格布局。

flexbox 和 CSS 网格布局之间最大的区别是，flexbox 是沿单个维度（行或列）排列子项，CSS 网格布局则是同时在两个方向上排列内容。是的，可以使用 flexbox 将元素排列成类似网格的形状，但所有这些元素都会被定位和定义，就好像它们是在同一维度上排列，只是换了一行一样（如图 15-1 所示）。

未使用 flex-wrap 的 Flexbox
当添加新项目时，它们会被添加到同一行
中，如果空间不够，所有元素都会被压缩。

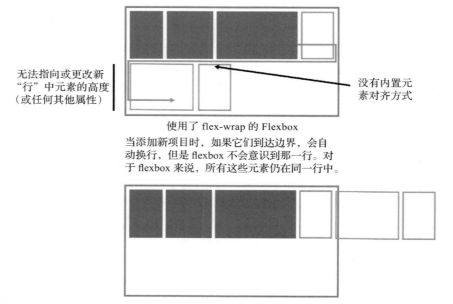

图 15-1　flexbox 的一维特性，使用 flex-wrap 和不使用 flex-wrap 的情况

flexbox 系统无法以自动化的方式定义列和行的外观。相反，CSS 网格布局中新的 HTML 元素会自动添加到单元格中，我们可以通过定义单元格列和行的属性，在两个维度上布局元素（如图 15-2 所示）。

新元素仍然是从左向右添加，就像在 flexbox 中一样（尽管你可以改为从右向左，甚至是从垂直方向添加）。当一行的单元格填满时，新元素会继续填充下一行的单元格。每行和每列都可以使用单独的样式，以更改 display 属性。还可以将 CSS 网格布局设置为自动调整行或列的大小，以便在你提供的最大或最小尺寸的约束条件下尽可能多地容纳内容。

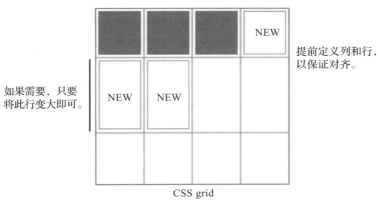

图 15-2　CSS 网格布局允许元素在一个定义好的结构内构建

　　这一切使得网格布局成为一个非常强大的布局系统，在这个系统中，任意数量的元素都可以根据你设定的规则来填充（例如内容框、缩略图、产品排列图等），如图 15-2 所示。15.2 节介绍了一个简单而灵活的内容网格，其中网格存在于章节外。15.4 节介绍了 CSS 网格更复杂的方面，以在每个章节内部创建可以用网格组织内容的页面（如图 15-3 所示）。

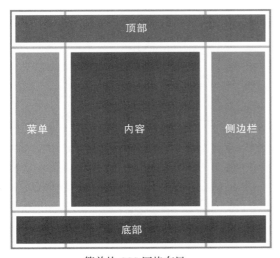

简单的 CSS 网格布局

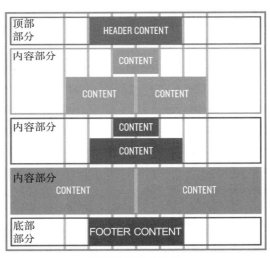

带有内容对齐方式
的 CSS 网格布局

图 15-3　我们要构建的两种网格布局

　　使用 CSS 网格布局创建的布局不是一个静态结构——它不像 HTML 表格（3.2 节）那样，一旦将内容放在行和单元格中，它们基本上就会停留在那里不动。使用网格布局，可以对容器中的元素进行各种操作，例如根据需要重新排序、重叠部分区域或使用媒体查询轻松地为不同大小的屏幕应用不同的布局。不过，在我们开始介绍这些之前，让我们先看一个简单的内容网格，以了解 CSS 网格的基础知识。

15.2　一个简单的内容网格

首先，在项目中创建一个新的 HTML 文件，以便进行 CSS 网格实验。命名为 grid.html 并将其放在网站根目录下，这样我们只需导航到 localhost:4000/grid.html（9.2 节）就可访问它：

```
$ touch grid.html
```

在 grid.html 文件中添加基本的 HTML 框架，然后在页面的 body 中添加第一个内容元素。对于此初始部分，我们将添加一个具有类 grid 的 div。然后，在该 div 内添加另外八个没有类的 div，其中包含数字 1～8，结果如代码清单 15-1 所示。

代码清单 15-1　页面的初始 HTML

grid.html

```
<!doctype html>
<html>
  <head>
    <meta charset="utf-8">
    <style>
    </style>
  </head>
  <body>
    <div class="grid">
      <div>
        1
      </div>
      <div>
        2
      </div>
      <div>
        3
      </div>
      <div>
        4
      </div>
      <div>
        5
      </div>
      <div>
        6
      </div>
      <div>
        7
      </div>
      <div>
        8
      </div>
    </div>
  </body>
</html>
```

由于我们的实验最初只是为了学习基础知识，因此我们会直接将样式添加到 HTML 的 <head> 中的 <style> 部分，而不是添加 CSS 链接或者继承所有的现有样式。这将使我们能够了解 CSS 网格布局如何在一张白纸上展开工作。

就像使用 flexbox 时一样，使用网格布局时，需要一个带有 CSS 的容器元素，以告诉浏览器在渲染内容时，除了默认操作，还需要执行一些其他操作。在此示例中，该容器是一个带有

class="grid" 的 div。添加代码清单 15-2 中的声明，然后刷新页面。也许令人惊讶的是，它看起来与未添加 display:grid 时完全一样。为什么？

代码清单 15-2　添加第一个 display: grid

grid.html

```
<style>
  .grid {
    display: grid;
  }
</style>
```

如果你添加了 display:flex，所有元素都将被立即装入容器。因为浏览器已经在基本层面上了解了 flexbox 的二维特性，所以会将所有元素放入容器提供的水平空间中（如图 15-4 所示）。

图 15-4　Flex 使它挤压在一起了

然而，在使用 CSS 网格布局时，我们需要首先定义行和列的构建方式，然后才能做其他事情。在那之前，我们不会看到任何变化，因为对于浏览器来说，这些 div 只是另一个盒子里的一堆普通块级元素。

为了让事情顺利进行，首先，我们定义列结构，并为元素添加边框，以便更容易地看到发生了什么（如代码清单 15-3 所示）。现在，刷新页面，效果应该如图 15-5 所示。

代码清单 15-3　添加第一个列模板

grid.html

```
<style>
  .grid {
    display: grid;
    grid-template-columns: 1fr 1fr 1fr;
  }
  .grid > div {
    border:  1px solid #000;
  }
</style>
```

图 15-5　太好了！我们有行和列了

好吧，至少现在图 15-5 看起来像个网格了，但我们猜测，此时你可能正在看着代码清单 15-3 中的 CSS，并在想，1fr 是什么意思？为什么它让我感到害怕？

15.2.1 网格列和网格单位 fr

fr 是 CSS 测量单位，它很容易理解。fr 是分数单位（fractional unit）的缩写，我们刚刚在代码清单 15-3 中添加的样式声明只是告诉浏览器将容器中所有的元素排列成三列，每列占用的空间比例相等。

现在，父容器占据 100% 的页面可用宽度，所以每列大约占据 33% 的空间。如果你想让其中一列的大小是其他两列的两倍，可以使用 2fr 来实现。让我们尝试更改 CSS，使其如下所示：

```
.grid {
  display: grid;
  grid-template-columns: 1fr 2fr 1fr;
}
```

结果应该如图 15-6 所示。

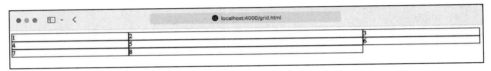

图 15-6　中间较长的列的宽度是两边的列的两倍

需要注意的是，使用单位 fr 计算元素的大小时，都是在父容器为其他使用不同测量单位的元素分配空间之后，再依据父容器中剩余的可用空间，计算使用 fr 元素的大小。如果你设置了一个使用非分数单位的列，则其余 fr 元素的可用空间就会减少。为了理解我们的意思，请尝试将第三列设置为固定宽度 450px：

```
.grid {
  display: grid;
  grid-template-columns: 1fr 2fr 450px;
}
```

刷新页面并调整窗口宽度，你会发现，现在第三列的宽度恰好是 450px，而前两列分割剩余的可用空间（第一列为第二列的一半）。

让我们回顾列模板样式的工作原理。在 grid-template-columns 声明中，每个由空格分隔的值都对应页面上的一列。因此，如果你要创建四列网格，则应写为 grid-template-columns: 1fr 1fr 1fr 1fr;。八列则是 grid-template-columns: 1fr 1fr 1fr 1fr 1fr 1fr 1fr 1fr;。你可以添加任意数量的值，但如果页面上有很多列，它会变难看。

幸运的是，有一种方法可以简化这些值，以便你不需要明确声明每个列，我们认为，你会发现它非常简单。请将 CSS 更改为以下的内容，如代码清单 15-4 所示。

代码清单 15-4　重复三个 1fr 列

grid.html

```
.grid {
  display: grid;
  grid-template-columns: repeat(3, 1fr);
}
```

刷新页面，可以看到恢复为等宽的三列，但如果你在 Web 检查器面板中将值更改为

repeat(4, 1fr)，你将拥有四个等宽的列（如图 15-7 所示）。

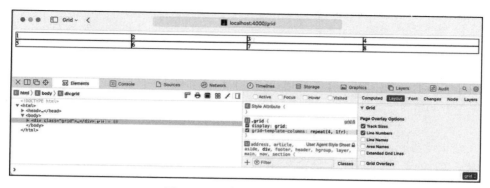

图 15-7　现在三列变成了四列

　　你甚至可以混合使用这些测量单位。例如，grid-template-columns: 5em repeat(2, 1fr) repeat(3, 2fr); 将展示一个 5em 的列，然后是两个 1fr 的列，最后是三个 2fr 的列。这是一种强大而灵活的技术，可以用于定义页面上的列。

15.2.2　网格行和间隙

　　现在，我们已经学习了分数单位的工作原理，并学会了如何在 CSS 网格中使用 repeat，让我们将 grid-template-columns 设置回三个 1fr（如果你是在代码中尝试的四列布局，而不是在检查器中尝试的），并添加一些定义行的样式。首先，我们只需要添加一个单行定义。添加以下代码：

```
.grid {
  display: grid;
  grid-template-columns: repeat(3, 1fr);
  grid-template-rows: 1fr;
}
```

　　刷新页面后，你会发现什么也没发生。你可能会感到惊讶，但你必须记住，从根本上说，这些仍然只是块级元素。回想一下我们在第 8 章中关于盒子模型的讨论，块级元素会扩展以填充所有可用的水平空间，但在垂直方向上，它的高度只与其中的内容相等。让我们改变行的大小，以使其具有明确的高度：

```
.grid {
  display: grid;
  grid-template-columns: repeat(3, 1fr);
  grid-template-rows: 15em;
}
```

　　现在，刷新页面，你将看到第一行的高度是设置的 15em，但其他行仍为 1fr（如图 15-8 所示）。

　　这是因为 grid-template-rows 属性是一个显式样式——这意味着只有被应用了对应值的行才会被样式化——一个 1fr 只能得到一个样式化的行，而 repeat(8,1fr) 可以得到八个样式化的行，但这是样式化的终点。如果行数超过 grid-template-rows 的属性值数量，浏览器将使用隐式样式——自动调整大小——来渲染其他行，这会与将它们全部设置为 1fr 一样。

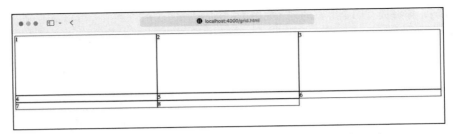

图 15-8　现在有一行是有尺寸的，但其他行依然没有尺寸

为了测试此功能，你可以在 Web 检查器中将样式 min-height: 500px; 添加到 grid 类中。你会看到未定义行的表现就如将它们设置为 1fr 一样，并且会扩展以填满空间（如图 15-9 所示）。

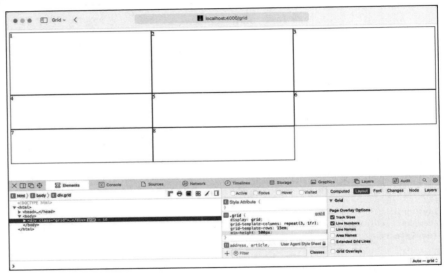

图 15-9　现在所有未调整大小的行显然都相当于 1fr

使用 15.2.1 节讨论的 repeat 技术，你可以使用 repeat([插入数字], 15em) 来定义所有的行，但我们猜想此时你可能已经问过自己："我真的需要定义每一行吗？如果我不知道将有多少行呢？"

好吧，朋友，你很幸运，因为还可以更改隐式行大小，进行此更改时，我们也会添加一个网格间隙样式。编辑 CSS，使其如代码清单 15-5 所示，然后刷新页面。

代码清单 15-5　更改所有行的隐式行大小

grid.html

```
.grid {
  display: grid;
  grid-template-columns: repeat(3, 1fr);
  grid-auto-rows: 15em;
  grid-gap: 1em;
}
```

如图 15-10 所示，现在浏览器知道网格中的每个新行都应自动设置为 15em，并且无论你添加多少元素到 HTML 中，网格中的每个元素之间都间隔 1em。

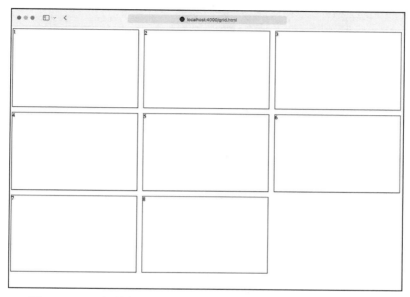

图 15-10　现在所有的行大小都相同，而所有的单元格都间隔 1em

上面的 grid-gap 属性实际上是 grid-gap: 1em 1em 的简写，其中第一个值是行间距，第二个值是列间距。如果你将其设置为 grid-gap: 1em 2em，页面将如图 15-11 所示。

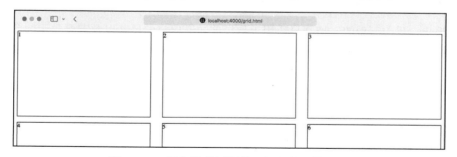

图 15-11　现在的列间距是旧间距的两倍大小

CSS 网格处理间隙的方式最酷的地方是（如果你对 CSS 感兴趣的话），它在计算每一列和每一行的宽度之前，会自动从容器的可用空间中去除间隙。与过去那种必须你自己小心翼翼地计算一切、使用会导致各种其他问题的外边距的工作方式相比，这几乎是个奇迹。

处理间隙时另一个非常好的地方是，间隙不会应用于容器的边缘（你看到的一点点内边距来自浏览器对 body 元素的默认样式）。这使你可以更好地控制网格与其他内容的适配程度——网格的边缘可以与其他元素紧密贴合；也可以给容器添加内边距，使其与行或列的间隙大小相等。如果使用外边距来分隔元素，则这两者都可能会引发问题，因为外边距可能会渗出容器外（8.2 节），但是使用 grid-gap 就不会有问题，因为一切都是自包含的（如图 15-12 所示）。

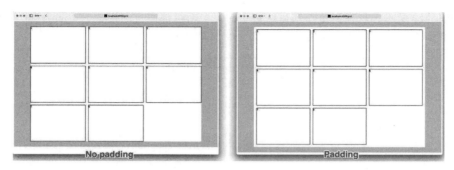

图 15-12　一个边缘紧密贴合的网格，与一个带内边距的网格

我们希望即使在这个非常原始的阶段，你也可以看到 CSS 网格为前端开发带来的一些力量。只需几个声明，我们就可以将页面样式化，以便将任意数量的元素整齐地排列成网格，并且与实现此类布局的老方法不同，在确保一切都适配时，不需要担心计算许多东西。

但我们不会就此停止——我们只是刚刚开始！

练习

1. 尝试清除 .grid 中的所有样式，然后添加 grid-auto-columns:15em;。你可能会认为这会产生很多 15em 的列，但如果没有数量或 repeat，你应该只会看到一个列。

2. 尝试使用其他大小组合来调整网格的列，例如 grid-template-columns: 5em repeat(2, 1fr) repeat(3, 2fr);。

15.3　minmax、auto-fit 和 auto-fill

迄今为止，我们所做的一切都只适用于你提前知道内容的尺寸以及需要显示的项目数量的情况。但是，在实际应用中，你总是不能确定屏幕的大小，而且通常不知道页面上会有多少元素，或者（也许是最重要的）每个元素会容纳多少内容。

如果你明确声明 grid-template-columns 有三列，就像我们到目前为止所做的那样，它将始终有三列。在小屏幕上，这些列会很小，而在大屏幕上，它们又会过大。然后垂直轴的长度，取决于这些元素中内容的数量……事情可能会变得非常奇怪（如图 15-13 所示）。

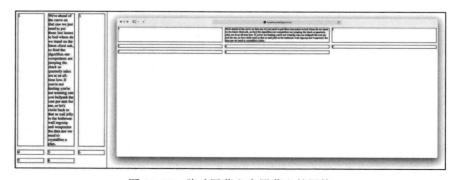

图 15-13　移动屏幕和大屏幕上的网格

理想情况下，你希望在小屏幕上只有一列，而在大屏幕上，希望有尽可能多的列以填满浏览器的宽度，但同时也要避免它们被拉伸得很长，以至于里面的内容看起来很奇怪。

为了解决这些问题，可以使用媒体查询（第 13 章）重新为不同尺寸的屏幕定义网格……但这会有很多的工作。幸运的是，CSS 网格允许你告诉浏览器如何处理网格容器中的空间，并设置每个列或行的最小值和最大值，以控制它们的大小。这样，就不需要添加媒体查询了——你可以在一个语句中完成所有的操作！

15.3.1　使用网格 auto-fit

首先，在编号 div 前面添加一些额外的内容，如代码清单 15-6 所示。

代码清单 15-6　在 HTML 中添加更多内容

grid.html

```
<div class="grid">
  <div>
    <h2>Big news today</h2>
    Quick sync win-win-win or workflow ecosystem.
  </div>
  <div>
    <h2>We are really excited to announce that we will soon have an exciting
    announcement!</h2>
    We're ahead of the curve on that one we just need to put these last issues
    to bed where do we stand on the latest client ask.
  </div>
  <div>
    <h2>Currying favor performance review bench mark</h2>
    No need to talk to users, just base it on the space calculator lift and
    shift.
  </div>
  <div>
    <h2>Level the playing field</h2>
    Take five, punch the tree, and come back in here with a clear head. We need
    to follow protocol obviously, rock Star/Ninja encourage &amp; support business
    growth yet curate.
  </div>
  <div>
    <h2>Usability closing these latest prospects </h2>
    Customer centric where do we stand on the latest client ask back of the net
    4-blocker fast track make it look like digital, like putting socks on an
    octopus.
  </div>
  <div>
    1
  </div>
  <div>
    2
  </div>
  .
  .
  .
```

接下来，通过将行高设置为 auto 来设置为自动行高。然后将 grid-template-columns 更改为 repeat(auto-fit, 275px)，如代码清单 15-7 所示。

代码清单 15-7 添加样式以探索 auto-fit

grid.html

```
.grid {
  display: grid;
  grid-template-columns: repeat(auto-fit, 275px);
  grid-auto-rows: auto;
  grid-gap: 1em;
}
```

刷新页面,浏览器会根据可用空间自动将内容排列成列和行。如果调整浏览器窗口的宽度,你会发现浏览器窗口会自适应可用空间,并且会调整列的大小以尽可能适合内容(如图 15-14 所示)。

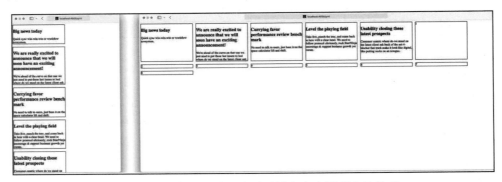

图 15-14 我们大胆尝试在移动设备和大屏幕上的外观

代码清单 15-7 中添加的 auto-fit 似乎是不言自明的(尽管实际上……并不是这样的——在 15.3.3 节会有更多介绍)。当你改变浏览器窗口时,浏览器会不断检查是否有足够的空间再添加一个宽度为 275px 的列。但你会注意到,当没有足够的空间容纳整列时,会在页面上留下空隙。

如果你想要的布局要求元素的宽度正好是 275px,这种方法非常适用(例如产品分类页面,你不希望它们动态地调整大小)。你甚至可以使用容器级别的样式来定位内容,就像我们在 11.2 节中使用 flexbox 所做的一样,以对齐容器中的元素组和单个元素,如图 15-15 所示[1]。

与 flexbox 一样,你可以使用 align-self 和 justify-self 来设置单个元素在被分配的空间中的对齐方式,而不考虑父级网格的 align 方式或 justify 方式[2]。

例如,你可以尝试使用 Web 检查器在网格容器中添加 justify-content: center。此规则会使所有的内容都与父元素的中心对齐。结果是,页面会尽可能多的排列宽为 275px 的列,同时保持所有内容在页面中完美居中对齐(如图 15-16 所示)。

但是,如果你不希望侧边留有空间,而是希望元素填满空间,并且至少是 275px,该怎么办?在这种情况下,你可以使用 CSS 的 minmax() 来设置大小。为此,你需要给出一个最小值和最大值,并用逗号分隔,类似于 minmax(275px, 1fr)。让我们在代码中尝试一下,如代码清单 15-8 所示。

⊖ 更多信息请参阅 https://css-tricks.com/snippets/css/complete-guide-grid/ 中的 justify-items 部分。

⊖ 更多信息请参阅 https://css-tricks.com/snippets/css/complete-guide-grid/ 中的 align-self 部分。

SOME GRID CONTAINER STYLE OPTIONS

网格容器
display: grid
align-items: stretch (DEFAULT)

网格容器
display: grid
align-items: start

网格容器
display: grid
align-items: end

网格容器
display: grid
align-items: center

网格容器
display: grid
justify-items: stretch (DEFAULT)

网格容器
display: grid
justify-items: start

网格容器
display: grid
justify-items: end

网格容器
display: grid
justify-items: center

图 15-15　网格子元素的对齐选项

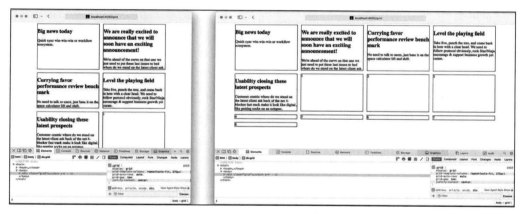

图 15-16　在移动设备和桌面端都居中对齐

代码清单 15-8　探索 minmax 如何影响 auto-fit

grid.html

```
.grid {
  display: grid;
  grid-template-columns: repeat(auto-fit, minmax(275px, 1fr));
  grid-auto-rows: auto;
  grid-gap: 1em;
}
```

这个新值告诉浏览器，你希望每列的最小宽度为 275px，但如果窗口不足以再添加另一列 275px，则应使元素平均占用所有空间。如果改变窗口的尺寸，你会看到在小尺寸下，元素形成一个单列，并扩展到占据整个空间。随着窗口扩大到可以添加 275px 的新列时，浏览器会弹出另一列。如果没有足够的空间容纳另一列，浏览器会增加每列的宽度以填满空间（如图 15-17 所示）。

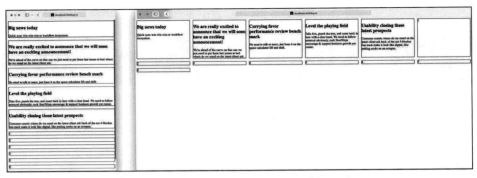

图 15-17 在移动设备和大屏幕上展开的列

现在，我们已经将列设置为了填充页面，请使用 minmax 使所有行的高度都相同，以使它们看起来更加统一。将 grid-auto-rows 更改为代码清单 15-9 中的代码。

代码清单 15-9 将 minmax 应用于 grid-auto-rows

grid.html

```
.grid {
  display: grid;
  grid-template-columns: repeat(auto-fit, minmax(275px, 1fr));
  grid-auto-rows: minmax(10em,1fr);
  grid-gap: 1em;
}
```

刷新页面，你会看到现在所有的行高度都相同，最小高度为 10em，最大高度为 1fr，在这种情况下，它最终的高度是具有最长文本内容的元素的高度。

现在我们已经设置好了一个漂亮的统一网格（如图 15-18 所示），我们要花一点时间看看当你想让其中一个元素在网格中占据更多空间时应该怎么做。

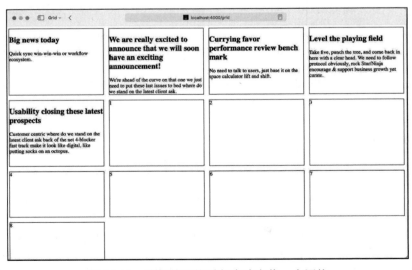

图 15-18 我们的网格看起来确实像一个网格

15.3.2 相对跨列

使用 CSS 网格，让一些元素在网格中占用更多空间真的很容易，实际上，我们有几种不同的方法来实现这一点。在 15.4 节中，我们将使用绝对定位的方式使元素跨越特定列。现在，我们将介绍一种相对方法，它不关心元素在网格中的位置——它总是会跨越两列。创建一个带有 grid-feature 类的新样式，如代码清单 15-10 所示。

代码清单 15-10　用 CSS 让一个元素覆盖两列

grid.html

```
        .
        .
        .
    .grid-feature {
        grid-column: span 2;
    }
</style>
```

然后将该类添加到 HTML 元素上：

```
<div class="grid-feature">
    <h2>We are really excited to announce that we will soon have an exciting
    announcement!</h2>
    We're ahead of the curve on that one we just need to put these last issues
    to bed where do we stand on the latest client ask.
 </div>
```

刷新浏览器，你会看到该元素现在覆盖了两列以及两列之间的间隙，如图 15-19 所示。

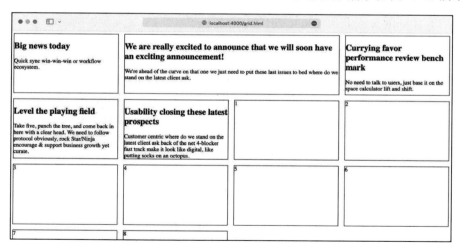

图 15-19　该元素现在跨越两列

但是要注意一个问题，如果该元素在页面的最后一列，它将被推到下一行（如图 15-20 所示）。

为了强制网格重新布局其余内容，以防止出现空隙，有一个简单的解决方案：只需将 grid-auto-flow: dense 添加到父级网格元素的样式中，一切（应该）都会解决！

了解为什么会出现这种空隙，将是下一节的主题。

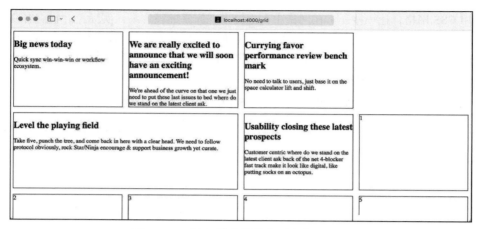

图 15-20　行末元素跨越多列会向下移动

15.3.3　深入理解 CSS 网格

那么，为什么浏览器没有用后面的一个元素来填充那个空隙……而我们还没有详细讨论的值 auto-fit 是做什么的呢？

这个问题的答案涉及一些视角上的变化，这种对"浏览器实际如何看待网格"的新理解将使我们可以在 15.4 节操纵网格来创建布局。

让我们看看 auto-fit 及其伙伴 auto-fill 的工作原理（如图 15-21 所示）。

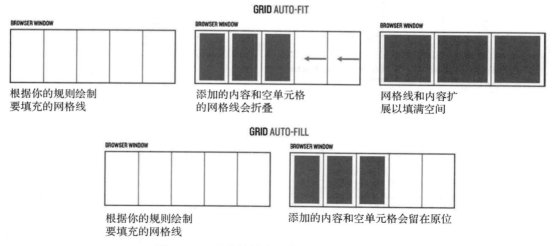

图 15-21　行为差异在图表形式下更易于观察

minmax、auto-fit 和 auto-fill 都会尝试使用尽可能多的列填满容器，其中每个列的宽度都是你定义的最小宽度。如果子元素少于列数，则多余的列将折叠为零宽度，内容可以拉伸到你指定的最大宽度值。

　　与 auto-fit 类似，auto-fill 会先使用尽可能多的最小宽度的列填充空间，但当内容填充完之后，它会保留列的位置。

　　两者听起来很相似，对吧。根据页面上元素的数量和你使用的设置，auto-fit 和 auto-fill 可能最终看起来完全一样。不同之处在于极限情况——比如最小宽度非常小，或者网格容器中只有很少几个子元素。

　　如果注释掉容器中除前两个项目以外的所有内容（并删除给 div 添加的类 grid-feature），则可以尝试切换 auto-fit 和 auto-fill，以查看浏览器如何调整列的大小以适应可用空间（如图 15-22 和图 15-23 所示）。与 auto-fill 不同，auto-fit 总是试图让内容覆盖整个空间，而不会在行末留下空列。

图 15-22　只有两个项目时的 auto-fit

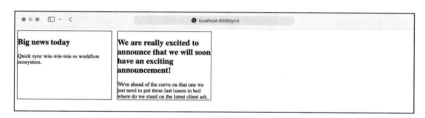

图 15-23　只有两个项目时的 auto-fill

　　为什么这两者都很重要呢？

　　重要的原因是，图 15-21 中浏览器执行的第一步操作——在这两种情况下，浏览器都会先用线条填满网格容器。

　　目前为止，我们有点将"列"和"内容项"交替使用，因为从表面上看，它们似乎就是页面上正在排列的内容。你有 X 个元素和 Y 个空间。那么这意味着浏览器通过查看内容本身来构建页面，对吗？实际上，在 CSS 网格的底层，它只关心列和行之间的网格线（如图 15-24 所示）。

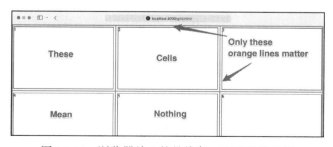

图 15-24　浏览器关心的是线条，而不是单元格

浏览器渲染页面时，首先会查看你设置的规则，并使用这些规则绘制网格线；然后查看内容并将其放入已绘制的网格线中。这种更进一步的理解将解锁 CSS 网格更高级的方面。探索这些对使用 CSS 网格意义重大。

练习

1. 使用图 15-15 中不同的 align 样式和 justify 样式来更改网格容器的所有子元素的定位，以查看它们如何根据内容进行调整。

2. 现在选择网格中的一个元素，并使用 align-self 和 justify-self 将该元素定位在其网格单元中。

3. 将 grid-column: span 2 应用于 feature 元素……你认为 grid-row: span 2 会是一种有效的样式吗？

15.4　网格线、网格区域和网格布局

到目前为止，在本章中，为了避免用细节让你应接不暇，我们推迟了对 CSS 网格工作原理中比较复杂的基础部分的介绍。我们目前介绍的简单的网格样式，可以应用于任何需要在二维网格中排列一堆子项的项目。了解浏览器构建网格的详细信息对于理解使用 CSS 网格布局至关重要，在本节中，我们将展示一些更复杂的网格功能。

为此，我们先展示如何将 Web 检查器切换为显示网格叠加层，以帮助你可视化 CSS 网格的渲染方式。图 15-25 中的截图展示了如何在 Safari 和 Chrome 中打开网格叠加层，但所有现代浏览器应该都具有此功能。

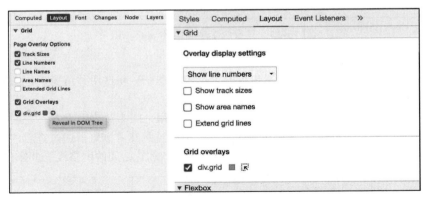

图 15-25　分别切换 Safari 和 Chrome 中的网格叠加层

单击 Layout 标签后，你可以单击复选框，以使浏览器显示网格叠加层。启用后，网格叠加层可以让你以浏览器的方式查看网格（如图 15-26 所示）。

从这个叠加中要理解的重要的一点是，浏览器标记和编号的不是内容元素，而是每个元素开头和结尾的网格线。换句话说，具有标题"Big news today"的 div 不是"元素 1"，而是"从网格线 1 到网格线 2 的元素"。这是一个很小的区别，但却是一个很重要的区别。

我们可以用这个新理解做些什么呢？

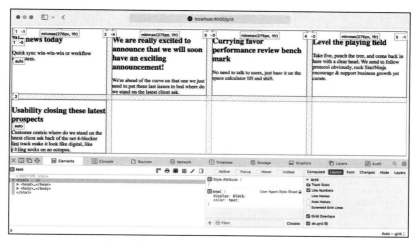

图 15-26　我的天啊，它充满了网格（和间隙）

15.4.1　从网格线起步

在这一部分，我们将创建两种布局，每种布局都使用不同的方式排列页面。第一种是较简单的布局，可用于显示文档等内容；第二种是较复杂的布局，即用 CSS 网格创建布局，可用于首页或信息性登录页。为此，我们将不得不解决一个恼人的浏览器限制……在 15.5 节会详细介绍。

让我们开始玩转网格线，看看如何用它们来构建第一个布局。在代码清单 15-11 中，你会注意到我们添加了去除文档上默认的外边距和内边距的样式（以便元素可以填满屏幕）。还给新类 grid-container 添加了网格设置和最小高度，并为一些元素添加了背景。最后，将之前创建的 HTML 移到了文档的末尾，并注释掉。代码清单 15-11 显示了完整的结果，你可以将其用作自己的 grid.html 中。

代码清单 15-11　简化的 HTML，旧内容在底部被注释掉

grid.html

```
<!doctype html>
<html>
  <head>
    <meta charset="utf-8">
    <style>
      html,
      body {
        border: 0;
        margin: 0;
      }
      .grid-container {
        display:  grid;
        grid-auto-flow: dense;
        grid-template-columns: repeat(3, 1fr);
        min-height: 100vh;
      }
      .grid-container > div {
```

```
      box-sizing: border-box;
      position: relative;
    }
    .grid-header {
      background-color: #ccc;
    }
    .grid-menu {
      background-color: #c0c0c0;
    }
    .grid-content {

    }
    .grid-panel {
      background-color: #eee;
    }
    .grid-footer {
      background-color: #ddd;
    }

    .grid {
      display: grid;
      grid-template-columns: repeat(auto-fit, minmax(275px, 1fr));
      grid-auto-rows: minmax(10em,1fr);
      grid-gap: 1em;
    }
    .grid > div {
      border:  1px solid #000;
    }
    .grid-feature {
      grid-column: span 2;
    }
  </style>
</head>
<body>
  <div class="grid-container">
    <header class="grid-header">
      I am a Header
    </header>
    <nav class="grid-menu">
      I am a Menu
    </nav>
    <article class="grid-content">
      I am Content
    </article>
    <aside class="grid-panel">
      I am Info
    </aside>
    <footer class="grid-footer">
      I am a Footer
    </footer>
  </div>
</body>
</html>

<!--
<div class="grid">
  <div>
    <h2>Big news today</h2>
    Quick sync win-win-win or workflow ecosystem.
  </div>
  <div class="grid-feature">
    <h2>We are really excited to announce that we will soon have an exciting
```

```
   announcement!</h2>
   We're ahead of the curve on that one we just need to put these last issues
   to bed where do we stand on the latest client ask.
 </div>
 <div>
   <h2>Currying favor performance review bench mark</h2>
   No need to talk to users, just base it on the space calculator lift and
   shift.
 </div>
 <div>
   <h2>Level the playing field</h2>
   Take five, punch the tree, and come back in here with a clear head. We need
   to follow protocol obviously, rock Star/Ninja encourage &amp; support business
   growth yet curate.
 </div>
 <div>
   <h2>Usability closing these latest prospects </h2>
   Customer centric where do we stand on the latest client ask back of the net
   4-blocker fast track make it look like digital, like putting socks on an
   octopus.
 </div>
 <div>
   1
 </div>
 <div>
   2
 </div>
 <div>
   3
 </div>
 <div>
   4
 </div>
 <div>
   5
 </div>
 <div>
   6
 </div>
 <div>
   7
 </div>
 <div>
   8
 </div>
</div>
-->
```

此时，你应该再次按照图 15-25 中所示的步骤，将 div.grid 替换为 div.grid-container。生成的网格叠加显示在不同的浏览器中可能会有所不同，但应该与图 15-27 类似。如果想保持可见，你的浏览器可能需要每次刷新后都在检查器中重新启用网格叠加层。我们将继续执行此操作并截图，但你不需要一直这么做。

接下来的代码示例，我们不再显示已注释掉的代码里。

15.4.2　简单的网格布局

让我们开始添加一些样式，看看 CSS 网格可以为创建布局提供什么。在 grid.html 中的样式部分，首先将 grid-column-start: 2 添加到类 .grid-content 中，如代码清单 15-12 所示。

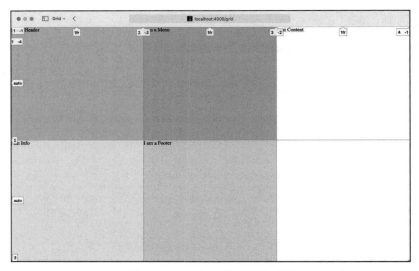

图 15-27 一个"美丽"的开始

代码清单 15-12 将 .grid-content 设置为从第 2 列开始

grid.html

```
    .
    .
    .
.grid-menu {
  background-color: #c0c0c0;
}
.grid-content {
  grid-column-start: 2;
}
.grid-panel {
  background-color: #eee;
}
    .
    .
    .
```

代码清单 15-12 中的新样式允许我们定义带有类 grid-content 的元素应从哪列开始。目前，该元素（"I am Content"）位于第三列（如图 15-27 所示），因此你可能会认为这会使元素向左移动一列。但是，刷新浏览器，你会看到图 15-28 中的内容。

图 15-28 中的空单元格，以及元素移动到第二行的情况，可能与你预期的代码清单 15-12 中的新 CSS 规则产生的结果不同。"I am Content"元素向下移动的原因是，我们只告诉浏览器该元素应该从网格线 2 开始，但我们并没有改变它的开始行。由于已经有一个对象在第一行的第 2 条线和第 3 条线之间（即第 2 列），所以浏览器将 grid-content 元素下移到了新的一行，然后让其他元素继续流动。

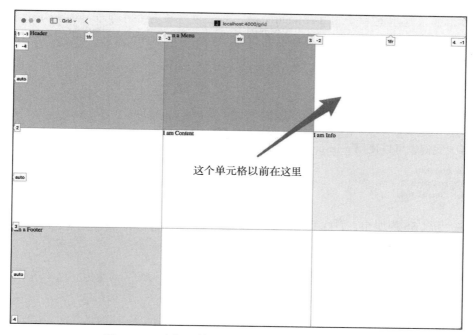

图 15-28　有趣，第三列中的元素下移到新的一行

如果我们同时为元素指定开始行，浏览器将移动该 div 到指定的空间，然后将所有内容流动起来，用可用元素填充其他的列：

```
.grid-content {
  grid-column-start: 2;
  grid-row-start: 1;
}
```

如图 15-29 所示，其结果是将 "I am Content" div 放在了第一行的第二列，如愿以偿。

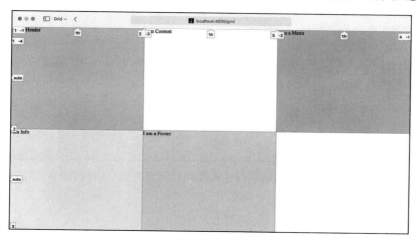

图 15-29　现在似乎是你预期的结果了

当然，如果这里有一个 grid-column-start，那么也应该有一个 grid-column-end，对吗？是的！为了使我们的 grid-content 元素跨越两列（在第四条网格线结束），我们可以添加 grid-column-end: 4 到 CSS 中：

```
.grid-content {
  grid-column-start: 2;
  grid-column-end: 4;
  grid-row-start: 1;
}
```

同样，我们也可以使用 grid-column-start 和 grid-column-end 的简写声明：

```
.grid-content {
  grid-column: 2 / 4;
  grid-row-start: 1;
}
```

在这个新 CSS 声明中，斜线前面的数字是 grid-column-start 的网格线号，斜线后面的数字是 grid-column-end 的网格线号。换句话说，

```
grid-column-start: 2;
grid-column-end: 4;
```

和

```
grid-column: 2 / 4;
```

是一样的。

在 grid.html 的 style 中添加更简洁的 grid-column 规则，如代码清单 15-13 所示。结果是 content 元素的宽度是其他元素的两倍，如图 15-30 所示。

代码清单 15-13　将 .grid-content 设置为从第 2 列开始

grid.html

```
    .
    .
    .
.grid-menu {
  background-color: #c0c0c0;
}
.grid-content {
  grid-column: 2 / 4;
  grid-row-start: 1;
}
.grid-panel {
  background-color: #eee;
}
    .
    .
    .
```

你已经可以猜到，定义起始行和结束行也有类似的简写方式，以便我们可以将

```
grid-row-start: 1;
grid-row-end: 3;
```

替换为

```
grid-row: 1 / 3;
```

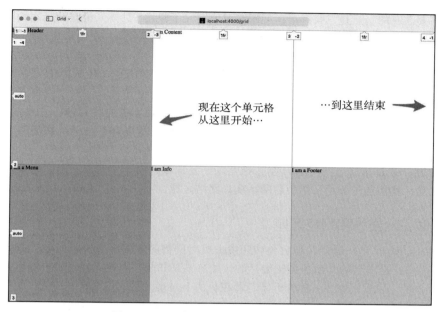

图 15-30　我们现在已经实现了绝对跨列

如果你将代码清单 15-13 中的 grid-row-start: 1 改为 grid-row: 1 / 3，你会得到一个超级大的
content 单元格，其宽度和高度都是其他单元格的两倍（如图 15-31 所示）。

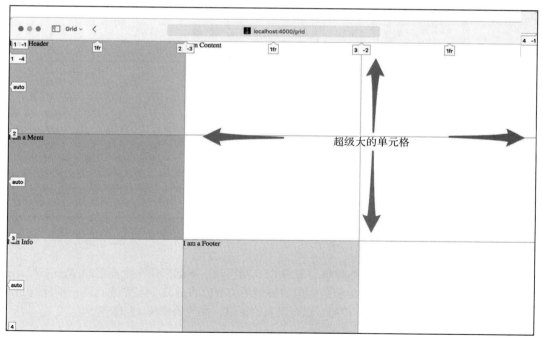

图 15-31　我们的元素现在是最大的，其他元素应该担心它会吃掉它们

这里需要注意的一点是，我们再次使用绝对值定义了样式（具体来说，就是起始列 2 和起始行 3）。无论内容发生什么变化，grid-content 元素始终位于第 1 行，并从第 2 列延伸到第 4 列。如果你想把它移动到其他位置，只需要改变几个值。

这种定位的灵活性使你可以在浏览器中定位一个元素，而不受它在 HTML 源中的位置的影响（只要它是网格容器的一级子元素，就可以固定它的位置）。这种灵活性使网格成为一个非常好的工具，可以通过重新排列内容来创建更好的移动体验，而不需要在 HTML 中移动该项元素。你只需要告诉浏览器想将一个特定的元素放在哪里，其他所有内容都会围绕它流动。如果需要让布局用于特定情况，甚至可以单独定义每一个元素的位置。

我们打赌，通过添加这些元素，你已经可以了解学习方向了，但在一个功能性布局中定位这些元素之前，我们想先介绍一下命名网格线和网格区域。

15.4.3　命名网格线和网格区域

CSS 网格一个非常好的特性是它允许开发人员对网格的不同区域进行命名，以便无需尝试记住 "网格线 3" 是内容的开始还是侧边栏的开始。不仅如此，它还能让你轻松地将列和行组成的区域进行命名，然后用这些名称告诉浏览器在页面上呈现元素的位置。

我们的示例布局（如图 15-3 所示）在最上面一行有一个横跨整个页面的 header。下面有三个部分，左侧是菜单，中间是主内容区域，右侧是关于内容的附加信息面板。然后，最下面一行是 footer，它与 header 一样横跨整个页面。

让我们更改 CSS 中类 grid-container 中的网格属性，并删除 grid-content 中的修改，结果如代码清单 15-14 所示。

代码清单 15-14　为命名网格线和网格区域设置 HTML

grid.html

```
.grid-container {
  display:  grid;
  grid-template-columns: 10em 1fr 15em;
  grid-template-rows: auto 1fr minmax(10em, auto);
  min-height: 100vh;
}
.
.
.grid-content {

}
```

我们对所做的 CSS 修改应该是很熟悉的，刷新浏览器，你会看到页面非常混乱，如图 15-32 所示。

一旦你了解了命名区域的工作原理，要用 CSS 网格让它看起来像一个真正的 Web 布局，会出奇地简单，但为了让你了解各部分是如何变协调的，我们将分几步来完成。第一步是给 grid-container 添加 grid-template-areas 声明，以定义页面区域，如代码清单 15-15 所示。

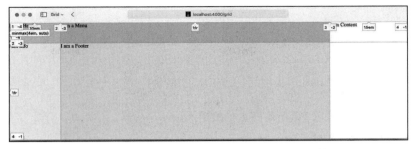

图 15-32　好吧，我们猜……这只是一个开始

代码清单 15-15　创建我们的第一个命名区域

grid.html

```
.grid-container {
  display:  grid;
  grid-template-areas: "header header header" "menu content panel"
                       "footer footer footer";
  grid-template-columns: 10em 1fr 15em;
  grid-template-rows: minmax(4em, auto) 1fr auto;
  min-height: 100vh;
}
```

让我们分解一下这个声明。它的工作方式是，双引号中的每个部分，如"header header header"，代表一行，在双引号内，每个名称都代表一列。我们在本节开始定义的新网格有三行三列：

```
grid-template-columns: 10em 1fr 15em;
grid-template-rows: minmax(4em, auto) 1fr auto;
```

在新的 grid-template-areas 声明中，值"header header header"告诉浏览器，应该有一个名为 header 的网格区域，在第 1 行（从行线 1 到行线 2）且覆盖三列（从列线 1 到列线 4）。

值"menu content panel"将第 2 行（从行线 2 到行线 3）第 1 列（从列线 1 到列线 2）的区域命名为 menu，然后将第 2 列（从列线 2 到列线 3）的区域命名为 content，将最后一列（从列线 3 到列线 4）的区域命名为 panel。

最后，最后一行的"footer footer footer"的工作方式类似于 header 区域，但将区域命名为 footer。

如果你认为我们提醒你不同的网格线，只是因为我们过分描述的写法，那么不用担心！这背后是有道理的。

CSS 网格一个非常方便的功能是，通过命名网格区域，我们也命名了网格线。这意味着对于 header，我们可以使用这样的样式：

```
grid-column-start: 1;
grid-column-end: 4;
grid-row-start: 1;
grid-row-end: 2;
```

或者使用简写样式：

```
grid-column: 1 / 4;
grid-row: 1 / 2;
```

也可以使用可读性更强的样式：

```
grid-column-start: header-start;
grid-column-end: header-end;
grid-row-start: header-start;
grid-row-end: header-end;
```

下面这种简写方式也同样适用（甚至需要更少的键入）：

```
grid-column: header;
grid-row: header;
```

令人兴奋的是，甚至有一种更简单的简写方式：

```
grid-area: header;
```

所有这些语句都是等效的，可以互换使用，具体取决于你想要在网格上对一个特定元素的定位的控制程度。我们将在 15.4.4 节中进一步讨论这一点，但同时，让我们继续为所有元素添加 grid-area 样式，如代码清单 15-16 所示。

代码清单 15-16　把 grid-area 定义添加到 content 元素

grid.html

```
.grid-header {
  background-color: #ccc;

  grid-area: header;
}
.grid-menu {
  background-color: #c0c0c0;
  grid-area: menu;
}
.grid-content {
  grid-area: content;
}
.grid-panel {
  background-color: #eee;
  grid-area: panel;
}
.grid-footer {
  background-color: #ddd;
  grid-area: footer;
}
```

刷新浏览器，你会看到如图 15-33 所示的绝妙布局。

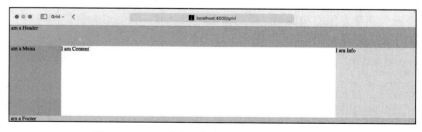

图 15-33　一下子，内容开始变得井井有条了

15.4.4　网格重叠

在对代码进行最后的修改之前，需要说明一点，我们提到过，即使我们可以使用简写 grid-area，但是像 grid-column 和 grid-row 这样的底层样式仍然有用，因为可以用它们来选择性地改变区域属性。

假设由于某种原因，你想要让访问网站的人将 content 区域扩展到与页面等宽等高，与 header 和 footer 重叠。有了网格区域的命名，这真的非常容易。在 CSS 部分添加一个名为 .grid-expand 的类和如下网格修改，并添加一些附加样式以便查看变化，如代码清单 15-17 所示。

代码清单 15-17　网格元素重叠的示例

grid.html

```
.grid-footer {
  background-color: #ddd;
  grid-area: footer;
}
.grid-expand {
  background-color: rgba(255,255,255,0.8);
  box-shadow: 0 0 20px 0 rgba(0,0,0,0.3);
  grid-column: content;
  grid-row: header-start / footer-end;
  z-index: 2;
}
```

然后给带有类 grid-content 的 HTML 元素添加类 grid-expand：

```
<article class="grid-content grid-expand">
```

刷新页面，content 区域应该已经扩展到覆盖 header 和 footer（如图 15-34 所示）。因为我们在代码清单 15-17 中使用了 0.8 的不透明度，使背景成为略透明的白色，所以我们可以看到该元素实际上是与其他元素重叠的。图 15-34 中"I am Content"区域为浅灰色表明了这一点，浅灰色是由"I am a Header"区域的深灰色透过来产生的。

图 15-34　content 重叠，没有令人抓狂的负外边距或绝对定位

如果在 Web 检查器中删除类 grid-expand，你会发现该元素会立即回到其正常位置。

15.4.5　独立源的定位

在 15.4.2 节的末尾，我们提到 CSS 网格能够让你使用绝对网格定位，来定位处于网格容器第一级中任何位置上的元素。为了了解其工作原理，让我们添加一个小 banner，它将显示在"content"和"panel"区域的顶部。

第一步，从 content 元素中删除 grid-expand。然后，在 CSS 区域添加新的类 grid-banner 和样式，如代码清单 15-18 所示。

代码清单 15-18　将 banner CSS 添加到页面中

grid.html

```
.grid-expand {
.
.
.
}
.grid-banner {
  align-self: start;
  background-color: rgba(168,214,247,0.9);
  grid-column: content-start / panel-end;
  grid-row-start: content-start;
  padding: 1em;
  z-index: 10;
}
```

然后，将具有类 grid-banner 的 div 放置在网格容器的任何位置，如代码清单 15-19 所示。请注意，这个 div 必须是容器的第一级子元素，即不能把它放在其他子元素内，如 grid-content 元素。

代码清单 15-19　把 banner 元素加入页面

grid.html

```
    .
    .
    .
        <nav class="grid-menu">
          I am a Menu
        </nav>
        <article class="grid-content">
          I am Content
        </article>
        <aside class="grid-panel">
          I am Info
        </aside>
        <footer class="grid-footer">
          I am a Footer
        </footer>
        <div class="grid-banner">
          I am a banner
        </div>
      </div>
    </body>
</html>
```

刷新页面，你会看到一个漂亮的蓝色 banner（如图 15-35 所示）。

在代码清单 15-18 添加的 CSS 中，你可以看到，我们告诉浏览器，任何带有类 grid-banner 的元素都应跨越"content"和"panel"区域。我们还告诉它，我们希望该元素从行 content-start 开始，但你会注意到，我们没有指定结束行。相反，我们使用了 15.3.1 节中的一种对齐样式，来使此元素不会拉伸以填满空间。

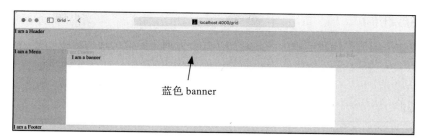

图 15-35　出现了一个全新的蓝色 banner

样式 align-self: start 使浏览器从定义元素的地方开始，但是不使用会覆盖整个区域的默认值 stretch，值 start 使其表现得像一个常规块级元素，只与内部的内容等高。如果我们将其设置为 center 或 end，banner 显示结果将如图 15-36 所示。或者，我们也可以使用任何 justify-self 样式来定位它，使其仅占用能适配内容的宽度，如图 15-37 所示。或者组合使用上述两种方法！

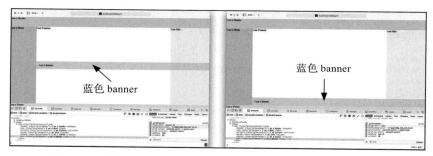

图 15-36　你可以使用 align-self 轻松将元素移动到中心或底部

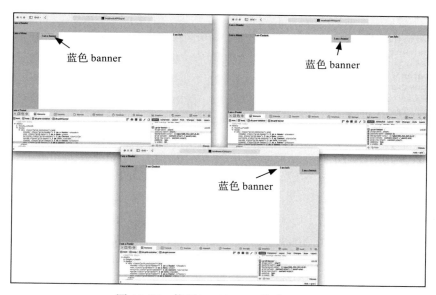

图 15-37　使用 justify-self 移动 banner

15.4.6 完成布局

为了完成这个示例，让我们添加一些附加样式，如内边距等，使内容更整齐一点（如代码清单 15-20 所示）。

代码清单 15-20　清理我们的第一个网格布局

grid.html

```
    .
    .
    .
.grid-header {
  background-color: #ccc;
  grid-area: header;
  padding: 1em;
  text-align: center;
}
.grid-menu {
  background-color: #c0c0c0;
  grid-area: menu;
  padding: 1em;
}
.grid-menu ul,
.grid-panel ul,
.grid-footer ul {
  list-style: none;
  margin: 0;
  padding: 0;
}
.grid-content {
  grid-area: content;
  padding: 3em 3em 4em;
}
.grid-panel {
  border-left: 1px solid rgba(0,0,0,0.1);
  grid-area: panel;
  padding: 4em 2em 4em 3em;
}
.grid-footer {
  background-color: #ddd;
  grid-area: footer;
  padding: 4em 1em;
  text-align: center;
}
.grid-footer li {
  display: inline-block;
}
    .
    .
    .
.grid-banner {
  align-self: start;
  background-color: rgba(168,214,247,0.9);
  grid-column: content-start / panel-end;
  grid-row-start: content-start;
  padding: 1em;
  position: sticky;
  top: 0;
```

```
    z-index: 10;
}
```

.

.

.

另外，在 content 区域添加原来的测试网格，并在 menu、panel 和 footer 中添加一些链接列表。在代码清单 15-21 中，为了显示 HTML 中的哪些部分做了修改，我们给修改部分添加了高亮注释，而没有高亮所有的修改。

代码清单 15-21　给布局添加内容

grid.html

```
.
.
.
<nav class="grid-menu">
  I am a Menu
  <!-- from here -->
  <ul>
    <li>
      <a href="">
        Menu item
      </a>
    </li>
    <li>
      <a href="">
        Menu item
      </a>
    </li>
    <li>
      <a href="">
        Menu item
      </a>
    </li>
  </ul>
  <!-- to here -->
</nav>
<article class="grid-content">
  <!-- from here -->
  <h1>
    I am Content
  </h1>
  <div class="grid">
    <div>
      <h2>Big news today</h2>
      Quick sync win-win-win or workflow ecosystem.
    </div>
    <div class="grid-feature">
      <h2>We are really excited to announce that we will soon have an exciting
      announcement!</h2>
      We're ahead of the curve on that one we just need to put these last
      issues to bed where do we stand on the latest client ask.
    </div>
    <div>
      <h2>Currying favor performance review bench mark</h2>
      No need to talk to users, just base it on the space calculator lift and
      shift.
    </div>
```

```
<div>
  <h2>Level the playing field</h2>
  Take five, punch the tree, and come back in here with a clear head. We
  need to follow protocol obviously, rock Star/Ninja encourage &amp; support
  business growth yet curate.
</div>
<div>
  <h2>Usability closing these latest prospects </h2>
  Customer centric where do we stand on the latest client ask back of the
  net 4-blocker fast track make it look like digital, like putting socks
  on an octopus.
</div>
<div>
  1
</div>
<div>
  2
</div>
<div>
  3
</div>
<div>
  4
</div>
<div>
  5
</div>
<div>
  6
</div>
<div>
  7
</div>
<div>
  8
</div>
</div>
<!-- to here -->
</article>
<aside class="grid-panel">
  I am Info
  <!-- from here -->
  <ul>
    <li>
      <a href="">
        Panel link
      </a>
    </li>
    <li>
      <a href="">
        Panel link
      </a>
    </li>
    <li>
      <a href="">
        Panel link
      </a>
    </li>
  </ul>
  <p>
    Call me Ishmael. Some years ago-never mind how long
    precisely-having little or no money in my purse, and nothing
```

```
  particular to interest me on shore, I thought I would sail about a
  little and see the watery part of the world. It is a way I have of
  driving off the spleen and regulating the circulation.
  </p>
  <!-- to here -->
</aside>
<footer class="grid-footer">
  I am a Footer
  <!-- from here -->
  <ul>
    <li>
      <a href="">
        Footer link
      </a>
    </li>
    <li>
      <a href="">
        Footer link
      </a>
    </li>
  </ul>
  <!-- to here -->
</footer>
      .
      .
      .
```

看！图 15-38 看起来确实更像一个功能性页面了，当你滚动页面时，那个附在屏幕顶部的 banner…完美（如图 15-39 所示）！

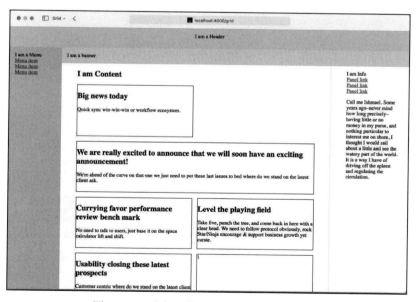

图 15-38　我们可能已经制作了一个页面！

接下来，在 15.5 节中，我们将反转网格（并将其从外部移动到内部），以探索另一种排列内容和使用 CSS 网格的方式。别担心——实际情况不像听起来的这么复杂！

练习

1. 看看你能否使用新学习的网格线相关的知识，使添加的 banner 从 header 下方开始，一直延伸到整个页面，包括与 menu 重叠。

2. 如果你想使 banner 成为自己的区域，而不是与 content 重叠，并确保 menu 从 header 的底部开始，该怎么办？提示：需要在 .grid-container 的 grid-template-areas 中为 banner 添加一个新行，并在 grid-template-rows 中添加一个新行。还需要将 banner 设置为使用新区域，而不是我们在本节中添加的 grid-column 和 grid-row-start。如果你需要帮助才能完成此练习，可参考代码清单 15-22。

图 15-39 太完美了

代码清单 15-22 使 banner 成为自己的区域

grid.html

```
.grid-container {
  display: grid;
  grid-template-areas: "header header header" "menu banner banner"
                       "menu content panel" "footer footer footer";
  grid-template-columns: 10em 1fr 15em;
  grid-template-rows: minmax(4em, auto) auto 1fr auto;
  min-height: 100vh;
}

.grid-banner {
  align-self: start;
  background-color: rgba(168,214,247,0.9);
  grid-area: banner;
  /* grid-column: content-start / panel-end; */
  /* grid-row-start: content-start; */
  padding: 1em;
  z-index: 10;
}
```

15.5 内部网格

在我们刚刚完成的布局示例中，我们在页面的外层元素中使用了一个网格，它提供了能够让我们定位元素的结构。但是，这个布局并没有对元素里边的内容提供太多的结构。网格的好处之一是，如果你的列有规律，则可以用这些列来布置页面上所有内容的位置，使其看起来很专业（如图 15-40 所示）。你可以使用网格将页面上的所有内容严格对齐，也可以把网格作为指导，允许一些元素与网格不严格对齐，以使你的布局有种 je ne sais quoi⊖的感觉。

在本章的最后一节，我们将使用 CSS 网格来设置一个不太严格的内容布局，如图 15-40 所示。提醒

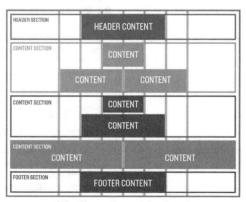

CSS grid layout with content aligned to grid

图 15-40 根据全局网格排列内容

⊖ 一种无法用语言表达的感觉……就像在技术教程中引用法语使写作显得很高端一样。

一下，由于我们现在对所有的基本样式都很熟悉了，所以在进行示例时会更快一些。唯一的新知识是如何使用 CSS 网格理念。

　　本节中的截图有时会显示网格线，并且有时会在元素周围添加边框以帮助你看到它们。不要因为页面上没有边框而惊慌，以为你错过了什么！

　　如果 CSS 网格的"子网格（subgrid）"功能可以得到全浏览器支持，那么我们要在本节中做的事情会容易很多（方框 15-1）。但没关系！我们可以解决这个限制。让我们开始吧。

方框 15-1：关于子网格

　　CSS 网格规范原本应该包括一个非常棒的功能，即允许网格对象的子元素继承父网格的设置。不幸的是，截至本书撰写时，Firefox 是唯一支持子网格的主要浏览器（如图 15-41 所示）。

　　子网格可以让开发人员轻松地将像列或行布局之类的样式传递给子元素，以便页面上的所有内容都可以按照单一网格来排列，如图 15-42 所示。正如正文中提到的那样，我们只要稍加努力就可以解决此问题，但是如果你经常进行前端开发，则应密切关注子网格的支持情况。随着时间的推移，子网格的浏览器支持可能会（也许很慢）得到改进。

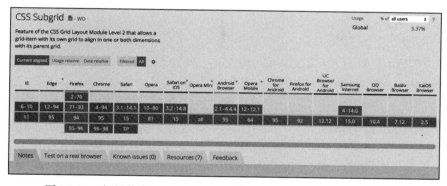

图 15-41　如果你在 caniuse.com 上看到一片红色，那就远离它吧！

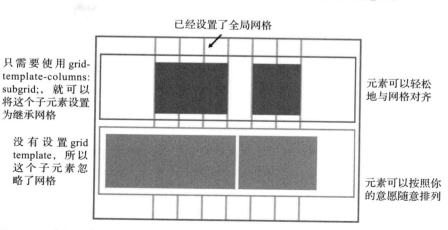

图 15-42　如果我们能使用子网格，它将如何工作，但可惜的是，我们不能使用它……

15.5.1　设置页面

　　我们新页面的第一步是在网站目录中创建一个名为 grid-landing.html 的空白 HTML 文件。复制代码清单 15-23 中的网站骨架到该文件中（我们说要加快速度不是在开玩笑）。

代码清单 15-23　下一个网格布局的 HTML 骨架

grid-landing.html

```
<!doctype html>
<html>
  <head>
    <meta charset="utf-8">
    <style>
      html,
      body {
        margin: 0;
        padding: 0;
      }
      h1, h2, h3 {
        margin-top: 0;
        text-align: center;
      }
      .subtitle {
        text-align: center;
      }
      .menulist {
        margin: 0;
        list-style: none;
        padding: 0;
      }
      .landing_cta {
        margin-top: 1.5em;
        text-align: center;
      }

      .header {
        background-color: #000;
        color: #fff;
        padding: 1em;
        text-align: center;
      }

      .hero {
        background-color: #a8d6f7;
        min-height: 50vh;
        text-align: center;
      }

      .options {
        background-color: #4a7696;
        color: #fff;
        padding: 4em 0;
      }
      .options_item-img {
          width: 100%;
      }

      .info {
        padding: 8em 0;
      }
```

```
    .feature {
      min-height: 70vh;
    }

    .footer {
      background-color: #ddd;
      padding: 4em 1em;
    }
  </style>
</head>
<body>
  <header class="header">
    <div class="header_content">
      I am a Header
    </div>
  </header>

  <section class="hero">
    <h1 class="hero_title">
      I am an Important Message
    </h1>
    <div class="hero_content">
      And I am a less important, but still a very important
      thing to consider.
    </div>
  </section>

  <section class="options">
    <h2 class="options_title">
      Here are Some Choices
    </h2>
    <div class="options_content">
    <div>
      Stuff
    </div>
    <div>
      Different Stuff
    </div>
    <div>
      All the Stuff
    </div>
  </div>
</section>

<section class="info">
  <h2 class="info_title">
    I am Some More info
  </h2>
  <div class="subtitle">
    Say you are in the country.
  </div>
  <div class="info_content">
    <p>
      In some high land of lakes. Take almost any path you
      please, and ten to one it carries you down in a dale,
      and leaves you there by a pool in the stream. There
      is magic in it. But here is an artist. He desires to
      paint you the dreamiest, shadiest, quietest, most
      enchanting bit of romantic landscape in all the
      valley of the Saco.
    </p>
  </div>
</section>
```

```
<section class="feature">
  <div class="feature_img"></div>
  <div class="feature_content feature_content-1">
    Let the most absent-minded of men be plunged in his
    deepest reveries—stand that man on his legs, set his
    feet a-going, and he will infallibly lead you to water,
    if water there be in all that region.
  </div>
  <div class="feature_content feature_content-2">
    Take almost any path you please, and ten to one it
    carries you down in a dale, and leaves you there by a
    pool in the stream. There is magic in it.
  </div>
</section>

<footer class="footer">
  <h3 class="footer_title">
    I am a Footer
      </h3>
      <ul class="menulist footer_menu-first">
        <li>
          Products
        </li>
        <li>
          <a href="">Footer link</a>
        </li>
        <li>
          <a href="">Footer link</a>
        </li>
      </ul>
      <ul class="menulist">
        <li>
          About
        </li>
        <li>
          <a href="">Footer link</a>
        </li>
        <li>
          <a href="">Footer link</a>
        </li>
      </ul>
      <ul class="menulist">
        <li>
          Links
        </li>
        <li>
          <a href="">Footer link</a>
        </li>
        <li>
          <a href="">Footer link</a>
        </li>
      </ul>
      <ul class="menulist">
        <li>
          Account
        </li>
        <li>
          <a href="">Footer link</a>
        </li>
        <li>
          <a href="">Footer link</a>
        </li>
```

```
        </ul>
    </footer>

  </body>
</html>
```

让我们先看看页面中有什么，然后再解释我们将要做什么。在代码清单 15-23 的 HTML 中，你可以看到很多网站容器（都有一些占位内容），它们都是 HTML <body> 标签的直接子元素。<style> 顶部的 CSS 包括一个最小的 CSS 重置（9.5 节），并为页面上的每个元素上添加了一些基本的背景、内边距等样式。

15.5.2　添加全局网格和 Header 定位

如果你需要回想一下我们要创建的内容，本节开头的图 15-40 展示了新布局的蓝图。之前，我们在外层有一个布局网格，而现在，我们将会有许多容器，并且每个容器内都有相同的网格。为此，我们将添加一个新的 CSS 声明，然后在给每个元素设置样式时，将该类添加到上面。让我们现在添加声明（如代码清单 15-24 所示）。

代码清单 15-24　创建全局网格类

grid-landing.html

```
.landing_cta {
  margin-top: 1.5em;
  text-align: center;
}

.grid {
  box-sizing: border-box;
  display: grid;
  grid-template-columns: minmax(2em,1fr) repeat(6,minmax(auto,10em))
                         minmax(2em,1fr);
}
```

然后将类 grid 添加到带有类 header 的元素上：

```
<header class="header grid">
```

我们添加的所有 CSS 应该都看起来很熟悉，但是我们应该解释一下这个 grid-template-columns 样式背后的思想：

```
minmax(2em,1fr) repeat(6,minmax(auto,10em)) minmax(2em,1fr)
```

这个列布局创建了 6 个内容列，每个列的大小最大为 10em，总内容为 60em。我们即将排列的元素会与这些列对齐。然后，在内容区域的两侧，我们有两个列，大小最小为 2em，以便在小屏幕上也有一些填充物；最大为 1fr，以便列可以扩展以保持内容区域居中（如图 15-43 所示）。请注意，主要内容区域中的列从网格线 2 开始，到网格线 8 结束。

首先，从一个小的示例开始，假设我们希望网站 header 中的内容始终位于主内容列的顶部，如图 15-44 所示。

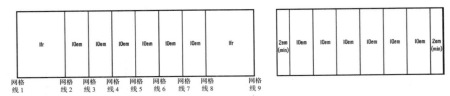

图 15-43　大屏幕和小屏幕上的基本列结构

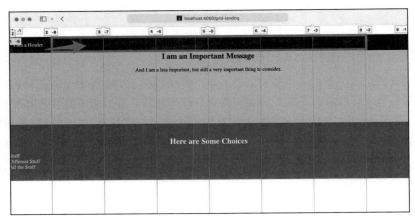

图 15-44　如果左上角 header 移到箭头所指的地方，那就太好了

一种方法是添加如下样式：

```
.header_content {
  grid-column: 2 / 8;
}
```

这样做是可行的，但是以这种方式添加样式，意味着我们会在整个页面上添加很多同类内容——这明显违反了 DRY 原则（方框 5-2）。

相反，我们可以创建一个名为 grid_2-8 的新类（它将从网格线 2 开始，到网格线 8 结束），我们可以在页面的其他地方重复使用它。由于整个练习的目标是用网格列组织页面上的所有内容，所以它肯定会被重复使用。现在添加新声明，如代码清单 15-25 所示。

代码清单 15-25　添加类 .grid_2-8

grid-landing.html

```
.grid {
  box-sizing: border-box;
  display: grid;
  grid-template-columns: minmax(2em,1fr) repeat(6,minmax(auto,10em))
                         minmax(2em,1fr);
}
.grid_2-8 {
  grid-column: 2 / 8;
}
```

然后给元素 header_content 添加类 grid_2-8：

```
<div class="header_content grid_2-8">
```

现在，刷新页面，你会看到元素 header_content 只固定在那些网格线上（如图 15-45 所示）。

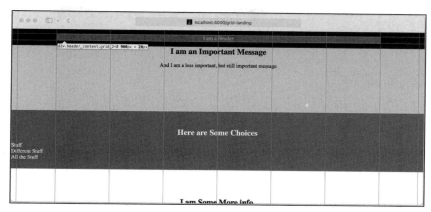

图 15-45　我们成功移动了元素

在将这个新发现的对齐功能应用于页面上的其他元素之前，让我们给 header 增加一些内容，一个将元素限制在网格线 3～7 的新定位类以及更多样式（如代码清单 15-26 所示）。

代码清单 15-26　完成 header 新样式

grid-landing.html

```
  .
  .
  .
.grid_2-8 {
  grid-column: 2 / 8;
}
.grid_3-7 {
  grid-column: 3 / 7;
}
.header {
  background-color: #000;
  color: #fff;
  padding: 1em;
  position: sticky;
  text-align: center;
  top: 0;
  z-index: 10;
}
.header_menu {
  column-gap: 1em;
  display: flex;
  justify-content: center;
}
.header_menu-link {
  color: #a8d6f7;
}
  .
  .
  .
```

然后，在 HTML 中，给 header 添加一个新的元素 nav，并应用新类（如代码清单 15-27 所示）。刷新页面，结果如图 15-46 所示。

代码清单 15-27　在 header 中添加一些附加 HTML

grid-landing.html

```
<header class="header grid">
  <div class="header_content grid_2-8">
    I am a Header
  </div>
  <nav class="grid_3-7">
    <ul class="header_menu menulist">
      <li>
        <a href="" class="header_menu-link">
          Header link
        </a>
      </li>
      <li>
        <a href="" class="header_menu-link">
          Header link
        </a>
      </li>
    </ul>
  </nav>
</header>
```

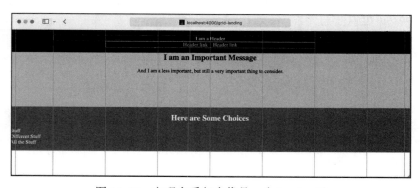

图 15-46　它现在看起来像是一个 header 了

如图 15-46 所示，现在 header 中有一个菜单。此外，如轮廓所示，元素被锁定在我们指定的网格线上。我们希望你能够开始看到我们是如何创建 CSS LEGO（乐高）的（律师声明：LEGO 和 LEGO 积木是 LEGO 集团的专属商标）——嗯……就是可以拼接在一起的积木！

在我们深入研究此问题之前，我们想指出一些可能会被忽略的东西。在我们添加的 header_menu 样式中，你可能已经注意到该元素应用了 display: flex，并且还设置了 column-gap，但这不是网格里使用的吗？不是！你也可以在 flexbox 元素上使用行间距和列间距。

15.5.3　使用积木和 Justify

好的，让我们开始在页面的其他部分添加网格，首先是 hero 部分。第一步是给带有类 hero

的部分添加类 grid：

```
<section class="hero grid">
```

如果只是到此为止，并不添加新的 CSS 样式，结果将如图 15-47 所示。

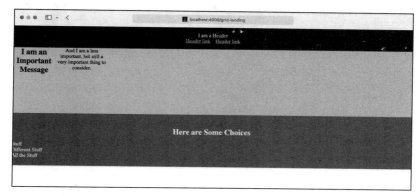

图 15-47　当然，它使用的是网格，但它看起来并不太好

但是，借助我们新的 CSS 积木功能，我们可以让它看起来更好。创建一个名为 .grid_4-6 的新类，用于内容区域（如代码清单 15-28 所示）。

代码清单 15-28　一个新的、简短的类 .grid_4-6

grid-landing.html

```
.grid_3-7 {
  grid-column: 3 / 7;
}
.grid_4-6 {
  grid-column: 4 / 6;
}
```

让我们通过添加类 grid_2-8 来使 h1 横跨整个内容部分，然后将代码清单 15-28 中的新类 grid_4-6 添加到 div hero_content 中：

```
<section class="hero grid">
  <h1 class="hero_title grid_2-8">
    I am an Important Message
  </h1>
  <div class="hero_content grid_4-6">
    And I am a less important, but still a very important
    thing to consider.
  </div>
</section>
```

结果如图 15-48 所示。它还是不太好看——我们想要将内容移动到箭头所示的位置。

那么，为什么元素之间间隔那么大呢？嗯，回忆一下 15.2.2 节，在没有给网格的行进行设置时，浏览器会将所有新行都视为 1fr（而实际并不是）。由于我们明确定义了 hero 中两个元素的列开始和结束，并且它们不能放在同一行，所以浏览器将 hero_content 弹到下一行，然后将大小 1fr 应用于这两个元素。尽管同样的事情在 header 中也发生了，但你可能没有注意到 header

中的这种情况，因为我们没有为 header 设置高度。这意味着块级元素的大小正好适配内容，而我们毫不知情。

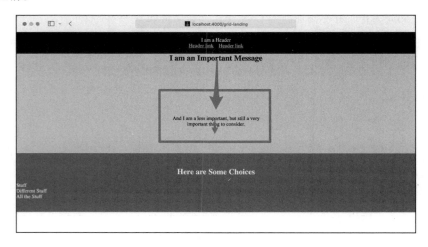

图 15-48　这些内容应该在那个区域

那么，我们如何使 hero 中元素的大小与内容的大小相同？如何定位它们？如果你认为应该"使用 align 或 justify 样式"，那么你是对的！特别是，我们可以给类 .hero 添加一条 align-content 规则（如代码清单 15-29 所示）。

代码清单 15-29　将 hero 中的内容垂直对齐

grid-landing.html

```
.hero {
  align-content: center;
  background-color: #a8d6f7;
  min-height: 50vh;
  text-align: center;
}
```

最后，为了好玩，给元素 hero_content 添加一些附加内容（如代码清单 15-30 所示）。

代码清单 15-30　给 hero_content 添加一些附加内容

grid-landing.html

```
<section class="hero grid">
  <h1 class="hero_title grid_2-8">
    I am an Important Message
  </h1>
  <div class="hero_content grid_4-6">
    And I am a less important, but still a very important
    thing to consider.
    <div class="landing_cta">
      <a href="">
        Click me!
      </a>
    </div>
```

```
      </div>
    </section>
```

刷新页面，现在内容将由全局网格约束并位于 hero 的中心（如图 15-49 所示）。

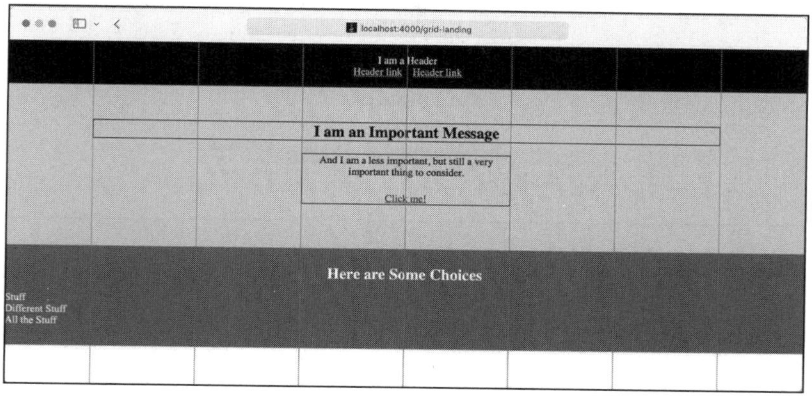

图 15-49　哈哈，好多了

15.5.4　更多的列定位

现在，我们已经对 hero 部分进行了样式设置，让我们看看页面的其他部分。HTML 中的下个元素是 options 部分，但是让我们先跳过它（我们将在 15.5.7 节中进行更复杂的操作），而是关注具有类 info 的元素。在这个元素中，我们将使用全局网格，使标题覆盖整个内容区域，同时使子标题从网格线 4 到网格线 6，同时使文本块从网格线 3 到网格线 7（如代码清单 15-31 所示）。

代码清单 15-31　在"info"部分使用积木

grid-landing.html

```
      .
      .
      .
<section class="info grid">
  <h2 class="info_title grid_2-8">
    I am Some More info
  </h2>
  <div class="subtitle grid_4-6">
    Say you are in the country.
  </div>
  <div class="info_content grid_3-7">
    <p>
      In some high land of lakes. Take almost any path you
      .
      .
      .
```

如果浏览器中页面的效果如图 15-50 所示，我们认为你已经掌握了这个技巧！

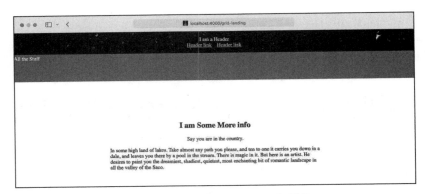

图 15-50　功能齐全的"info"部分

15.5.5　在 Feature 部分使用重叠

现在，让我们转到带有类 feature 的元素，使它更加精致一些。目标是制作一些有特色的部分，让文本叠加在图片上面，如图 15-51 所示。你将如何用网格实现这一目标？

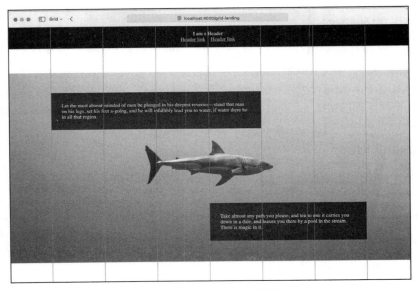

图 15-51　这就是我们要做的事

我们还要增加一些难度，我们不会将图片设置为整个元素的背景，而是将其设置为 feature_img 元素的背景。因为我们可能希望在将来灵活移动它，并仍然使用全局网格定位。这是一个使用在 15.4.4 节介绍过的 CSS 网格重叠的机会。

首先给 feature 元素添加 grid（因为如果不这样做，任何有趣的事情都不会发生）：

```
<section class="feature grid">
```

然后，添加一些新的样式声明，以便可以看到我们正在操作的元素（如代码清单 15-32 所示）。请确保你通过 localhost:4000 使用 Jekyll 查看页面，而不是在浏览器中查看原始 HTML 文件。否则，代码清单 15-32 中的背景图片的文件路径将无法正确解析，图像也将无法显示。

代码清单 15-32　添加样式以使 feature 部分的元素可见

grid-landing.html

```
.feature {
  min-height: 70vh;
}
.feature_img {
  background-image: url('/images/shark.jpg');
  background-size: cover;
}
.feature_content {
  background-color: #183a53;
  color: #fff;
  padding: 2em 2em;
}
```

刷新浏览器，你会看到……一些丑陋的东西（如图 15-52 所示）！

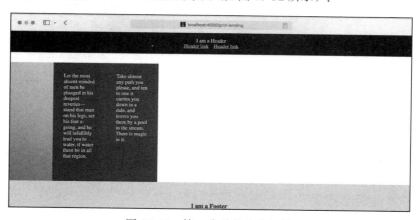

图 15-52　第一步总是有点粗糙

接下来，我们要让 feature_img 元素从第 1 列到第 9 列，从第 1 行到第 2 行。作为一个如何处理不需要代码重用的、一次性使用的示例，我们将用一种不同的方式处理此部分，而不再为这些元素创建 grid_X-Y 类。

你可能还记得 15.4.4 节中提到的，如果我们要使用重叠技术，就需要将所有元素在网格上绝对定位，并定义行和列的起始位置和结束位置。第一步，试一下代码清单 15-33 中的代码。

代码清单 15-33　为 feature 部分的元素添加绝对定位

grid-landing.html

```
.feature {
  min-height: 70vh;
}
.feature_img {
  background-image: url('/images/shark.jpg');
  background-size: cover;
```

```
    grid-column: 1 / 9;
    grid-row: 1 / 2;
}
.feature_content {
    background-color: #183a53;
    color: #fff;
    grid-row-start: 1;
    padding: 2em 2em;
}
```

最终效果（如图 15-53 所示）看起来更接近原始示例图像（如图 15-51 所示）中的最终目标了。

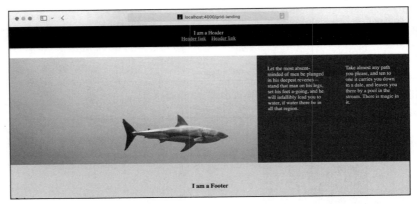

图 15-53　开始更好看一点了

接下来，在类 .feature_content-1 和 .feature_content-2 上添加 grid-column 样式，来将这两个内容区域放到我们期望的位置。我们还会添加 self-alignment，因为在示例图中（如图 15-51 所示），这些元素没有被拉伸，而是分别位于顶部和底部。

最后，在类 .feature_content 上添加一些外边距，以使这些框远离边缘。结果如代码清单 15-34 所示。

代码清单 15-34　完成 feature 部分

grid-landing.html

```
.feature_content {
    background-color: #183a53;
    color: #fff;
    grid-row-start: 1;

    margin: 4em 0;
    padding: 2em 2em;
}
.feature_content-1 {
    align-self: start;
    grid-column: 2 / 6;
}
.feature_content-2 {
    align-self: end;
    grid-column: 5 / 8;
}
```

刷新，然后你就得到了它（如图 15-54 所示）！

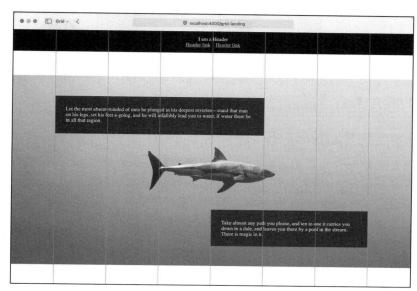

图 15-54　几行 CSS 我们就得到了一个相当复杂的布局

顺便说一下，我们刚刚所做的是获得对齐和间距的一种有效方法，但不是唯一方法。正如 CSS 中经常出现的情况一样，有多种方法可以做到这一点（方框 15-2）。

方框 15-2：不止一种方法可以做到这一点

正如我们多次提到过的，包括在介绍 CSS 时（5.2.3 节），在 CSS 中，可以有无数种不同的方法来做大多数事情。让我们看看第二种可以实现 feature 部分相同的基本外观的解决方案。

我们的新目标是，在不使用外边距的情况下，使内容框远离这部分的边缘（也许是因为元素上的外边距与页面上的其他元素不协调）。一种方法是在父元素上使用额外的网格行，并使用顶部的行和底部的行作为外边距或内边距。要尝试此操作，请在 .feature 上添加一个 grid-template-rows 样式：

```
.feature {
  grid-template-rows: 4em 1fr 4em;
  min-height: 70vh;
}
```

然后，将 feature_img 中 grid-row 的起始行和结束行样式的规则更改为从 1 到 4（而不是从 1 到 2）：

```
.feature_img {
  background-image: url('/images/shark.jpg');
  background-size: cover;
  grid-column: 1 / 9;
  grid-row: 1 / 4;
}
```

并将 feature_content 类中的 grid-row-start 改为 2，同时去除外边距：

```
.feature_content {
    background-color: #183a53;
    color: #fff;
    grid-row-start: 2;
    padding: 2em 2em;
}
```

结果与图 15-54 一样，但是使用这种设计，你不用担心在子元素上添加外边距。这使得每个子元素都更加独立，并完全将定位和对齐留给了父元素。

15.5.6　从特定列开始并自对齐

在进入更复杂的 options 部分之前，让我们清理一下 footer。我们有四列链接，并希望它们在该部分的标题下面居中。你可能认为需要定义每一列的位置，但实际上只需要告诉浏览器在哪里呈现第一列。之后，第一个元素后面的所有元素都会根据网格呈现。你可能还记得，我们在 15.2 节第一次修改元素的列的位置时使用过这个技巧。

因此，首先给 footer 添加类 grid，并通过添加 grid_2-8 使标题跨越内容列：

```
<footer class="footer grid">
  <h3 class="footer_title grid_2-8">
    I am a Footer
  </h3>
```

我们已经在本节开头的占位版本中给第一个菜单项添加了一个类（如代码清单 15-23 所示），因此让我们给类 .footer_menu-first 添加 grid-column-start 样式，使其发挥作用，如代码清单 15-35 所示。

代码清单 15-35　将第一个 footer 列表移动到特定的列

grid-landing.html

```
.footer {
  background-color: #ddd;
  padding: 4em 1em;
}
.footer_menu-first {
  grid-column-start: 3;
}
```

刷新浏览器，你会发现看起来还不错，但如果每个列表都能在自己所处的列里居中的话，它看起来可能会更干净一些（如图 15-55 所示）。

使用 justify 很容易解决（如代码清单 15-36 所示）！刷新页面后，所有内容应该都更整齐了，如图 15-56 所示。

代码清单 15-36　使 footer 中的所有列表都在它们的列里居中

grid-landing.html

```
.footer {
  background-color: #ddd;
  justify-items: center;
  padding: 4em 1em;
}
```

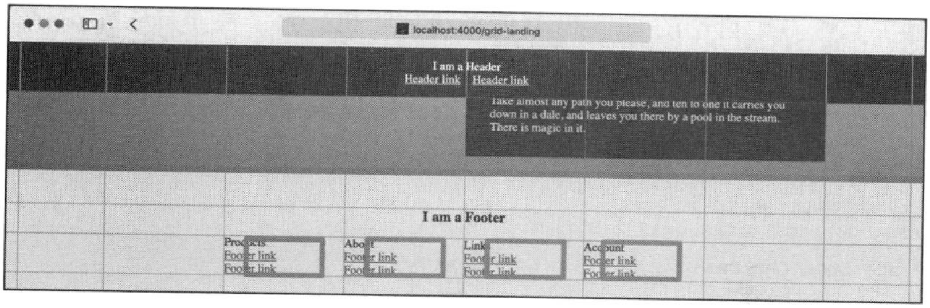

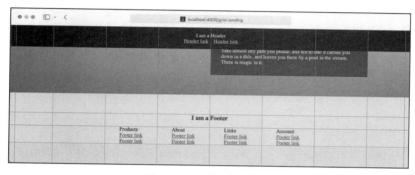

图 15-55　更干净的外观

图 15-56　更整齐的外观

15.5.7　页面内嵌套网格

让我们回到页面的 options 部分，并使用稍微复杂一些的样式来完成这个示例。

要实现如图 15-57 所示的结果，一种方法是创建一堆给每个元素分配列的类，这可行，但如果这些内容项的数量不确定呢？有时可能有两个项目，有时可能有五个项目，但无论哪种方式，都希望让该部分的空间适配内容，并且限制每行最多三个项目。

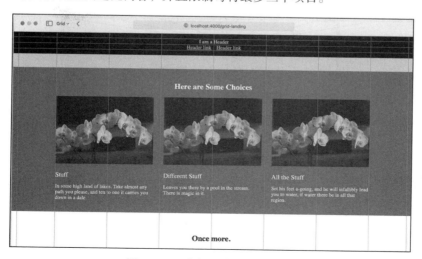

图 15-57　我们最终会做成这样

这是使用在 15.3 节中讨论的 auto-fit 功能的最佳时机！为了使布局正常工作，我们将必须在 options 容器中再添加一个网格。

第一步是给带有类 options 和类 options_content 的元素添加类 grid，然后给标题和带有类 options_content 的元素添加 grid_2-8：

```
<section class="options grid">
  <h2 class="options_title grid_2-8">
     Here are Some Choices
  </h2>
  <div class="options_content grid grid_2-8">
  .
  .
  .
```

请注意，options_content 没有与之关联的 CSS 规则，我们只是添加了一个类名，以便我们方便引用该元素。现在，如果我们仅给 options_content 添加 grid（没有其他修改），查看 Web 检查器中的网格线，我们将得到如图 15-58 所示的混乱情况。

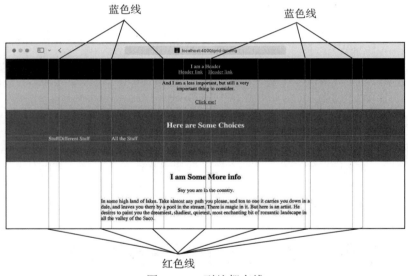

图 15-58　到处都有线

图 15-58 中的红线是全局网格线，蓝线是 options_content 元素内部的列。显然，没有元素是对齐的！为了修复这个问题，我们需要为这个新的内容区域设置一个新类，它最多有三列。在 CSS 中，添加代码清单 15-37 中的样式。

代码清单 15-37　创建嵌套网格的列模板

grid-landing.html

```
.grid_4-6 {
  grid-column: 4 / 6;
}
.grid_cols-3max {
  grid-template-columns: repeat(auto-fit, minmax(18em, 1fr));
  grid-gap: 3em;
}
```

查看代码清单 15-37，你可能会想知道，为什么最小部分的 minmax 要使用 18em？我们的全局网格的列宽为 10em，因此要适配三个这样的内容区域，每个列将为 20em，但我们还添加了 3em 的间隙。由于这里涉及绝对宽度，因此我们不能像所有元素的宽度都是 1fr 那样忽略间隙（15.2.2 节）。有三个内容列意味着有两个 3em 的间隙——需要从每列中减去 6em 的总间隙。如果你不想真的计算，请查看方框 15-3。

> **方框 15-3：高级 CSS：calc()**
>
> 实际上，现在可以在 CSS 中进行数学运算了。可以使用以下代码，用自动计算替换代码清单 15-37 中的数值：
>
> ```
> repeat(auto-fit, minmax(calc(20em - (6em/3)),1fr))
> ```
>
> 在 calc() 函数中，20em 是我们期望的每个内容框的总宽度。我们要从中减去 6em 的总间隙，但首先要把它除以 3 列。

现在，如果你还没有这样做，请将新类 grid_cols-3max 添加到容器中：

```
<div class="options_content grid grid_2-8 grid_cols-3max">
```

刷新浏览器，并在 Web 检查器中打开网格线，布局应如图 15-59 中左侧的截图所示，如果将其中一个 div 设置为 display: none，你会看到列是如何自适应填充空间的，如右侧的截图所示。

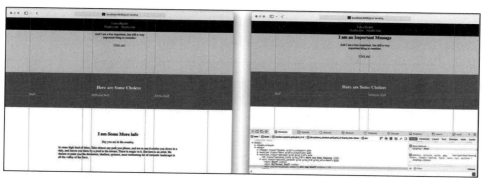

图 15-59　粗糙的 options 部分有三列时的情况，和仅有两列时的情况

为了完成所有工作，让我们给这些 div 填充更多内容，并添加一些样式使它们更有趣（如代码清单 15-38 所示）。

代码清单 15-38　用更多内容填充 options 部分

grid-landing.html

```
    .
    .
    .
<section class="options grid">
  <h2 class="options_title grid_2-8">
    Here are Some Choices
  </h2>
```

```
<div class="options_content grid grid_2-8 grid_cols-3max">
  <div>
    <img src="/images/small/slide1.jpg" class="options_item-img">
    <div class="options_item-title">Stuff</div>
    <p>
      In some high land of lakes. Take almost any path
      you please, and ten to one it carries you down in a dale.
    </p>
  </div>
  <div>
    <img src="/images/small/slide1.jpg" class="options_item-img">
    <div class="options_item-title">Different Stuff</div>
    <p>
      Leaves you there by a pool in the stream. There is
      magic in it.
    </p>
  </div>
  <div>
    <img src="/images/small/slide1.jpg" class="options_item-img">
    <div class="options_item-title">All the Stuff</div>
    <p>
      Set his feet a-going, and he will infallibly lead
      you to water, if water there be in all that region.
    </p>
  </div>
</div>
</section>
.
.
.
```

现在尝试删除或添加项目，页面应该如图 15-60 中的示例一样呈现和响应。

图 15-60　有三列的 options 部分，和拉伸两列以适应的 options 部分

练习

1. 看看你是否可以使方框 15-2 中提到的无外边距解决方案适用于示例页面的 feature 部分……试试你是否可以添加第三个内容框，并使该框垂直居中，且从网格线 4 延伸到网格线 6。

2. 复制并粘贴 .options_content 部分中的一个子元素，然后使用 CSS calc() 功能（方框 15-3）修改该部分，使其成为具有相同间隙的四列。

15.6　结　论

到了第二部分的结尾了。按照设计，本章开发的网格页面不是我们主要网站的一部分，但是能选择向世界展示它们（同时有一个远程备份）还是很不错的，因此让我们进行最后一次生产部署：

```
$ git add -A
$ git commit -m "Add sample grid pages"
$ git push
```

此时，你已经在真正的 Web 上拥有了一个漂亮的网站，以及大量的 CSS 知识，真是越来越完美了。剩下的唯一一件事情是，不通过 \<username\>.github.io，而是通过你自己的自定义域名为网站提供服务。换句话说，是时候开始第三部分了！我们特别推荐阅读 17.4 节中的结论，其中包括一些下一步的建议，即使你最终决定不使用自定义域名，那依然很有用。

第三部分 *Part 3*

自定义域

Chapter 16 第 16 章

自定义域名

在本书的第三部分，我们将为在第一部分和第二部分中创建的网站添加一些最终的修饰：使用自定义 URL 来代替在 GitHub Pages 上使用的 URL。

在本章中，我们将介绍如何注册自定义域名（16.1 节），如何使用 Cloudflare 配置其在域名系统（DNS）中的设置（16.2 节），以及如何将自定义域名连接到在 GitHub Pages 上运行的网站（16.3 节）。最终我们将得到一个快速的、专业级的、运行在自定义域名的网站上。然后，在第 17 章，我们将展示如何在用 Google Workspace 发送和接收电子邮件时使用自定义域名（以便可以使用 yourname@example.com，而不是 yourname152@gmail.com）。作为一个特别的奖励，我们将展示如何使用 Google Analytics 监测你的网站流量。

随着网络的变化，本书中的某些信息完全有可能由于服务更改界面或功能而过时。即使按照这里详细介绍的步骤进行，你仍然很可能需要应用一些技术熟练度（方框 5-1）才能使一切正常运行。这是万维网的特点！

16.1 注册自定义域名

你可能知道，也可能不知道，当你打开浏览器并输入像 google.com 这样的网站地址时，实际上你并没有输入 Google 服务器可以找到的真实地址。相反，你可以认为 google.com 是一个网名或域名，与你必须记住类似于 142.251.32.46⊖这样的真实机器地址相比，它是一种更简单的获得 Google 网络服务的方式。后者被称为 IP 号或 IP 地址，其中"IP"代表互联网协议（Internet Protocol），这是互联网上的计算机用于彼此间通信的协议名。由于它们更容易记忆，所以自定义域名普遍比原始 IP 号更受欢迎。

使用自定义域名的第一步是注册域名。域名必须通过授权的注册机构进行注册，有很多

⊖　实际上，你可以直接在浏览器地址栏中输入这个数字，如：http://142.251.32.46/。

这样的机构。你甚至可能在电视上看到过它们糟糕的广告。我们推荐的域名注册机构是 Hover. com，它拥有良好的客户服务、合理的价格、直观的界面和免费的域名隐私服务。

通常，域名不是你直接拥有的、像房地产一样的财产。相反，域名更像是你从财产所有者那里租赁的办公室，但具有无限期续租的权利。域名的所有权可以转让和出售，但最终必须有人定期向注册机构支付域名所有权的费用，否则，它将被释放回域名库中，其他人可以在这里购买这个域名。

16.1.1　注册需要什么

大多数注册机构允许你注册带有各种顶级域名（Top-Level Domain，TLD）的域名，TLD 是域名的最后一部分（.com，.org，.info，.io 等）。域名的费用取决于域名的 TLD，如果你一次性支付多年费用，大多数注册机构会提供年费折扣。注册域名时，你必须提供一些必需信息，因为根据法律要求，注册机构必须知道谁拥有域名，而且他们必须公开这些信息。大多数注册机构都提供隐私服务，可以使你的个人信息不会在网上公开。

你可能已经注意到，大多数全球服务商和企业都使用以顶级域名 .com 结尾的自定义域名，它通常被认为是最理想的 TLD。这个 TLD 是由负责管理互联网名称的组织 ICANN[⊖] 为通用商业活动创建的。

那么，你应该选择哪个 TLD 呢？这很大程度上取决于你想在网站上做什么、你的受众是谁以及你期望的域名价值。如果你的公司足够大，或在其他媒体上有足够的知名度，你可以选择任何包含既定名称的、有域名价值的 TLD。除非你有充分的理由选择其他 TLD，否则尽管你有很多不同的选择，但 .com 域可能是最好的选择：

- ❏ 通用 TLD，如 .com、.info、.net 和 .org，可用于一般用途。
- ❏ 受限 TLD，如 .biz、.name 和 .pro，对如何使用这些注册到 TLD 的域名有规定。
- ❏ 国家 TLD，如 .us（美国）、.uk（英国）[⊖]、.it（意大利）、.ly（利比亚）、.co（哥伦比亚）和 .io（印度洋领土）。其中，.io 域已经在科技行业中变得很流行，特别是当 .com 等效域名已被使用或（尤其是）已被抢注时，.io 域可以作为一个优质域名[⊜]。
- ❏ 赞助 TLD，如 .aero、.asia、.cat（不是关于猫，而是关于加泰罗尼亚语言和文化共同体）、.coop、.edu、.gov、.in、.jobs、.mil、.mobi、.tel、.travel 和 .xxx（你可能已经猜到了，它们只能用于特定行业）。
- ❏ 最后，"新通用 TLD（gTLD）计划"，该计划旨在增加无限数量的 gTLD（即非国家TLD）。任何希望拥有自己的 TLD 的个人或组织都可以支付高昂的费用，申请拥有自己的 TLD——如 .xyz、.ninja、.limo 以及大量使用除拉丁字母之外的书写系统的 TLD。这些新 TLD 中的大多数用于通用用途，而有些是只能用于特定目的的赞助 TLD。

⊖ ICANN 最初是由美国政府（通过商务部）控制的，但自 2016 年以来，它已经摆脱了美国政府的监管。

⊖ 英国实际上有自己的子 TLD，所以许多英国网站都以 .co、.uk 这样的域名结尾。

⊜ 从技术上讲，域名抢注仅指恶意注册域名，比如对已知商标的域名进行注册。但实际上，"域名抢占"（为了将来转售而购买域名，但在此期间却不做任何有用的事情）这种看似良性的做法也非常令人讨厌，以至于许多人用"抢注者"一词来称呼那些从事这两种做法的人。

不过你应该知道，许多人认为这些新域名以及使用新域名的企业不如旧域名可靠，这是因为新域名不够常见。一些国家 TLD 已经被广泛接受了，如上面提到的 .io，尽管它们仍然会使不太懂技术的人感到困惑。问题是，如果不太懂技术的人去访问 http://bit.ly 这样的网站，他们可能会试图访问 http://bit.ly.com。这里的关键是你需要了解你的受众：你不想使用一个会吓跑潜在用户的域名，你不想使用一个有很多恶意网站的 TLD，你也不想使用一个会让人们感到困惑的域名。

综合考虑这些因素后，让我们回到注册域名的问题上。第一步是访问 Hover.com 的首页。此时，你需要选择一个域名。在本书中，我们将使用 codedangerously.com，但当然，你需要使用你自己的域名，因为这个域名我们已经注册过了！

如果你还没有想好域名，实际上有很多专门设计域名的免费工具。它们通常允许你输入一堆不同的单词或短语，来生成一个可以注册的建议域名。我们使用过的几个热门网站有 instantdomainsearch.com 和 domainr.com。或者，你也可以直接使用域名注册机构本身，这就是我们在这里要做的。

在 Hover 上，查看域名是否可用非常简单，在首页巨大的输入框中输入名字并按回车键即可。此时，Hover 会给你提供一个长长的 TLD 列表，里面会列出使用你指定名字的可用 TLD（见图 16-1），以及含有替换单词的建议域名（在页面下方）。

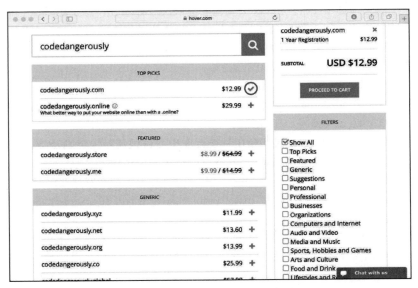

图 16-1　可供注册的 TLD 选项

你可能已经注意到，即使你找到了一个喜欢的域名，还是经常会有很多使用不同 TLD 的相似变体，以及与你的拼写非常接近的域名。如果你有额外的资金可以使用，可以购买尽可能多的拼写相近的域名，然后将用户永久地重定向到正确的域名。我们将在 16.3.3 节学习如何进行域名转发。

当你选中所有想要购买的域名后（大概只买 .com 就够了），请继续完成所有结账步骤，包括提供必要的联系信息，如果你已经完成了所有这些步骤，那么恭喜你！你现在是一名骄傲的互联网虚拟数字财产的所有者了（至少是长期租赁者）。

16.1.2　已经有域名了，现在该怎么做

域名系统（Domain Name System，DNS）用于将域名与 IP 地址关联起来，因此，正是 DNS 使人们可以输入像 google.com 这样的自定义域名，而不是像 142.251.32.46.9 这样的原始 IP 地址。一旦你注册了域名，下一步就是给域名设置 DNS 记录，以便将其添加到域名系统中。这涉及编辑所谓的名称服务器（nameservers），这些计算机告诉 DNS 应该查询哪台服务器以查找域名详细信息（例如存在哪些子域名，应转发哪些 URL 等）。

在购买域名后，名称服务器通常被设置为注册机构的服务器，如果使用的是 Hover，设置与代码清单 16-1 类似。

代码清单 16-1　典型的 Hover.com 名称服务器

```
ns1.hover.com
ns2.hover.com
```

虽然你完全可以使用 DNS 的默认配置来完成，但我们将设置一个提供许多有用的附加功能的第三方服务。设置此服务将涉及更改注册机构的名称服务器，使其指向新的名称服务器，以便它们可以成为 DNS 查询域名时的第一个站点。进行这些修改和配置是 16.2 节的主题。

16.2　Cloudflare 设置

虽然大多数域名注册机构的默认名称服务器对于许多用途而言都是完全没问题的，但我们更喜欢使用一个名为 Cloudflare 的第三方服务，因为它包括许多有用的功能。Cloudflare 介于互联网和网站之间，有以下优势：

❑ 使用一个友好的界面进行快速的 DNS 管理。
❑ 能够使用传输层安全协议（Transport Layer Security，TLS）建立与网站的安全连接，它是安全套接层（Secure Socket Layer，SSL）的继任者。
❑ 边缘缓存，使网站的内容更易于访问。
❑ 防止任何人使用分布式拒绝服务攻击（Distributed Denial of Service，DDoS），试图使网站离线。

并且基本服务是免费使用的（随着你的网站需求的增长，还有廉价的付费计划）。

如果你不熟悉这些功能，那么快速解释一下这些功能可能会很有帮助。

16.2.1　Cloudflare 功能

如 16.1. 节所述，大多数注册机构允许你通过他们的默认名称服务器进行 DNS 管理，但界面可能不那么理想。此外，当你在注册机构上进行 DNS 记录修改时（如指向新的服务器 IP 地址），这些修改通常不会立即生效，相反，它们必须在整个 DNS 系统中传播，这个过程可能需要 24～72h 才能完成，因为你的更新会在 DNS 网络中反弹（见图 16-2）。

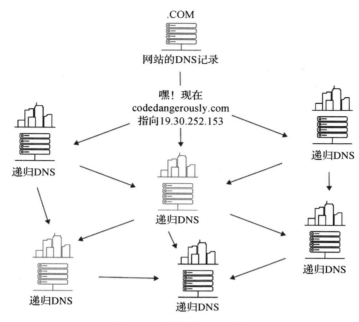

图 16-2　缓慢的 DNS 传播

　　因为 Cloudflare 介于服务器和世界各地的用户之间，同时通过 Web 请求传递流量，所以任何服务器修改都会保留在 Cloudflare 服务的内部。对于外部世界而言，所有请求仍然会首先发送到 Cloudflare 的 IP 地址。这意味着 DNS 修改（如子域名和重定向）的传播几乎是瞬时的——这是在管理工作站点时非常重要的功能。

　　传输层安全协议（TLS）是一种对从用户计算机到服务器的网络流量进行加密的方法（见图 16-3）。

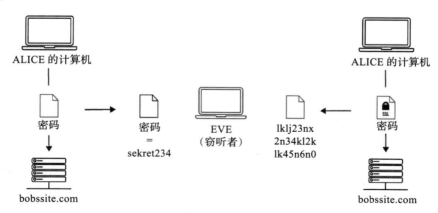

图 16-3　使用 SSL/TLS 加密数据

　　如前所述，传输层安全协议已经取代了旧技术安全套接层（SSL），但是因为网络世界中没有什么是简单的，所以即使人们在谈论 TLS，也会经常使用旧名称或缩写 SSL。在本书中，我们选择将其缩写为 SSL/TLS，以使你对这两者都熟悉，如果你在其他地方看到没有 TLS 的 SSL，你有权代表我们抱怨，因为技术上的马虎不断引起混乱并导致错综复杂。实际上，你已经使用 SSL/TLS 很多年了，只是你可能不知道而已：每当你访问域名旁边带有小锁的网站时，你都在使用 SSL/TLS（见图 16-4）[⊖]。

像这样

图 16-4　SSL/TLS 的小锁图标

　　SSL/TLS 的工作原理是，将浏览器和服务器之间发送的信息包从普通文本转换为一堆字母和字符。这使得拦截流量并查看来回发送的内容几乎成为不可能。在许多情况下，给网站设置 SSL/TLS 会非常烦琐和痛苦，但是 Cloudflare 已经把一切都为你免费设置好了。因为非 SSL/TLS 网站非常不安全，所以你不应该运行没有 SSL/TLS 的网站，即使是像博客这样的静态网站。

　　Cloudflare 功能清单中的下一项是边缘缓存（见图 16-5）。边缘缓存包括自动将你的网站内容保存在世界各地的服务器上，使用户可以从距离他们最近的服务器上访问内容（从而加快加载时间）。

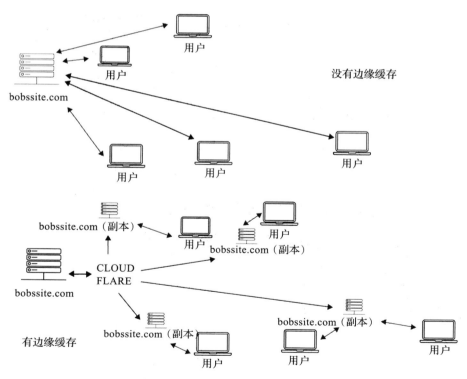

图 16-5　使用边缘缓存优化加载时间

最后，Cloudflare 会保护网站免受 DDoS 攻击。你可能听说过这些攻击，有时新闻中会提到某些组织被指控"入侵"另一个组织。DDoS 攻击是一种在线干扰，通过向其服务器发送虚假请求来淹没服务器，使整个网站无法访问——想象一下，有数百万个虚假用户同时请求一个网站服务器。

一个服务器同时能处理的请求数量是有限的，因此，如果有足够多的虚假用户发出请求，则真实用户将无法访问该网站。Cloudflare 具有检测此类攻击的能力，并且可以过滤掉虚假用户，以使你的网站保持在线并可用（见图 16-6）。与其他功能一样，你无需配置任何东西就能使用此功能。

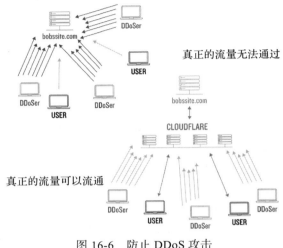

图 16-6　防止 DDoS 攻击

我们注册域名后的第一步是，立即设置 Cloudflare。好处很多，除非你有相当复杂的应用，否则该服务是免费的[⊖]。有什么理由不喜欢呢？让我们开始吧[⊜]。

16.2.2　注册 Cloudflare

使用 Cloudflare 的第一步是创建账户（就像互联网上的所有服务一样）。但是，好处是注册过程中会引导你将域名添加到 Cloudflare 中。请前往 cloudflare.com 并单击网站 header 右上方的注册按钮，进入注册页面。

创建账户后，Cloudflare 会自动带你进入第一步——向服务器添加域名。在方框中输入你新购买的域名，并单击"添加站点"按钮，然后在下一页选择免费计划。Cloudflare 会在不到一分钟的时间里拉取 DNS 记录，完成后，下一页会向你展示上一步扫描的结果：一份与你的域名相关的所有 DNS 记录的报告。

所有的初始 DNS 设置都显示在一个页面上，类似图 16-7，包括多种记录。其中，A 记录的初始设置是使用 Cloudflare 服务（对应的云形图标见图 16-7）；CNAME 记录的初始设置是跳过 Cloudflare 服务（对应的云形图标见图 16-7）。不用担心这些细节——我们将在 16.3.1 节中更详细地讨论这些记录类型。由于我们才刚刚购买此域名，所以目前的记录并不是很复杂，没有什么需要配置的步骤。

确认了初始 DNS 详细信息后，你将进入注册和添加域名的最后一步：名称服务器配置。在此页面上，你将看到域名的当前名称服务器列表（来自 16.1.2 节中提到的 Hover），以及你需要为域名添加的 Cloudflare 名称服务器。我们的账户的名称服务器如下所示：

⊖　像 learnenough.com 和 railstutorial.org 这样复杂的网站才需要使用专业版付费服务，这是 Cloudflare 免费商业模式运作良好的众多迹象之一。

⊜　如需了解本节中所有步骤的更多详细信息，包括大量的附加截图，请参阅在线版本 https://www.learnenough.com/custom-domains。

```
vern.ns.cloudflare.com
zara.ns.cloudflare.com
```

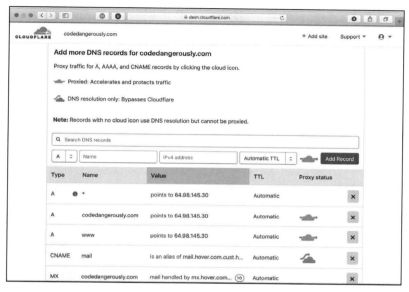

图 16-7　我们的域名在 Cloudflare 上的 DNS 设置

Cloudflare 有许多不同的名称服务器，因此你的可能会有所不同。

此时，你必须（在不同的窗口或浏览器标签页中）切换回 Hover，然后单击名称服务器框头中的"编辑"链接。切换回 Cloudflare 标签页，复制 Cloudflare 名称服务器，然后将新地址粘贴到两个输入框中，覆盖旧的地址。该页面将重新加载，你会在概览页面的方框中看到新的名称服务器。

现在，切换回 Cloudflare 窗口或标签页，按"完成，检查名称服务器"按钮，然后在弹出的下个页面上单击按钮进入快速入门指南。确保启用了"自动 HTTPS 重写"和"始终使用 HTTPS"选项（你可以忽略其他选项）。单击"完成"按钮保存修改，然后会进入域名的概述页面。

域名的名称服务器更改应该不会花费太长时间，如果你想强制 Cloudflare 再次检查名称服务器，请单击按钮。当注册机构上的更新对公众可见时，你的域名就在 Cloudflare 上激活了。

但是，我们刚才做的有什么用呢？

现在，所有指向你的域名的页面或 DNS 请求都会先经过 Cloudflare 服务，这意味着我们可以使用 Cloudflare 的用户界面修改处理这些请求的方式。例如，设置子域名（16.3.1 节）、URL 重定向（16.3.3 节）以及自动转发到安全版本的站点。最重要的是，由于 Cloudflare 位于中间，你所做的任何修改都会立即生效，而不是可能需要数小时才能在 DNS 网络中传播。

16.3　GitHub Pages 上的自定义域

在本节中，我们将解释如何将自定义域与 GitHub Pages 连接。这是一个在自定义上托管静态网站的绝佳（免费！）选项。（实际上，Learn Enough 博客（https://news.learnenough.com/）就是在 GitHub Pages 的一个自定义（子）域上运行的。即使你主要对托管动态网站感兴趣，这也是一个很好的练习，因为许多步骤都是相同的[⊖]。

在本节中，我们假设你已经按第一部分和第二部分中描述的方式，在 GitHub Pages 上创建了一个示例网站。如果没有，请立即创建一个。

16.3.1 配置 Cloudflare 以用于 GitHub Pages

第一步是告诉 Cloudflare 我们的网站位于 GitHub Pages 上。首次，单击"DNS"菜单项转到域名的 DNS 设置。结果应该是一个 DNS 记录列表，类似于图 16-8。

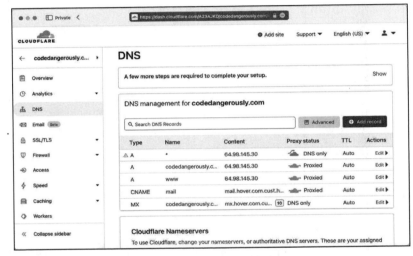

图 16-8 初始 DNS 设置

那么，这些不同类型的记录是什么？我们将按顺序进行修改，以使我们的网站从 GitHub Pages 获得服务。

A 记录

图 16-8 中的 A 记录也被称为地址记录（在 16.2.3 节中简要提到过）；与域名本身的名字相同的 A 记录被称为顶级记录。这些设置通常用于定义根域名（如 codedangerously.com，不带 www.）的处理方式，它们应始终指向一个有效的 IP 地址。

从 Hover 传过来的默认设置中，www 子域名被设置为 A 记录，该记录也指向一个服务器的 IP 地址。使用 www 子域有许多技术原因，但最简单的原因是，将来它可以让你更灵活的处理来自网站的流量。对于示例网站，我们将删除这个子域名的 A 记录，为 www 子域名添加 CNAME 记录。

让我们开始清理。单击 www DNS 记录屏幕右侧的编辑链接，然后删除该记录。如果你使用的注册机构没有自动为 www 添加 A 记录，则不需要执行任何操作。

你使用的注册机构也许还会有一条名称栏中带有星号 * 的 A 记录（图 16-8 中的第一条

⊖ 有关如何在 Heroku 上设置自定义域名的详细信息，请参阅 https://www.learnenough.com/custom-domains-tutorial/dns_management#sec-heroku-config。

记录）。这是一个通配符记录，用于处理随机子域名的 URL 请求，这允许像 blarglebargle. codedangerously.com 这样的请求通过服务器。但请注意，在图 16-8 中，* 记录旁边没有橙色云形图标——这意味着这些随机地址的流量不会由 Cloudflare 处理，而是直接流向服务器，这绝对不是我们想要的。为了防止这种行为，请删除通配符 A 记录以及指向 mail.hover.com.cust. hostedmail 的 CNAME 记录（我们将在 17 章设置不需要 CNAME 记录的邮件系统）。

现在，为了让网站从 GitHub Pages 获得服务，需要将 Cloudflare 的 A 记录指向 GitHub 服务器的 IP 地址，而不是目前的地址（是的，你可以编辑 A 记录，但我们想通过删除然后新添记录来引导你从头开始）。你可以在 GitHub Pages 文档（https://docs.github.com/en/pages/ configuring-a-custom-domain-for-your-github-pages-site/managing-a-custom-domain-for-your- github-pages-site）中找到这些地址。在撰写本文时，GitHub Pages 服务器的 IP 号码如下：

```
185.199.108.153
185.199.109.153
185.199.110.153
185.199.111.153
```

之前只有一条 A 记录，我们将添加第二个备用服务器地址。你不希望由于无法控制的服务器问题而导致网站不可用，对吧？

我们先在 Cloudflare 中编辑与主域名相同的那条 A 记录。单击编辑链接，粘贴一个 GitHub 的 IP（如 185.199.108.153），然后保存修改。接下来，我们添加第二条记录作为备份（见图 16-9）。在记录列表上方，你会看到一个 "Add record"（添加记录）按钮，单击此按钮，Cloudflare 会显示一行输入。确保下拉菜单设置为 A，然后在名称栏中添加 yourdomain.com，在地址栏中添加第二个 GitHub 的 IP 号码（如 185.199.109.153）。单击保存完成修改。

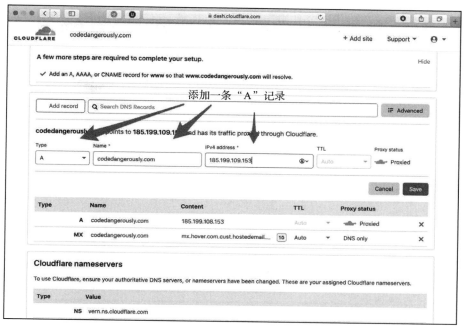

图 16-9　添加第二个备用 GitHub Pages 服务器 IP

如果能在列表中看到两条带有 GitHub IP 地址的 A 记录，就成功了。

CNAME 记录

现在让我们来看看规范（canonical）名称记录 CNAME 记录。它们是一种 DNS 记录类型，允许你将流量指向任何想要的域（如像 codedangerously.com 这样的 URL）。这与 A 记录相反，A 记录仅指向 IP 地址（如 185.199.108.153）。

CNAME 常用于在网站上创建别名，以便访问像 help.codedangerously.com 这样的子域名的访客会被永久重定向到 docs.codedangerously.com 等地址。在示例中，我们希望使用 www 子域名访问我们的网站的流量——即 www.codedangerously.com——可以看到网站首页，我们可以通过添加一个名为 www 的 CNAME 记录，使其指向根域名来实现。

首先，如图 16-9 所示，单击 "Add record"，从列表中选择 CNAME 而不是 A。然后在名称栏中添加 www，并在目标栏中添加你的网站域名。单击 "Save"（保存）按钮就完成了。

这是让我们的新域名与 GitHub Pages 配合使用所需的所有 DNS 设置。底部还有最后一个 DNS 记录，即 MX 记录。这是一个邮件交换（Mail Exchanger，MX）记录，用于将电子邮件流量重定向到你的电子邮件服务器（我们将在 17 章处理）。

16.3.2 配置 GitHub Pages

现在，我们已经为 GitHub Pages 配置了 Cloudflare，接下来只需要告诉 Pages 我们的自定义域名。首先，用浏览器打开仓库的 GitHub 页面，单击 "Settings" 选项卡，然后单击左侧菜单中的 "Pages" 选项（如图 16-10 所示）。

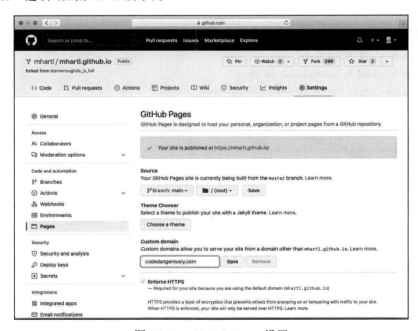

图 16-10　GitHub Pages 设置

　　单击可能显示为"None"的下拉菜单，然后选择项目默认的分支名。我们最初编写本书时，标准的默认分支名是"master"，但现在 GitHub 的默认值是"main"（尽管你可以轻松地将默认分支名改为"master"或其他你选择的名称）。在选中分支后，将你的网站域名添加到自定义域输入框中，就完成了！

　　如果你在浏览器中打开一个新标签或新窗口，并指向你的自定义域，应该可以看到你的 GitHub Pages 网站（如图 16-11 所示）。

图 16-11　你能相信走到这里需要这么多步骤吗

　　此时，唯一剩下的主要任务是使我们的网站只使用规范的 URL，以确保所有用户都获得一致且安全的体验。在示例中，将我们的网站 URL 标准化为规范 URL 需要两个步骤：

　　1. 确保始终使用安全连接访问网站。

　　2. 确保所有页面使用标准的 www 形式，而不是使用根域名。

　　第一步已经完成了，因为在 16.2.3 节中我们启用了"始终使用 HTTPS"设置，这会自动强制执行安全连接。完成第二步是 16.3.3 节的目标。

16.3.3　Cloudflare 页面规则

　　此时，我们的网站已经正确配置为通过地址 www.codedangerously.com 访问首页。为了避免从两个不同的域访问内容（这可能会使会话 Cookie 等变得杂化），我们希望让 www 版本的地址成为网站首页的唯一地址。特别是，我们希望任何指向根域名 codedangerously.com 的流量都会自动重定向到 www.codedangerously.com。我们可以使用 Cloudflare 的页面规则实现这种类型的重定向。

　　页面规则是一种强大而灵活的工具，在此我们只会浅尝辄止，但执行重定向是其最常见和最重要的应用之一。首先，单击 Cloudflare 主菜单上的"规则">"页面规则"，然后单击"Create Page Rule"（创建页面规则）按钮，打开页面规则界面（如图 16-12 所示）。

　　我们可以做的一件事是将根域名上的所有请求转发到等效的 www 网址上：

```
codedangerously.com -> www.codedangerously.com
```

　　然而，有一个问题：如果有人单击网站的子页面会怎样呢？不要这样做：

```
codedangerously.com/blarg -> www.codedangerously.com
```

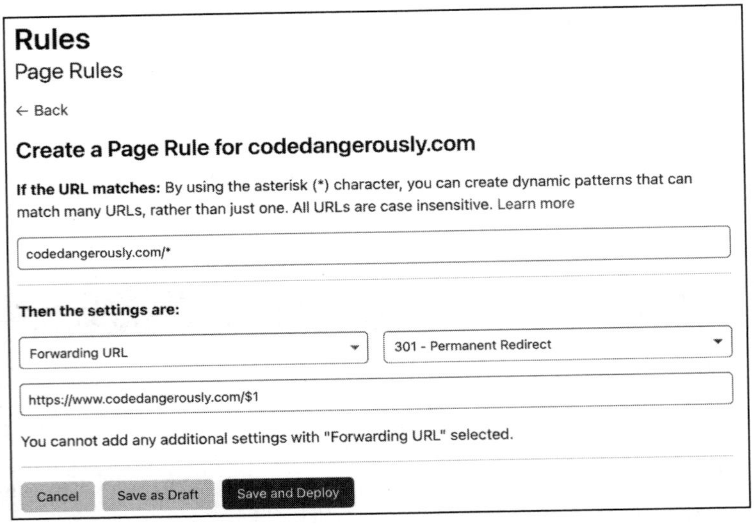

图 16-12　创建新页面规则

而是这样做：

```
codedangerously.com/blarg -> www.codedangerously.com/blarg
```

这样，根域名和 www 域名才真正等效，任何试图通过根 URL 访问网站的行为最终都会被转发到相应的 www 版本。

我们可以使用通配符（这个概念在 16.3.1 节中简要提到过）来达到目的，通配符会动态匹配用户在域名后输入的所有内容，并在重定向后保持其完整。因此，如果用户输入 codedangerously.com/blarg，则页面规则会确保它们自动转发到 www.codedangerously.com/blarg。我们不想丢失地址末尾的 /blarg！

为了实现这种重定向，需要在创建页面规则下的表单中添加你的域名，一个正斜杠，然后是表示通配符的星号。像下面这样：

```
codedangerously.com/*
```

但当然，你应该替换为你自己的自定义域名。接下来，在下拉菜单中选择"转发 URL"。现在，你会看到更多选项，包括两种重定向：301 和 302（方框 16-1）。

方框 16-1：301 vs 302 重定向

　　网络上主要有两种类型的重定向：301- 永久性重定向和 302- 临时性重定向。你可能可以从它们的名字猜到这些重定向的预期目的，但你可能没有意识到，你的选择会对搜索引擎的结果有影响。

　　如果你选择 302 重定向，则像 Google 这样的搜索引擎就会假定，重定向会在某个时候被删除，并且用户可以到达该页面。这意味着搜索引擎不会合并流量——两个 URL 作为独立的对象存在。如果你真的打算永久重定向，选择 302 对于分析或搜索引擎优化（SEO）来说并不太好。

> 　　如果你把重定向设置为 301，那么搜索引擎会认为这些 URL 是完全相同的。因此，即使用户通过重定向的 URL 访问你的网站，主 URL 仍然会得到流量估计和 SEO 的认可。
>
> 　　在实践中，绝大多数页面规则重定向都将是 301。实际上，这样的永久性重定向非常常见，以至于"301"经常用作动词，例如"请将你的旧链接改成 301，而不是破坏它们"。

对于规范 URL，我们希望重定向是永久性的，因此将状态代码设置为 301- 永久重定向，并在目标 URL 栏中添加网站的完整 URL（包括协议字符串 https://），后跟 /$1

```
https://www.example.com/$1
```

这里的 $1 代表第一个通配符所匹配的文本。换句话说，

```
example.com/*
```

与

```
example.com/blarg
```

相匹配，并将字符串 blarg 作为变量 $1。因此，代码

```
https://www.example.com/$1
```

生成的规范化 URL 是

```
https://www.example.com/blarg
```

本例中只有一个通配符，但也可以匹配多个通配符（方框 16-2）。

方框 16-2：匹配 URL

　　如你所料，页面规则匹配是按顺序编号进行的，因此，如果规则中有两个通配符，则它们将提供变量 $1 和 $2。例如，*.codedangerously.com/* 是一个匹配任何子域名的模式。此时，foo.codedangerously.com/bar 将在 $1 中放置 foo，在 $2 中放置 bar。请注意，免费的 Cloudflare 仅支持用 CNAME 记录明确定义的子域名通配符。重定向所有子域名需要升级到商业计划。

　　同样地，永久转发可以用于将请求完全不同的域名的用户重定向到你的主网站。因此，如果我们购买了 dangerouscoding.com，则可以使用上述通配符方法将所有的 dangerouscoding.com URL 转发到 codedangerously.com，以保留他们请求的特定页面。在这种情况下的匹配规则是：

```
*dangerouscoding.com/*
```

　　前导通配符匹配所有子域名和根域名（即 subdomain.dangerouscoding.com 和 dangerouscoding.com）。假设我们想忽略子域名，那么 301 重定向的结果将是

```
https://www.codedangerously.com/$2
```

　　我们使用 $2 是因为该子页面是由第二个通配符匹配的。

在本示例中，转发 URL 是：

```
https://www.codedangerously.com/$1
```

单击"Save and Deploy"（保存和部署）按钮，保存新规则。要查看重定向是否有效，可以尝试在浏览器中访问根域名。例如，在浏览器中输入 codedangerously.com，则会被重定向到 www.codedangerously.com，如图 16-13 所示。

图 16-13　它奏效了！它真的奏效了

检查 URL 转发的另一种方便方法是在命令行中使用 curl 命令。特别是，我们可以使用 --head 选项使其仅返回 HTTP 头（而不是整个页面）：

```
1    $ curl --head codedangerously.com
2    HTTP/1.1 301 Moved Permanently
3    Date: Thu, 13 Feb 2020 16:47:00 GMT
4    Connection: keep-alive
5    Cache-Control: max-age=3600
6    Expires: Thu, 13 Feb 2020 17:47:00 GMT
7    Location: https://www.codedangerously.com/
8    Server: cloudflare
9    CF-RAY: 5648481ded567896-LAX
```

我们可以看到，第 2 行中的 HTTP 状态代码是 301，符合要求，转发 URL（第 7 行）包括子域名 www 和安全 HTTP 协议指示符 https://（其中"s"代表"secure"）。

16.3.4　丰收

完成本章所有工作后，你现在已经在自定义域名上拥有一个专业级网站了，它受到 DDoS 攻击的保护，具有边缘缓存，并且非常快速。而且，令人惊讶的是，这一切都是免费的！剩下的唯一一件大事是能够使用你的域名发送和接收电子邮件。这是 17 章的主题。

第 17 章 *Chapter 17*

自定义电子邮件

完成 16 章之后，我们已经完成了设定的主要任务：在自定义域名上拥有自己的网站。在本章中，包括两个重要的改进：自定义电子邮件（17.1 节和 17.2 节）和网站分析（17.3 节）。

本章也将为本书画上句号。在 17.4 节，我们将对所取得的成就进行最后的思考，并对下一步的发展提出一些建议。

17.1 Google 电子邮件

我们推荐的全球电子邮件服务是 Google mail（Gmail）。我们使用 Gmail 是因为，它作为 Google 面向消费者的核心业务之一，广泛受到大量设备和其他服务的支持。由于它是在 Google 的核心基础设施上运行的，所以基本上随时随地都可以使用和访问——这意味着你不必担心一些不稳定的服务器的故障会影响你访问电子邮件。只有互联网出现大问题，才会阻止你访问 Gmail。

Gmail 的垃圾邮件过滤也是一流的，因为它既利用了 Google 在机器学习方面的专业知识，也利用了 Gmail 数百万的用户来弄清楚如何区分合法邮件和垃圾邮件。如果你使用的电子邮件服务需要你处理未过滤充分的垃圾邮件，我们可以向你保证，使用 Gmail，你很少会在收件箱中收到垃圾邮件，或者在垃圾邮件文件夹中收到含有有用信息的邮件。这感觉像是一个已经解决的问题。

最后，我们实际上很喜欢 Gmail 的界面……我们知道有些人不喜欢，但是，你知道他们对意见的看法。我们发现在 Google 上搜索电子邮件总是快速而准确的（这是我们过去使用的其他系统所不能比拟的），而且 Gmail 还有不错的小功能，使生活更轻松（比如在 30 秒内撤销邮件的能力、点号和加号技术（方框 17-1））。

方框 17-1：Gmail 点号和加号技术

许多人不知道这一点，当你拥有一个 Gmail 电子邮件地址时，实际上你拥有一组基本无

上限的子电子邮件地址，不需要任何设置，这些地址就可以与你的账户绑定在一起。这一点很有用，它可以让我们给不同的人或不完全信任的网站提供略微不同的地址，以此对电子邮件进行预过滤。同时，你可以很容易地让 Gmail 将任何发送给变体电子邮件的邮件移动到文件夹中。

这是什么意思呢？假设你有一个电子邮件地址 yourname@gmail.com.

第一个技术是，Gmail 不关心电子邮件地址中的点号。因此，如果你告诉别人给 your.name@gmail.com 发电子邮件，邮件仍会出现在 yourname@gmail.com 的收件箱中——而且你会看到它是发送给 your.name@gmail.com 的邮件。这里唯一需要注意的是，你不能连续用两个点号。因此 your..name@gmail.com 不会起作用，但 y.o.u.r.n.a.m.e@gmail.com 不会有任何问题。不过，最终你会用尽所有的变体……

第二个技术是，你可以通过在常规电子邮件地址的末尾添加一个加号（+），然后添加任何其他文本，以此来创建无限数量的临时电子邮件。换句话说，

```
yourname+travelsite@gmail.com
```

和

```
yourname+shadysite@gmail.com
```

都会发送到 yourname@gmail.com。这使你可以为不同的网站使用不同的电子邮件地址。

那么给自定义域名使用 Gmail 有什么缺点呢？与免费服务（即电子邮件地址是 something@gmail.com）不同，你需要为其付费。Google 通过名为 Google Workspace（以前名为 G Suite）的云生产力工具套件提供自定义 Gmail，（截至本文撰写时）Business Starter 计划的费用为 6 美元 / 用户 / 月。请注意，每个用户最多可以有 30 个别名，或其他进入同一收件箱的电子邮件地址，因此在这种情况下不需要为多个用户付费。

也有一些人对 Google 的服务表示担忧。该服务可能会根据电子邮件的内容给 Gmail 消费者投放广告，但 Google 的常见问题解答中指出，Workspace 不同：

Google 会不会将我的组织数据用于 Google Workspace 服务或云平台的广告投放？

答案是不会。在 Google Workspace 服务或谷歌云平台中没有广告，我们也没有计划对此做出改变。我们不会为了投放广告而扫描 Gmail 或其他 Google Workspace 服务。谷歌不会为了投放广告而收集或使用 Google Workspace 服务中的数据。

我们的免费产品和收费产品的流程有所不同。有关免费产品的信息，请务必查看谷歌的隐私和条款页面，以了解更多与消费者隐私有关的工具和信息。

有一句格言："如果你没有为某个产品付费，那么你就是产品本身。"例如，Facebook 是"免费"的，但他们的产品是你的个人信息，他们用这些信息进行广告定位。你用于工作的 Gmail 是付费的，因此你不是产品。

如果你真的想使用其他服务（如注重隐私的 ProtonMail），设置方法与我们在此处介绍的类似。这意味着本节介绍的步骤在任何情况下都是有用的。

注册 Google Workspace

开始之前，需要注意的是：Google 一直在改变他们的服务，因此你可能需要使用大量的技

术熟练度（方框 5-1）。一天，我们访问了该网站，并完成所有步骤创建了一个账户，第二天再回去检查其中的一个步骤时，结果发现注册流程完全改了。他们需要的信息仍然相同，但是排列都不一样了！过了不久，Google 又将服务名称从 G Suite 更改为 Google Workspace 了⋯⋯真是一团糟。

注册 Google Workspace，然后单击"开始使用"按钮或相应按钮。谷歌可能又在测试按钮标题，谁知道呢？继续完成他们所需的任何随机信息，以完成账户创建——唯一重要的步骤是，当你被问及域名时，请务必输入你注册的域名（不含 www，如 codedangerously.com）。

现在，初始设置已完成，Google 将要求你更改 DNS 记录（16.2 节），以便谷歌验证你确实拥有该域名，并且为设置电子邮件添加了正确的记录（17.2 节）。这听起来比实际情况要复杂，但幸运的是，现在你已经是编辑 DNS 记录的专家了！

17.2　MX 记录

在本节中，我们将设置邮件交换（mail exchange）记录，简称 MX 记录。域名的 MX 记录是将域名与电子邮件提供商相关联的记录，允许在域名上创建自定义电子邮件地址。

如 17.1 节所述，Google 希望确保你是此电子邮件账户的域名的所有者，幸运的是，DNS 系统提供了许多在域名记录中添加信息的机会。对于 Gmail 来说，谷歌只需要你额外添加一个 TXT 记录（即网站 DNS 配置上的一个文本记录），由一组唯一的字母和数字组成。

由于 DNS 记录的公共性质，谷歌可以直接查询你的域名信息，并轻松查看验证字符串是否匹配，从而确认你确实是该域名的控制人。如果你还没这样做，请单击验证说明欢迎页，以获取有关如何使谷歌满意的详细信息。复制页面上的验证文本（见图 17-1）。

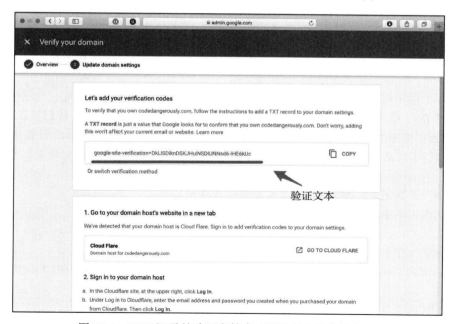

图 17-1　TXT 记录的验证字符串（不是真实的字符串！）

在另一个标签页或窗口中，打开 Cloudflare 中站点的 DNS 记录，单击"Add record"（添加记录）按钮，然后从类型下拉菜单中选择 TXT。在名称栏中添加一个 @ 符号，这是一种简写方式，表示该记录使用根域名。换句话说，对我们来说，@ 与 codedangerously.com 一样。单击内容栏，粘贴你的验证文本，如图 17-2 所示。单击"Save"（保存）按钮，你应该可以在列表中看到新记录。最后一步，删除所有未指向 Google 服务器的旧 MX 记录（在 16.3.1 节中讨论 A 记录时简要提到了这一步骤）。

图 17-2　添加新的 TXT 记录（仍然不是我们真正的验证密钥）

我们马上就完成了，但仍然需要添加实际的指向 Google 服务器的 DNS 记录，以处理电子邮件。回到你的 Google Workspace 管理控制台标签页，并单击页面底部的"Verify My Domain"（验证域名）按钮⊖。

如果你正在与其他用户一起合作项目，可以使用管理员控制台设置流程，将其他用户添加到你的 Google Workspace 账户中。这是一个一目了然的过程，如果你现在不想处理它，那就不必处理。

要让你的电子邮件启动和运行，单击"Activate"（激活）链接，会出现一个说明页面，介绍如何设置 DNS 记录，以将电子邮件发送到正确的邮件服务器。特别是，我们要在 Cloudflare 的 DNS 设置中添加 MX 记录。要添加第一个记录，请复制 Google Workspace 设置中的第一个值，对于我们来说是 ASPMX.L.GOOGLE.COM。然后，在 Cloudflare DNS 管理页面上执行以下步骤：

1. 添加一条新记录，确保在类型下拉菜单中选择 MX。
2. 在名称栏中添加 @，使记录指向域名根。
3. 将你从 Google Workspace 中复制的服务器名称添加到邮件服务器栏中。
4. 将此第一条记录的优先级设置为 1。

现在，回到 Google Workspace 设置标签页，然后在 Google Workspace 和 Cloudflare 之间来

⊖　如果我们没有使用 Cloudflare，理论上这些修改可能需要 72h 才能生效（16.2.1 节）——这就是使用 Cloudflare 的另一个原因。

回切换，完成表中列出的其他 MX 记录的输入，在 Google 的 MX 信息中 确保将每条记录的优先级设置为指定级别（Google MX 信息中的 1、5 或 10）。

　　完成后，单击"Activate Gmail"（激活 Gmail）按钮，让 Google 检查 DNS 记录是否已正确添加。如果是，就完成了！

　　此时，Google 会带你进入确认页面，让你知道 Google Workspace 账户已设置完成。如果你想查看自己的新 Gmail 账户，请单击右上角的 Google App 菜单图标，然后选择 Gmail（见图 17-3）。

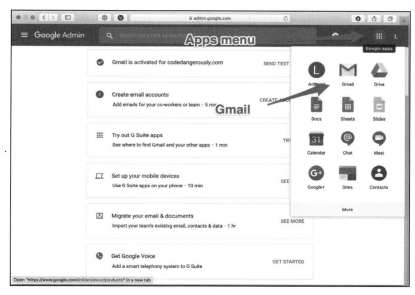

图 17-3　一切都完成了

　　通过访问 mail.google.com，并登录在邮件设置过程中创建的新账户，就可访问新的电子邮件收件箱。如果你想返回控制台，但忘记地址了，这非常简单：admin.google.com。登录后，你可以给账户添加其他用户、更新结算信息或添加其他服务。

　　说到其他服务……既然你现在有 Google 账户了，为什么不注册 Google 分析（Google Analytics），以便可以获取网站访问者的信息呢？

17.3　网站分析

　　对于网站和 Web 应用的所有者来说，Google Analytics 可能是谷歌提供的最有用的免费服务。只需要给你的网站添加一小段代码，就可以让谷歌不仅跟踪有多少人访问你的网站，还可以跟踪他们使用的浏览器和操作系统、使用桌面设备还是移动设备、是如何发现你的网站的、在网站上停留了多长时间、查看了哪些页面、从哪个页面离开网站……

　　首先，访问 Google Analytics 的首页，单击"Sign Up for Free"（免费注册）按钮。然后，使用刚刚创建的 Google 账户进行登录。

　　一旦登录进去，你就进入了 Analytics 的跟踪设置。单击"Get Started"（开始）或"Sign

Up"（注册）按钮，跳转到网站信息页面。在页面上填写网站的有关信息，然后单击页面底部的"Get Tracking ID"（获取跟踪 ID）按钮。

同意服务条款后，会进入新分析账户中的一个页面，该页面将包含你需要添加到网站以进行跟踪的一点点代码，代码类似于代码清单 17-1。

代码清单 17-1　使 Google Analytics 工作的代码

```
<script>
(function(i,s,o,g,r,a,m){i['GoogleAnalyticsObject']=r;i[r]=i[r]||function(){
(i[r].q=i[r].q||[]).push(arguments)},i[r].l=1*new Date();a=s.createElement(o),
m=s.getElementsByTagName(o)[0];a.async=1;a.src=g;m.parentNode.insertBefore(a,m)
})(window,document,'script','https://www.google-analytics.com/analytics.js','ga');
ga('create', 'UA-XXXXXXXX-1', 'auto');
ga('send', 'pageview');
</script>
```

我们删除了脚本中的一个缩进，以使其适配页面，但你可以直接从 Google 复制粘贴。请注意，你应始终使用谷歌提供的确切代码，代码清单 17-1 仅供参考。

添加片段

要使 Analytics 工作，请转到文本编辑器，将分析片段粘贴到网站的 <head> 部分，（如果你在此之前一直跟随本书的所有操作）该部分应位于 _includes/head.html 中，如代码清单 17-2 所示。

代码清单 17-2　在网站源码中放置代码片段的位置

_includes/head.html

```
<head>
  {% if page.title %}
    <title>{{ page.title }} | Test Page</title>
  {% else %}
    <title>Test Page: Don't Panic</title>
  {% endif %}
  {% if page.description %}
    <meta name="description" content="{{ page.description }}">
  {% else %}
    <meta name="description" content="This is a dangerous site.">
  {% endif %}
  <link href="/favicon.png" rel="icon">
  <meta charset="utf-8">
  <meta name=viewport content="width=device-width, initial-scale=1">
  <link rel="stylesheet" href="/fonts/font-awesome-4.7.0/css/font-awesome.min.css">
  <link rel="stylesheet" href="/css/main.css">

  <script>
  (function(i,s,o,g,r,a,m){i['GoogleAnalyticsObject']=r;i[r]=i[r]||function(){
  (i[r].q=i[r].q||[]).push(arguments)},i[r].l=1*new Date();a=s.createElement(o),
  m=s.getElementsByTagName(o)[0];a.async=1;a.src=g;m.parentNode.insertBefore(a,m)
  })(window,document,'script','https://www.google-analytics.com/analytics.js','ga');
  ga('create', 'UA-XXXXXXXX-1', 'auto');
  ga('send', 'pageview');
  </script>
</head>
```

保存修改并部署网站：

```
$ git commit -am "Add Google Analytics"
$ git push
```

顺便说一下，如果你想使用 Google Analytics 给网站推送一些测试访问者，以确保一切正常，可以单击"Send test traffic"（发送测试流量）按钮（见图 17-4）。

图 17-4　网站跟踪代码页面

如果你搜索过有关如何设置 Analytics 的信息，你可能会看到有人建议将 Google Analytics 代码片段放在网站的末尾，即在 body 结束标签 </body> 的上面。你完全可以这样做，而 Analytics 仍会正常工作，但这样做的原因已经改变了。

过去，网站尝试加载 Analytics 时，会阻止网站其他部分的加载，直到 Analytics 代码下载完成——如果与 Google 的连接速度很慢，这不是一件好事。不过，后来 Google Analytics 代码切换为使用异步加载方法了，使得网站其他部分的加载不会被阻止了。

设置完成后，你可以登录 analytics.google.com 进入 Analytics 仪表板。仪表板上有大量选项，可以用不同的方法进行数据截取和分析，甚至可以实时查看正在网站上的用户（见图 17-5）。

Google Analytics 是一项非常深入的服务，我们不打算深入探讨如何使用它——这需要一本专门的书（而且外面有很多）。我们的目标只是让你了解该服务的运行方式。

17.4　结论

现在你拥有一个在自定义域上运行的网站，并使用 Cloudflare 进行 DNS 管理，通过 Google Workspace 拥有一个自定义电子邮件地址，并使用 Google Analytics 了解有关网站访问者的更多信息。你已经从一个互联网上的简陋页面，转变成了一个合法的主页或企业。做得好！

至此，本书画上了句号。你现在已经完成了本书的学习。恭喜！

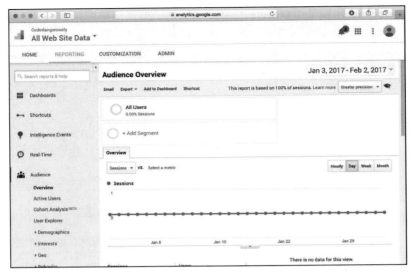

图 17-5　哇，分析结果很糟糕，没有访问者，太孤独了

让我们花点时间回顾一下。首先，第一部分的第一章中，我们假设你对 HTML 和 CSS 一无所知。通过填充首页（第 2 章）并给小网站添加几个页面（第 3 章），系统地建立了对 HTML 标签的认识。然后通过内联样式（第 4 章）迈出了进入网站设计世界的第一步，这自然而然地引出了对 CSS 和布局的研究（第二部分）。

在第 5 章中，我们从图 17-6 所示的简陋的网站开始。通过编写良好的语义标签（第 6 章），使用 CSS 值（第 7 章），应用盒子模型（第 8 章），使用静态网站生成器进行适当的 DRY 布局（第 9 章和第 10 章），以及使用 flexbox（第 11 章），将那个简单的页面转变为了一个开发完全的网站。

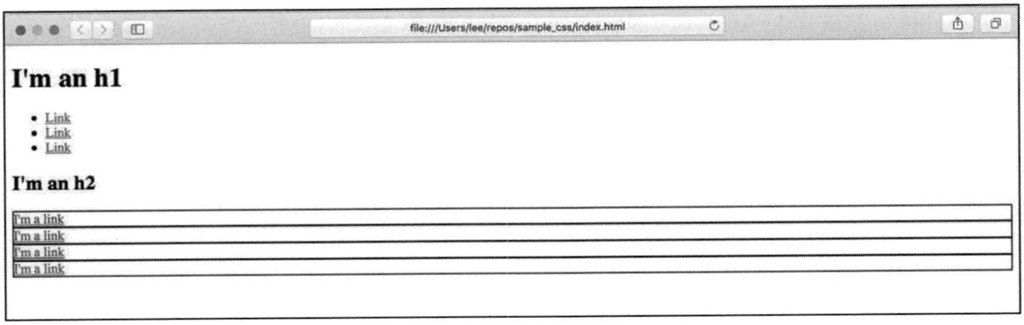

图 17-6　最初简陋的网站

我们在此基础上添加了博客的雏形（第 12 章）、对移动端友好的视图（第 13 章）以及第 14 章中的小修饰。我们快速掌握了网格的基础知识（第 15 章），然后在第三部分（第 16 章和第 17 章）添加了自定义域名。至此，我们为建立完美的个人主页或公司网站打下了良好基础，其中包含一个博客和任意多的自定义页面，所有内容都在我们选择的自定义域名上运行。

最初的示例网站如图 17-7 所示，完成本书后，网站如图 17-8 所示。差别很大！

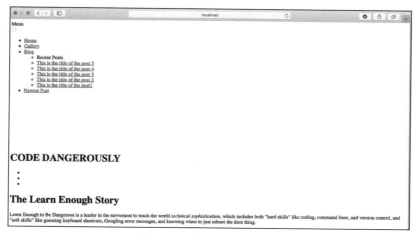

图 17-7　没有 CSS 的网站

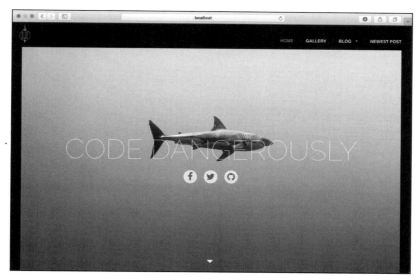

图 17-8　带有 CSS 的网站，好多了

　　现在，我们已经完成了本书的学习，本书是一个前端开发教程，而不是一个设计教程，但它是学习网页设计的重要起点。我们很难给出下一步的具体建议，因为我们认识的每个人学到的知识都是零散的。我们的最佳建议是，选择一个你关心的项目，搜索相关信息以了解如何完成它，并不断练习。这是变得更好的唯一途径。

　　在开发方面，还有很多关于 Jekyll 的知识需要学习，包括与全功能 Web 开发更密切相关的系统方面（包括 9.2 节中提到的 Gemfiles 的更多详细信息、jekyll new 等其他命令行命令）。Jekyll 文档（https://jekyllrb.com/docs/）是一个很好的起点。

　　希望你喜欢本书内容。现在开始你的创造吧！